中 等 职 业 教 育 国 家 规 划 教 材
全国中等职业教育教材审定委员会审定

工 程 测 量

（测量工程技术专业）

主　　编　郭启荣
责任主审　田青文
审　　稿　田青文　杨志强

中国建筑工业出版社

图书在版编目（CIP）数据

工程测量/郭启荣主编．—北京：中国建筑工业出版社，2003（2023.3重印）

中等职业教育国家规划教材．全国中等职业教育教材审定委员会审定．测量工程技术专业

ISBN 978-7-112-05425-1

Ⅰ．工…　Ⅱ．郭…　Ⅲ．工程测量—专业学校—教材　Ⅳ．TB22

中国版本图书馆 CIP 数据核字（2003）第 044818 号

本书是国家教育部职教司组织编写的中等职业学校测绘类相关专业系列教材之一，是国家教育部规划教材。国土资源部相关部门的有关同志参加了本专业教学计划、教学大纲及教材编写的审定工作。

本书共六章，主要内容包括工程测量的基本概念和基本知识、施工放样的基本方法和原理、工程测量的内容和方法及变形测量等。

本教材编写力求做到既能体现中等职业教育的特色、又能较好地反映当前工程测量领域新技术发展与应用。本书除可作为中等职业学校工程测量技术专业和测绘类相关专业的教材外，也可供从事工程测量的技术人员参考。

中 等 职 业 教 育 国 家 规 划 教 材

全国中等职业教育教材审定委员会审定

工　程　测　量

（测量工程技术专业）

主　　编　郭启荣

责任主审　田青文

审　　稿　田青文　杨志强

*

中国建筑工业出版社出版、发行（北京西郊百万庄）

各地新华书店、建筑书店经销

北京建筑工业印刷厂印刷

*

开本：787×1092 毫米　1/16　印张：10　字数：240 千字

2003 年 6 月第一版　2023 年 3 月第二十一次印刷

定价：**28.00** 元

ISBN 978-7-112-05425-1

（36240）

中等职业教育国家规划教材出版说明

为了贯彻《中共中央国务院关于深化教育改革全面推进素质教育的决定》精神，落实《面向21世纪教育振兴行动计划》中提出的职业教育课程改革和教材建设规划，根据教育部关于《中等职业教育国家规划教材申报、立项及管理意见》（教职成［2001］1号）的精神，我们组织力量对实现中等职业教育培养目标和保证基本教学规格起保障作用的德育课程、文化基础课程、专业技术基础课程和80个重点建设专业主干课程的教材进行了规划和编写，从2001年秋季开学起，国家规划教材将陆续提供给各类中等职业学校选用。

国家规划教材是根据教育部最新颁布的德育课程、文化基础课程、专业技术基础课程和80个重点建设专业主干课程的教学大纲（课程教学基本要求）编写，并经全国中等职业教育教材审定委员会审定。新教材全面贯彻素质教育思想，从社会发展对高素质劳动者和中初级专门人才需要的实际出发，注重对学生的创新精神和实践能力的培养。新教材在理论体系、组织结构和阐述方法等方面均作了一些新的尝试。新教材实行一纲多本，努力为教材选用提供比较和选择，满足不同学制、不同专业和不同办学条件的教学需要。

希望各地、各部门积极推广和选用国家规划教材，并在使用过程中，注意总结经验，及时提出修改意见和建议，使之不断完善和提高。

教育部职业教育与成人教育司

2002年10月

前　　言

《工程测量》是工程测量技术专业必修的专业主课程，本教材是根据国家教育部审定的中等职业学校工程测量技术专业《工程测量教学大纲》编写的。

本教材编写力求做到既能体现中等职业教育的特色、又能较好地反映当前工程测量领域新技术发展与应用。教材内容由浅入深，衔接紧凑，简明扼要，通俗易懂。在编写过程中，全部采用最新颁布的工程测量国家标准，以及其他有关国家标准和部颁标准，具有很强的现实性。

本课程是工程测量技术专业在学习了《地形测绘》、《控制测量》、《航空摄影测量》等课程后开设的，所以书中有关这些课程的内容不再叙述，而是强调如何应用所学过的这些内容去解决实际问题。

本教材共六章。由云南省旅游学校（原昆明地质学校）郭启荣主编、吴云恩副主编，编写分工为：绪论、第二、六章由郭启荣编写；第一、三章由吴云恩编写；第四章由刘永兴编写；第五章由郭启荣和江西应用技术职业学院肖争鸣编写；吴云恩负责全书的初校；全书由郭启荣负责统一校定。并受教育部委托由长安大学地质工程与测绘工程学院田青文和杨志强教授审稿，由田青文教授主审。

在本教材的编写过程中，东南大学庄宝杰、戚浩平两位老师给予了热情的帮助，提出了很多宝贵意见和建议，得到了云南省旅游学校各级领导的大力支持，并参阅了有关院校、单位和个人的文献资料，还得到了广州开思有限公司黄伟明的软件支持。云南公路桥梁工程总公司的夏传有提供了相关数据。付秋林参加了教材录入及编排工作，在此，谨向他们表示衷心的感谢。

由于我们的水平所限，教材中难免会有许多缺点，敬请读者批评指正。

编　者

2002 年 4 月

目　录

绪　论

在工程建设和资源开发中的设计、施工和管理各阶段中进行测量工作的理论、方法和技术，称为“工程测量”。工程测量是测绘科学与技术在国民经济和国防建设中的直接应用，是综合性的应用测绘科学与技术。

工程测量是直接为工程建设服务的，它的服务和应用范围包括城建、地质、铁路、交通、房地产管理、水利电力、能源、航天和国防等各种工程建设部门。按工程测量所服务的工程种类，也可分为建筑工程测量、线路测量、桥梁与隧道测量、矿山测量、城市测量和水利工程测量等。此外，还将用于大型设备的高精度定位和变形观测称为精密工程测量；将摄影测量技术应用于工程建设称为工程摄影测量；而将以电子全站仪或地面摄影仪为传感器在电子计算机支持下的测量系统称为三维工业测量。

以上为各种不同工程服务的测量工作，虽然各有其特点与要求，但是从基本工作方法和基本原理来说，又有很多相似之处。按工程建设的进行程序，工程测量又可分为规划设计阶段的测量、施工兴建阶段的测量和竣工后的运营管理阶段的测量三个阶段。

①规划设计阶段的测量主要是提供地形资料。取得地形资料的方法是，在所建立的控制测量的基础上进行地面测图或航空摄影测量。

②施工兴建阶段的测量的主要任务是，按照设计要求在实地准确地标定建筑物各部分的平面位置和高程，作为施工与安装的依据。一般也要求先建立施工控制网，然后根据工程的要求进行各种测量工作。

③竣工后的运营管理阶段的测量，包括竣工测量以及为监视工程安全状况的变形观测与维修养护等测量工作。工程建筑物及与工程有关的变形的监测、分析及预报是工程测量学的重要研究内容。其中的变形分析和预报涉及变形观测数据处理。但变形分析和预报的范畴更广，属于多学科的交叉。

由上可见，工程测量学与其他测量学科的关系非常密切。例如，“地形测量学”和“控制测量学”其主要任务就是为工程建设的规划设计提供各种比例尺的地形图。而在施工放样和变形测量的研究中，有很多方面也是建立在地形测量学和控制测量学的基础上的。此外，用摄影测量方法测绘各种比例尺的地形图，现已广泛地应用于工程建设的规划设计中。目前用航空摄影测量方法除了制作常规的线划地形图以外，还制作影像地图供设计应用。用近影摄影测量的方法，还可以观测水流的形态及工程建筑物的变形，特别是用于滑坡监测，优点更为突出。航空摄影测量可以用来进行森林、土壤、地质等的判读，从而解决工程建设与资源勘察中的问题。用全球定位系统（GPS）进行工程测量时，还涉及空间大地测量和重力测量等学科。在大型精密工程测量中，要顾及重力场的变化，也要涉及重力测量学的知识。当然，工程测量也并非是简单地重复上述学科的内容，而是要根据不同工程的具体情况，着重研究相应测量工作的特点和方法。无论是工程进程各阶段的测量工作，还是不同工程的测量工作，都需要根据误差分析和测量平差理论选择适当的测量手段，并对测量成果进行处理和分析，也就是说，测量数据处理也是工程测量的重要内容。

工程测量的主要任务是为各种工程建设提供测绘保障，为了能满足工程所提出的要求。要求工程测量人员应具有一定的有关工程建设方面的知识。例如应该具备读图、识图和校核图纸的能力等。工程测量学在一定意义上讲是测量学与工程施工相结合的学科。测量工程人员只有把测量的理论和工程建设的实际结合起来，才能根据不同情况定出合理的测量方案，采取有效的测量方法完成各项测量工作，以确保工程建设项目能顺利进行。

近年来，由于微电子技术、光电技术、航天技术和计算机技术等的迅速发展，极大地推动了工程测量学的飞跃和革新，比较显著的有以下几个方面：

①工程测量通用仪器迅速发展，如常规的光学经纬仪、光学水准仪和电磁波测距仪将逐渐被电子全站仪、电子水准仪所替代。电脑型全站仪配合丰富的软件，向全能型和智能化方向发展。带电动马达驱动和程序控制的全站仪结合激光、通讯及 CCD 技术，可实现测量的全自动化，被称作测量机器人。测量机器人可自动寻找并精确照准目标，在 1 秒内完成一目标点的观测，像机器人一样对成百上千个目标作持续和重复观测，可广泛用于变形监测和施工测量。GPS 接收机已逐渐成为一种通用的定位仪器在工程测量中得到广泛应用。将 GPS 接收机与电子全站仪或测量机器人连接在一起，称超全站仪或超测量机器人。它将 GPS 的实时动态定位技术与全站仪灵活的三维极坐标测量技术完美结合，可实现无控制网的各种工程测量。

②工程测量专用仪器是工程测量学仪器发展最活跃的，主要应用在精密工程测量领域。其中，包括机械式、光电式及光机电（子）结合式的仪器或测量系统。主要特点是：高精度、自动化、遥测和持续观测。如高程测量方面，最显著的发展应数液体静力水准测量系统。这种系统通过各种类型的传感器测量容器的液面高度，可同时获取数十乃至数百个监测点的高程，具有高精度、遥测、自动化、可移动和持续测量等特点。两容器间的距离可达数十千米，如用于跨河与跨海峡的水准测量；通过一种压力传感器，允许两容器之间的高差从过去的数厘米达到数米；再如各种机械式测斜（倾）仪、电子测倾仪都向着数字显示、自动记录和灵活移动等方向发展，其精度达微米级。

③电子计算机技术的应用。目前，电子计算机已成为测量工作的最优化设计、测量数据处理、数字化成图以及建立各种工程数据库与信息系统的最有效和必不可少的工具。例如，随着测量数据采集和数据处理的逐步自动化和数字化，为更好地使用好和管理好长期积累或收集的大量测绘信息，更好地为工程建设和经济建设服务，利用数据库技术及 GIS 技术建立数据库及信息系统是最有效的方法。如城市或工程控制网数据库、管线数据库、大坝变形观测数据库、城市基础地理信息系统等。

④激光技术的应用。如 LDM2 双频激光测距仪，中长距离测量精度可达亚毫米级；可喜的是，许多短距离、微距离测量都实现了测量数据采集的自动化；采用多谱勒效应的双频激光干涉仪，能在数十米范围内达到 $0.01\mu m$ 的计量精度，成为重要的长度检校和精密测量设备；再如可以利用激光经纬仪、激光平面仪进行放样；激光水准仪的应用使几何水准测量向自动化、数字化方向迈进；激光准直仪已成功地用于工业设备的安装与变形观测；可以利用激光导向仪在隧道中进行定线；激光铅直仪可以用于高大建筑物施工及矿山测量的竖井定向中。总之，这些激光仪器的使用，不仅节约了时间，提高了工效，保证了

定线放样的精度，而且为施工测量自动化创造了条件。

工程技术的发展不断对测量工作提出新的要求，同时，现代科学技术和测绘新技术的发展，给直接为经济建设服务的工程测量带来了严峻的挑战和极好的机遇。工程测量未来发展方向主要表现在以下几个方面：

①测量机器人将作为多传感器集成系统在人工智能方面得到进一步发展，其应用范围将进一步扩大，影像、图形和数据处理方面的能力进一步增强；

②在变形观测数据处理和大型工程建设中，将发展基于知识的信息系统，并进一步与大地测量、地球物理、工程与水文地质以及土木建筑等学科相结合，解决工程建设中以及运行期间的安全监测、灾害防治和环境保护的各种问题；

③工程测量将从土木工程测量、三维工业测量扩展到人体科学测量，如人体各器官或部位的显微测量和显微图像处理；

④多传感器的混合测量系统将得到迅速发展和广泛应用，如 GPS 接收机与电子全站仪或测量机器人集成，可在大区域乃至国家范围内进行无控制网的各种测量工作；

⑤全球定位系统（GPS）、地理信息系统（GIS）、遥感（RS）以及数字化测绘和地面测量先进技术的发展，使工程测量的手段和方法产生了深刻的变化，这些技术将紧密结合工程项目，在勘测、设计、施工管理一体化方面发挥重大作用；

⑥大型和复杂结构建筑、设备的三维测量、几何重构以及质量控制将是工程测量学发展的一个特点；

⑦数据处理中数学物理模型的建立、分析和辨识将成为工程测量学专业教育的重要内容；

⑧随着 GPS 载波差分技术（RTK 技术）的应用，在未来工程放样中，RTKGPS 放样方法将取代传统的放样方法。

综上所述，工程测量学的发展，主要表现在从一维、二维到三维、四维，从点信息到面信息获取，从静态到动态，从后处理到实时处理，从人眼观测操作到机器人自动寻标观测，从大型特种工程到人体测量工程，从高空到地面、地下以及水下，从人工量测到无接触遥测，从周期观测到持续测量。测量精度从毫米级到微米乃至纳米级。特别是工程测量的服务领域在进一步扩展，而且正朝着测量数据采集和处理的自动化、实时化和数字化方向发展。工程测量学的上述发展将直接对改善人们的生活环境，提高人们的生活质量起重要作用。

本教材的第一章是工程测量的基本概念和基本知识，介绍了地形图在工程测量中的作用、施工控制网和误差椭圆及其在工程测量中的应用。第二章是施工放样，讲述了施工放样方法及精度分析。这两章是学习后面章节的基础。第三、第四和第五章分别详细介绍了建筑工程测量、地下工程测量和线路测量的内容和方法。第六章是工程建筑的变形测量，介绍了工程建筑的变形测量的基本内容和几种常用的方法，对于变形观测数据的整理和分析作了简要的介绍。通过本课程的学习，应了解主要工程项目中有关测量工作的基本内容和一般过程，掌握工程测量的基本理论和方法，能够独立从事建筑工程测量、地下工程测量和线路测量等常规工程测量项目，并能在一定的指导下从事其他工程测量项目。

第一章　工程测量的基本概念和基本知识

第一节　工程测量中地形图的作用与测绘

地形图是按一定程序和方法，用符号、注记及等高线表示地物、地貌及其他地理要素平面位置和高程的正射投影图，由此决定了地形图的重要专业特性——对其所反映的地面上各种自然现象和社会经济现象，具有明确的定位、定量信息和定性描述。另外，按一定的法则还可衍生出其他在工程建设中有价值的信息，为工程建设服务。

一、地形图在工程规划设计阶段的作用

工程建设一般分成规划设计、施工、运营管理三个阶段。在规划设计时，必须要有地形、地质及经济调查等基础资料，其中地形资料主要是地形图。

在开发与利用水资源时，必须兴建水工建筑物。在进行全面规划时，应该有全流域的比例尺为1:50000、1:100000的地形图及水面与河底的纵断面图，以便研究河谷地形、地貌的特点，探讨各个梯级水利枢纽水头的高低、发电量的大小、回水的分布情况以及流域与水库的面积等。

为了进行水库设计，要采用1:10000至1:50000的地形图，以解决下述的一些重要问题：确定回水的淹没范围、量测淹没面积、计算总库容与有效库容、设计库岸的防护工程、确定沿库岸落入临时淹没或永久浸没地区的城镇、工厂企业以及重要耕地，并拟定相应的工程防护措施、设计航道及码头的位置、制定库底清理、居民迁移以及交通线改建等规划。

在初步设计阶段，还应有1:10000或1:25000的地形图，以便正确地选择坝轴线的位置。坝轴线选定以后，要利用1:2000或1:5000比例尺地形图来研究与水利枢纽相配套的永久性建筑物、临时性辅助建筑物及永久性和临时性的交通运输线路。在施工设计阶段，需要1:500或1:1000比例尺地形图，以便详细地设计该工程各部分的位置与尺寸。

在公路、铁路建设中，大的桥梁与隧道一般是线路上造价很高的关键性工程，对于大型桥梁而言，应首先在1:25000或1:50000比例尺地形图上研究，再到实地进行踏勘，了解地形、地质及水文情况，提出选址的几个可能的比较方案。之后，还需要比例尺为1:1000或1:10000的桥渡总平面图及1:500～1:5000的桥址地形图。前者用以选择桥位和桥头引线，确定导流建筑物的位置以及施工场地的布置，后者用以设计主体工程及其附属工程，并估算工程量与费用。

对于城市中的地下铁道网，首先用比例尺为1:2000或1:5000的城市地形图，以选定线路的布置。为了设计车站、进出口大厅、竖井及用明挖法施工的地区，需要该地区的1:500比例尺地形图。为了施工设计，要沿着设计的线路施测1:500比例尺带状地形图。

总之，地形图是工程建设规划设计阶段必不可少的重要基础资料，没有确实可靠的地形资料，是无法进行设计的。在有关的设计规范中就明确规定：“没有确实可靠的设计基础资料，不能进行设计。”

二、工程设计用地形图的比例尺选择与精度分析

（一）测图比例尺的选用

地形图比例尺的选择，反映用图方面对地形图精度和内容的要求，并关系到经济合理的问题。城市工程测图比例尺的选择与工程性质、测区大小、建筑密度和不同设计阶段的用途有关，工程规划设计、线路工程方案比较、大型厂址的选定、计算水库容积及汇水面积等，可选用1:5000或1:10000比例尺；工程初步设计或工程施工图设计、厂区新建与郊区普通工程设计用图等，可选用1:1000或1:2000比例尺；工程施工图设计、城区工程设计、厂区扩建与厂矿区竣工总平面图，以及独立建筑物设计等，可选用1:500比例尺；小型桥、涵、闸、坝、厂、站、所、场址与洞口、路口工程设计，以及独立建筑物的改建工程等，可选用1:200或1:100比例尺。

（二）对高程精度的要求

地形图对高程精度的要求，很大程度体现在等高距的选择问题上。在实际工作中，可根据测图比例尺和测区地形类别选用相应的等高距，具体应用时，可按表1-1进行选用。

地形图的基本等高距（m） **表1-1**

地形类型	比例尺			
	1:500	1:1000	1:2000	1:5000
平坦地	0.5	0.5	1	2
丘陵地	0.5	1	2	5
山地	1	1	2	5
高山地	1	2	2	5

在工程设计中，土方预算、坡度确定、基础设计等与高程数据的关系较为密切，等高线插求点对邻近图根点的高程中误差应符合表1-2的规定。

等高线插求点的高程中误差 **表1-2**

地形类别	平坦地	丘陵地	山地	高山地
高程中误差（m）	$\frac{1}{3}H_d$	$\frac{1}{2}H_d$	$\frac{2}{3}H_d$	$1H_d$

注：H_d为基本等高距。

工矿区细部点的高程中误差应符合表1-3的规定。

细部点位置和高程的中误差（cm） **表1-3**

地物类别	平面位置	高程
主要建筑物、构筑物	5	2
一般建筑物、构筑物	7	3

（三）对平面位置的精度要求

城市基本地形图是为城市规划设计、施工以及城市建设科学管理服务的，因此对于地形图精度的要求，首先要满足用户的需要，做到技术先进，同时也要考虑到城市测绘单位当前的实际情况和可能达到的技术水平，以获得较大的经济效益。《城市测量规范》CJJ8—99规定，地物点平面精度以地物点相对于邻近图根点（或航测野外像控点）的点位中误差不得超过图上0.5mm，邻近地物点间距中误差不得超过图上0.4mm，山地（不包括山城建筑区）高山地与设站施测困难的旧街坊内部，其精度要求按上述规定放宽0.5倍。

在《工程测量规范》GB50026—93 中规定，根据设计或工程维护管理方面应用原图时，能给予足够高的精度，以及符合新设建筑与邻近已有建筑的相关位置误差，宜小于10～20cm 的要求，故工业建筑区主要建筑物、构筑物细部点相对于邻近图根点的点位中误差不应超过 ±5cm，而工业建筑区一般建筑物、构筑物（铁路、给水排水管道、架空线路等）的细部点，其位置中误差规定为 ±7cm。

三、工厂区地形图测绘

（一）工厂区现状图的特点及测绘内容

工厂区现状图是反映厂区各种建筑物、构筑物在平面和立面的布置，道路、各种管线的分布，绿化和安全设施以及人工和自然地形地貌分布的图纸，它是工厂的重要技术档案资料，比例尺通常为 1:500。

工厂区建筑物、构筑物测量的取舍，应根据工厂区建筑物、构筑物的疏密程度，测图比例尺等，与委托方共同商定，其细部点选取的技术要求，应符合表 1-4 的规定。

细部点选取的技术要求　　表 1-4

类别		坐标	标高	其他技术要求
建筑物、构筑物	矩形	主要墙角	主要墙外角、室内地坪	
	圆形	圆心	地面	注明半径、高度或深度
地下管道		起、终、转、交叉点的管道中心	地面、井台、井底、管顶、下水测出入口管底或沟底	经委托单位开挖后施测
架空管道		起、终、转、交叉点，皆测支架中心	施测细部坐标的点和变坡点，皆测基座面或地面	注明通过铁路、公路的净空高
架空电力线路、电讯线路		杆（塔）的起、终、转、交叉点，皆测杆（塔）中心	杆（塔）的地面或基座面	注明通过铁路、公路的净空高
地下电缆		起、终、转、交叉点（电缆或沟道中心），入地口、出地口	施测过细部坐标的点或变坡处，皆需测地面和电缆面	经委托单位开挖后施测
铁路		车档、岔心、进厂房处，直线部分每隔 50m 测一点	车档、岔心、变坡处、直线段每 50m、曲线内轨每 20m 测一点	—
公路		干线交叉点	变坡处、交叉处、直线段每 30～40m 测一点	—
桥梁、涵洞		大型测四角，中型测中心线两端，小型只测中心点	施测过细部坐标的点、涵洞，需测进出口底部高	—

注：1. 建筑物、构筑物轮廓凹凸部分大于 0.5m 时，应丈量细部尺寸；

2. 厂房门宽度大于 2.5m 或能通行汽车时，应实测位置；

3. 对排列整齐的宿舍，可只测其外围的四角细部坐标。

对永久性建筑物，除测量细部点的坐标、高程及其主要尺寸外，还须说明其结构，例如钢（结构）、钢混、混合（砖墙承重、钢筋混凝土柱和屋架）、砖木、土木（土墙承重，木屋架等）。

（二）精度要求

两相邻细部坐标点间反算距离与实地丈量距离的较差不应大于表 1-5 的规定。

反算距离与实地丈量距离的较差 **表 1-5**

项　目	较　差（cm）
主要建筑物、构筑物	$7+S/2000$
一般建筑物、构筑物	$10+S/2000$

注：S 为两相邻细部点间的距离（cm）。

（三）现状图与专业图的绘制

工厂区可只绘制现状总图，当有特殊需要或管道密集时，宜分类绘制专业图，常用的专业图有给、排水管道图，动力、工艺管道图，输电及通讯线路图，综合管线图等。

四、水下地形测绘

在各项工程建设中，除了需要各种比例尺的陆上地形图外，有时还要了解水下的地形情况，这就需要测绘各种比例尺的水下地形图。

水下地形图是水上各工程建筑的重要基础资料，是进行水上工程勘探、设计的重要依据，例如：桥梁、港口、码头及水利工程建设、航道的整治和疏浚等都必须由水下地形图提供有关资料，在编制海图、编写航路指南及海洋科学研究中，也都必须有水下地形图。

水下地形测绘工作，包括测深、定位、判别底质、绘制地形图等。

水下地形测绘一般工作程序为：布置测深线、测深点定位、水深测量、数据处理等。

（一）布置测深线

水下地形测量，一般是在测区范围内的水域上，测出一条条的水下地形断面，最后据此勾绘出水下地形图。断面间距和测深点间距的大小，应根据测图比例尺以及图的用途来确定，其测点宜按横断面布设，断面方向宜与岸线（或主流方向）相垂直；断面的间距宜为地形图上 2cm；测点间距宜为地形图上 1cm。根据地形变化和用图要求不同，断面间距可适当加密或放宽。

为了使测深点能分布均匀，不漏测，不重复，在进行水下地形测量前通常先布设测深线。然后沿测深线均匀布置测深点。测深线是测量人员在室内事先设计的，测深线的方向一般与岸线（或河流主线）垂直，可以相互平行，也可以呈放射状，如图 1-1 所示。

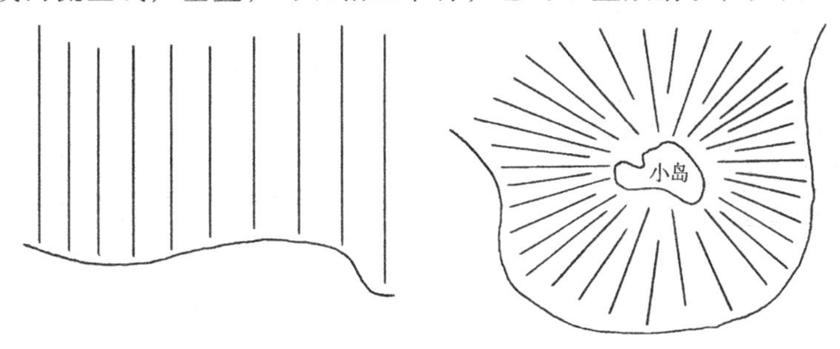

图 1-1　测深线布置

（二）测深点定位

测深点定位方法的选择，可采用 GPS 定位技术，无线电定位法或选用经纬仪，平板仪前方交会，六分仪后方交会法，断面索法，单角交会法及极坐标法等，但究竟采用什么方法，应根据水域情况（水深、流速等）、测图比例尺及设备条件综合考虑确定，如海域宽广、深度大，简单方法就不行，下面对几种测深点定位方法作简要介绍：

1. 断面索法

断面索法是以测绳之类的绳索通过河面，并在两岸拉紧栓牢。然后以绳索上的标记为依据，按照确定的点距进行测深和定位，如图 1-2 所示。

这种方法定位精度高，适用于水域小、水深浅、测点密度大的测区。

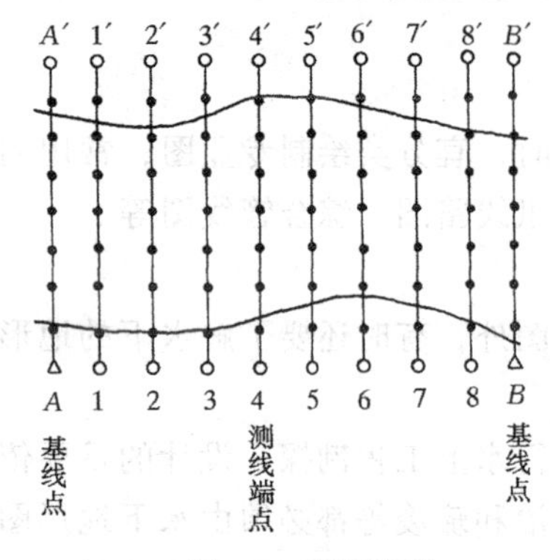

图 1-2 断面索法

2. 无线电定位

在水域宽广的湖泊、河口、港湾和海洋上进行测深定位时，可采用无线电定位仪。无线电定位是根据距离或距离差来确定测船的位置。前者称为圆系统定位；后者称为双曲线系统定位。

(1) 圆系统定位

如图 1-3 所示，在岸上控制点 A、B 上设置两个电台（称为副台），测船上设一个电台（称为主台）。测船定位时，测船上主台发射一定频率的电磁能脉冲信号，副台接收后返回应答信号，主台收到应答脉冲后精确测定出发射脉冲与应答脉冲之间的时间间隔 t。此时，主台与副台之间的距离 $S = \frac{1}{2}V \times t$（$V$ 为电磁波在真空中的传播速度），可在仪器显示设备上直接读出或直接传输到记录设备上。根据 S_1 和 S_2 可在预先绘制好的图板上定出测船的位置，或在测量系统显示屏上直接显示并记录测船的位置。

(2) 双曲线系统定位

如图 1-4 所示，在岸上三个控制点 A、B、C 上设副台，主台装在船上，主台发送脉冲信号，副台接收后返回应答信号，主台根据从两个副台返回信号的时间差求得主台至两个副台的距离差。这样，仪器可以快速地测出船到几个副台距离之差，凭两个距离差就可以确定 P 点的位置。

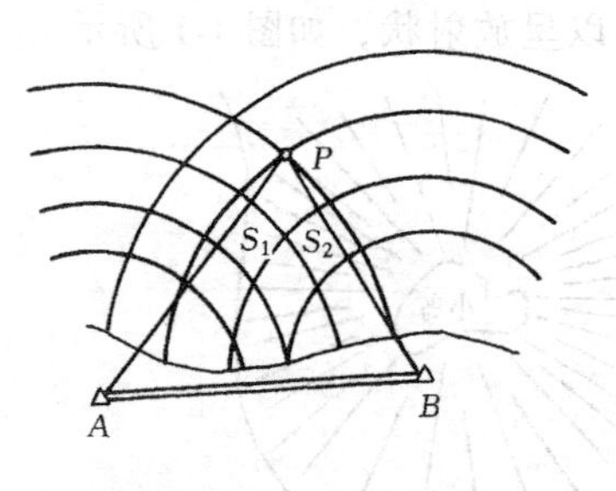

图 1-3 圆系统定位法

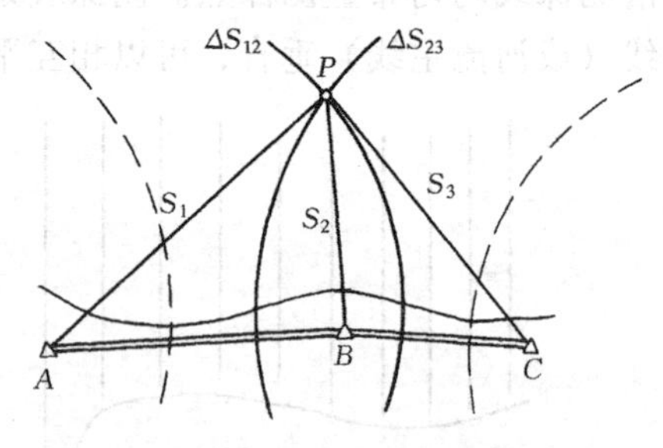

图 1-4 双曲线系统定位法

由解析几何可知，一动点到两定点的距离之差为定值时，则该动点的轨迹为双曲线。当测得 P 点至 A、B 点的距离差为 ΔS_{12} 时，表示 P 点此时必定位于以 A、B 两点为双曲线的焦点、距离差为 ΔS_{12} 的双曲线上。

同时又测得 P 点至 B、C 点的距离差 ΔS_{23}，同理可知 P 点必定也位于以 B、C 两点为焦点，距离差为 ΔS_{23} 的双曲线上，两条双曲线的交点之一即为 P 点，若将观测值传输至计算显示设备上，就可实时得到测船位置。

大面积水域的地形测量，宜用无线电定位法。

（三）水深测量

1. 简单工具法测量水深

简单的测深工具是测深杆或测深绳。

测深杆宜用来测量小于5m的水深，可用竹杆、硬质塑料管、玻璃钢管或金属管等材料来制作，杆上每隔10cm做一标志，并漆成红白相间。一般在杆底装一直径约10cm的木圈，为的是不让测深杆插进淤泥中而影响测深精度。

测量较大的水深可用测深绳，它一般用柔性、耐拉、伸缩小的绳索制成，下端结一2～3kg的铅制重锤，在测深绳上设置标记，尺度一般自锤底起算。估读到0.1m。用测深绳可以测量小于20m的水深，它适宜在流速小，船速慢，底质较硬的条件下工作。

2. 回声测深仪测量水深

回声测深的基本原理是利用声波在同一介质中匀速传播的特性，测量声波由水面至水底往返的时间间隔Δt，从而推算出水深S，如图1-5所示。

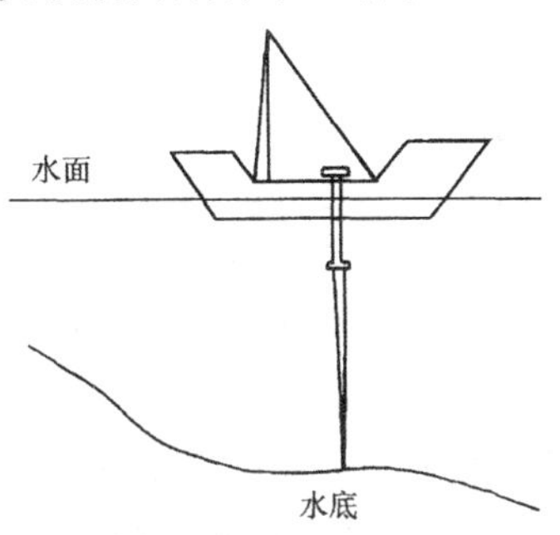

图1-5 回声测深

（四）GPS在水下地形测绘中的应用

将GPS、测深仪及其他终端设备结合起来，就构成了一套完整的水下地形测绘系统，如图1-6所示，该系统可为宽阔海域、港湾水深测量、航道水深测量、挖槽水下地形测量、固定断面测量、沉船沉物测摸等提供极为便利的测量手段，下面就GPS水下地形测绘系统的主要工作流程作简要介绍。

1. 资料准备：收集有关图件、文字资料、数据、控制点成果、技术要求说明等与测量任务有关的资料。

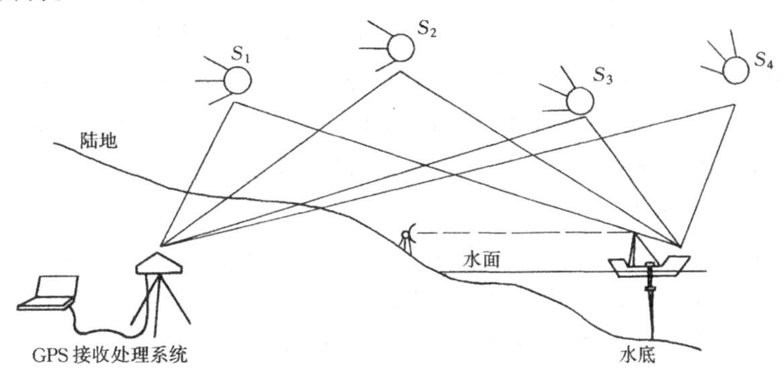

图1-6 GPS水下地形测定系统

2. 测量线设计输入：按规范要求在已有图籍资料上设计测量断面线，并将所设计的断面线数据输入系统中，并生成测量线文件。

3. 大地参数设定：对坐标系统、投影方式、测量计量单位、测区位置、椭球参数等项目进行设定输入。

4. 导航数据输入：对航行过程中的允许偏离值、测量船GPS天线高度、导航系统数量等数据的输入。

5. 绘图文件建立：对图幅的大小、起点（右下角）坐标、绘图比例、图纸定位等数据的输入设置。

6. 系统设置文件建立：将需要测量的项目名设为设置文件名，然后将为测量该水道所准备的导航文件、绘图文件、测量线文件和导航系统、测深仪类型以及是否连接打印机等集合成系统设置文件，供测量时使用。

7. 测量数据采集：对时间、位置、水深等测量数据进行采集。

8. 数据编辑：通过数据编辑软件将外业采集数据调出并进行修正。

9. 绘图输出：将测量外业采集的测量点数据文件，通过数据编辑，潮汐改正后，根据测量任务要求输出结果数据并绘出所需要的图纸来。

第二节 施工控制测量

勘测阶段所建立的测图控制网，其目的是为了测图服务，控制点位的选择是根据地形条件确定的，在点位的分布和密度方面，都不能满足施工放样的要求，从测量精度上来说，测图控制网的精度要求是根据地形图地物点的平面及高程位置精度要求而确定的，而施工控制网的精度要求则要根据工程建设的特殊性来决定，它一般要高于测图控制网。由于上述情况，测图控制网不论在点位分布方面，还是在测量的精度方面，均不能满足定线放样的要求。因此，为了进行施工放样测量，必须建立施工控制网。

一、施工控制网的布设

（一）投影面的选择

施工控制网作为施工放样的依据，要求按控制点坐标反算的两点间长度与实地两点间长度之差应尽量小，即要求由"实量边长归算至投影面上的变形 ΔS_1"和"投影面上的边长归算至高斯投影面上的变形 ΔS_2"两项变形之和不得大于放样的精度要求，为此施工控制网中的实测长度通常投影到特定的平面上。如桥梁施工控制网投影到桥墩顶的平面上；隧道施工控制网投影到隧道贯通平面上。也有的工程要求将长度投影到定线放样精度要求最高的平面上。因此，投影面选择的目的是求取一较佳的抵偿投影面，使投影到该面上的施工区内的边长变形值尽可能小，以满足施工放样要求。

（二）施工控制网的坐标系统

施工控制网的定位，可以利用原区域，如城市及工程勘察测量时所建立的平面和高程控制网作为依据。设计人员习惯于用独立坐标系进行设计，坐标原点选在工地以外的西南角上，坐标轴平行或垂直于建筑物的主轴线（如坝轴线、桥中线，主要厂房轴线等）。这种便于设计的坐标系称为建筑坐标系或施工坐标系。

高程系统除统一的国家或城市高程系统外，设计人员习惯于为每一独立建设物规定一个独立高程系统，该系统的零点位于建筑物主要人口处室内地坪上，设计名称为"±0.000"。在这以上标高为正，在这以下标高为负。当然，设计人员必须确定这个零点在国家或城市系统中具有什么样的高程值。

（三）施工控制网的布设

在布设施工控制网时，通常采用两级布网方案，即首先建立一个布满整个工程地区的第一级控制网（其主要作用是放样各个建筑物的主要轴线），其次再建立加密的第二级控制网，第二级的加密可以用插点、插网、交会定点等方法。第二级加密网通常根据各个工程项目放样的具体需要来布设。

例如对于工业场地，施工控制网通常包括厂区控制网（第一级）与厂房控制网（第二级）；对于水利枢纽地区则布设成基本网（第一级）及定线网（第二级）；在大桥施工中，为了满足放样每个桥墩的需要，在桥梁三角网（第一级）下也需要加设一定数量的插点（第二级），但是第二级控制网的精度要求并不一定比第一级低，这也是施工控制网的一个特点。

二、平面施工控制网精度确定的方法

施工控制网精度的确定，应从保证各种建筑物施工放样的精度要求来考虑（见表2-1），在确定了建筑物放样的精度要求以后，就用它作为起算数据来推算施工控制网的必要精度。在设计施工控制网时，应使控制点误差所引起的放样点位误差，相对于施工放样的误差来说，小到可以忽略不计，以便为今后的放样工作创造有利条件，根据这个原则，对施工控制网的精度要求分析如下：

以建筑工程施工控制网为例，建筑工程施工控制网的必要精度，应根据建筑物的建筑限差来确定。建筑限差是工程验收的质量标准，也就是对工程质量的最低要求，可以认为是极限误差，设其为 Δ。工程上通常以2倍中误差作为极限误差，则工程竣工位置中误差 m 为建筑限差的一半，即

$$m = \frac{1}{2}\Delta$$

建筑物竣工位置的误差是由施工误差（包括构件制造、施工、安装误差等）和测量误差共同影响产生的，则竣工位置的中误差 m 与测量误差 $m_{测}$、施工误差 $m_{施}$ 的关系为：

$$m^2 = m_{测}^2 + m_{施}^2 \tag{1-1}$$

现取施工误差为测量误差的$\sqrt{2}$倍（二者的比例关系依据施工设备、技术条件而定）

$$m_{施} = \sqrt{2}m_{测}$$

$$m_{测} = \frac{1}{\sqrt{3}}m$$

测量误差 $m_{测}$包括控制测量误差 $m_{控}$和放样误差 $m_{放}$，三者的关系为：

$$m_{测}^2 = m_{控}^2 + m_{放}^2 \tag{1-2}$$

假设建筑场地上的控制点密度足够，放样点离控制点不远，放样时产生的误差相对较小，则可取

$$m_{放} = \sqrt{2}m_{控}$$

$$m_{控} = \frac{1}{\sqrt{3}}m_{测} = \frac{1}{3}m = \frac{1}{6}\Delta$$

上面的分析给出了由建筑限差来确定施工控制网精度要求的基本思路，需要指出的是，一项工程中的建筑限差很多，施工过程复杂，所以究竟按哪一种建筑限差来确定控制网的必要精度，还需要对各种建筑限差进行分析，并结合施工程序和方法来最后确定。

三、几种常用的施工控制网

施工控制网分为高程控制网和平面控制网。高程控制网用各等级水准测量来建立，其密度一般要求为：安放一次水准仪即可测设所需要放样点的高程。平面控制网的布设形式随工程种类不同而不同，按现代测量技术，测量两点的距离是很方便的，因此测边网、边角网得到广泛应用。

（一）桥梁施工控制网

桥梁施工控制网的主要任务在于测定桥轴线长度，从它出发放样两岸桥台中心的位置，另外在两岸设立控制点，用于放样河中桥墩的位置。根据地形条件，桥梁施工控制网一般布设成如图 1-7 所示图形：

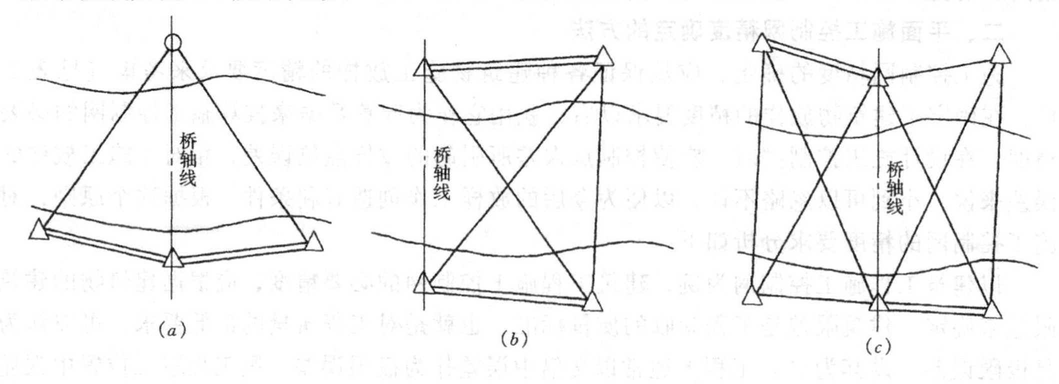

图 1-7　桥梁施工控制网

图形的选择主要取决于桥长(或河宽)设计要求、仪器设备和地形条件。桥梁施工控制网的布设要注意桥轴线应为控制网的一条边，基线长度不小于桥轴线的 70%，特殊情况也不应小于 50%。

（二）水利枢纽施工控制网

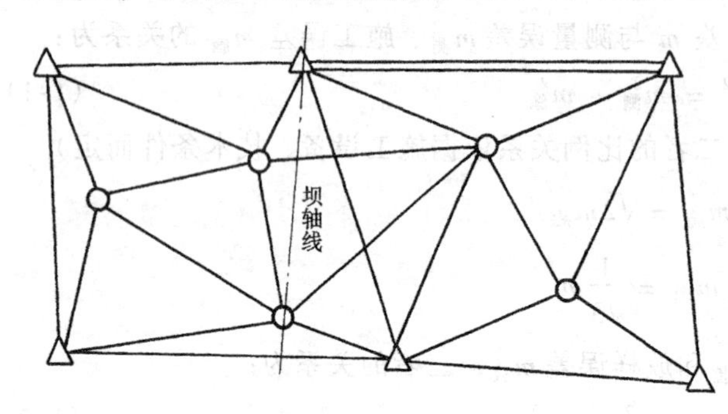

图 1-8　水利枢纽施工控制网

水利枢纽工程除大坝外，还包括发电站机房、船闸、输水通道等，布设施工控制网时要参照设计总平面图统一考虑，如图 1-8 所示。一次布网有困难时，可采用分级布网。首级网布得稀疏些，控制范围大些，在首级网下面布插网、插点，加密网直接为施工放样服务。

（三）隧道施工控制网

隧道施工至少要从两个相对的洞口同时开挖，长隧道的施工需要通过竖向或侧向的通道（竖井、斜井、平洞）增加工作面，加快施工进度。

隧道控制网分地面和洞内两部分。地面部分用于确定洞口点的位置和把方向传递进洞，洞内控制是以洞口点为出发点的支导线或双重支导线的形式布设。如图 1-9 所示。

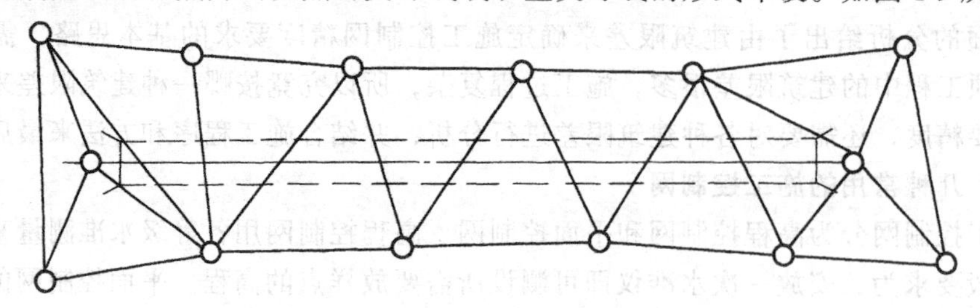

图 1-9　隧道施工控制网

（四）工业场地上的施工控制

建筑方格网是一种特殊形式的施工控制网，其相邻两点的连线平行或垂直于主轴线，控制点位于方格网的交点上，如图 1-10 所示。建筑方格网的控制点不可能是任意选定埋设的测量控制点，而一定是根据事先设计好的坐标精确放样到地面去的点，因此建立方格网的工作就是以较高的精度放样一大批施工控制点的工作。

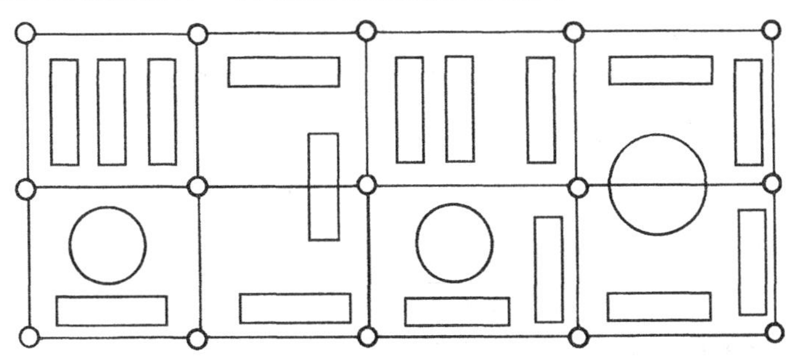

图 1-10　建筑方格网

（五）平面施工控制网的网形选取及精度设计实例

现以南京长江二桥施工控制网的建立为例来说明专用施工控制网的选取思路。

该桥是一种墩塔高、主梁跨度大的高次超静定结构体系的斜拉桥梁。这种超静定结构体系对每个结点位置的要求十分严格，节点坐标变化将影响结构内力的分配和成桥线型，施工测量的主要任务就是要满足高塔柱的垂直度、索道管三维坐标的精确定位、主梁线型和形体等的要求。

常规建立的大桥平面控制网多数布置成以桥轴线为公共边的双大地四边形作为基本网形，如图 1-11（*a*）所示。但南京长江第二大桥从主桥和引桥放样的一体化考虑，在常规双大地四边形的基础上，在桥轴线两端延长线上又选取两点构成如图 1-11（*b*）所示图形。

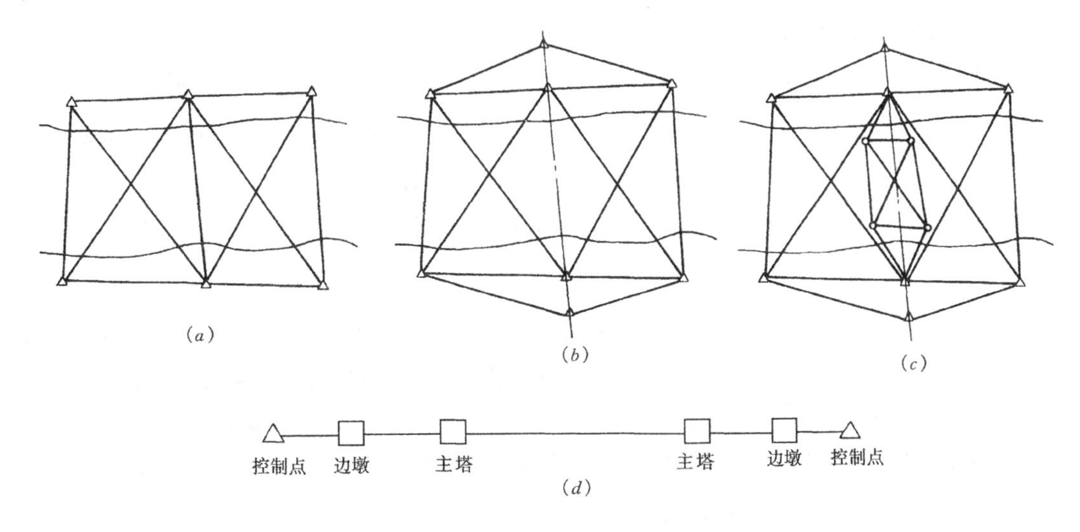

图 1-11　大桥专用施工控制网

斜拉桥墩塔基础主要是主塔墩和边墩（辅助墩和过渡墩）基础，均匀分布在桥梁主轴线上，如图 1-11（*d*）所示。

墩塔基础同时开工后，桥轴线上相互干扰造成观测不通视，主轴线上的控制点无法为主塔提供施工放样，而另外4个控制点又离主塔轴线较远，用于施工测量效果不好。因此在设计施工控制网时，在桥轴线两侧两岸边各建立2个控制点，纳入主网，构成如图1-11（c）所示图形，形成大、小两个控制网，做到了大小控制网同精度，同要求，满足了施工放样合理选用。

网形选好后，下一步就是确定施工控制网的精度。

桥墩在施工放样过程中，引起桥墩点位误差 Δ 的因素包括控制测量误差和施工放样测量误差，它们的联合影响为：

$$\Delta = \pm \sqrt{m_{控}^2 + m_{放}^2}$$

一般 $m_{控} < m_{放}$，取 $n = m_{控}/m_{放}$，则有 $n < 1$

$$\Delta = m_{放}\sqrt{1 + m_{控}^2/m_{放}^2} = m_{放}\sqrt{1 + n^2}$$

将上式按级数展开，并舍去高次项得

$$\Delta = m_{放}\left(1 + \frac{1}{2}n^2\right) \tag{1-3}$$

显然，$\frac{1}{2}n^2$ 是由于 $m_{控}$的存在而对 Δ 产生的影响，当 n 取不同值时，$m_{控}$在 Δ 中的比重 $\frac{1}{2}n^2$ 亦不同，因此，在施工控制网精度设计中，合理选用 n 是十分重要的，为此，表1-6中列举了 $\frac{1}{2}n^2$ 和 n 之间的关系，并绘制成关系曲线图1-12。

$\frac{1}{2}n^2$ 和 n 之间的关系 **表 1-6**

n	1.000	0.900	0.800	0.700	0.600	0.500	0.447	0.400	0.300	0.200	0.100
$\frac{1}{2}n^2$	0.500	0.405	0.320	0.245	0.180	0.125	0.100	0.020	0.045	0.020	0.005

由表1-6和图1-12知

1. 当 n 很小时，控制点误差对 Δ 影响亦很小，即对控制网精度要求很高。

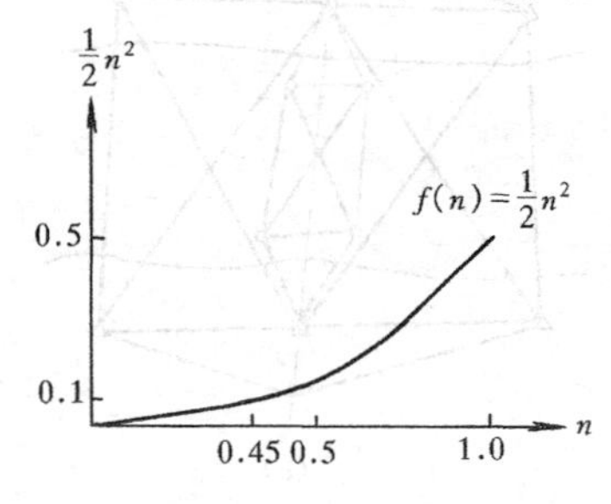

图 1-12 关系曲线图

2. 当 $n<0.45$ 时，$\frac{1}{2}n^2<0.1$，表示控制点误差影响比重小于0.1，且在（0，0.1）区间变化的趋势比较缓慢，它表明尽管对控制网提高了精度要求，但其误差影响的比重变化不大。

3. 当 $0.45<n<1$ 时，$0.1<\frac{1}{2}n^2<0.5$，曲线斜率变化很快，表明控制点误差影响的比重随着 n 的变化而显著变化，因此，在确定各控制网精度要求时，n 宜选在0.45~1.0之间。根据上述误差分配原理，在忽略不计控制网误差影响的原则下（即控制网误差对放样点的误差影响比放样误差本身小一个数量级），得 $\frac{1}{2}n^2 = 0.1$，这样求得 $m_{控} = 0.4\Delta$。根据桥墩设计理论及《铁路测量技术规程》（TBJ101—85），当桥墩中心偏差小于±20mm时，产生的附加力在容许范围内，由此当桥墩中心测量精度要求±20mm，可得

$m_{控} = \pm 8mm$。

当以此作为控制网的最弱边边长精度要求时，即可根据设计控制网的平均边长（或主轴线长度或河宽）确定施工控制网的相对边长精度，因此，南京长江第二大桥要求桥轴线边长相对中误差≤1/180000，最弱边边长相对中误差≤1/130000，起始边边长相对中误差≤1/3000000。

四、GPS 控制网简介

GPS 控制网的图形设计主要是根据网的用途和用户要求，侧重考虑如何保证和检核 GPS 数据质量；同时还要考虑接收机类型、数量和经费、时间、人力及后勤保障条件等因素，以期在满足要求的前提条件下，取得最佳的效益。根据 GPS 测量的不同用途，GPS 网的几何图形结构有以下三种形式：

1. 三角形网

如图 1-13 所示。网中各三角形边是由非同步观测的独立边所组成。这种网的几何图形结构强，具有良好的可靠性。经平差后网中相邻点间基线向量的精度分布均匀。这种网的主要缺点是观测工作量较大，尤其当接收机的数量较少时，将使观测工作的时间大为延长。因此，通常只有当网的可靠性和精度要求较高时，才单独采用这种图形结构的网。

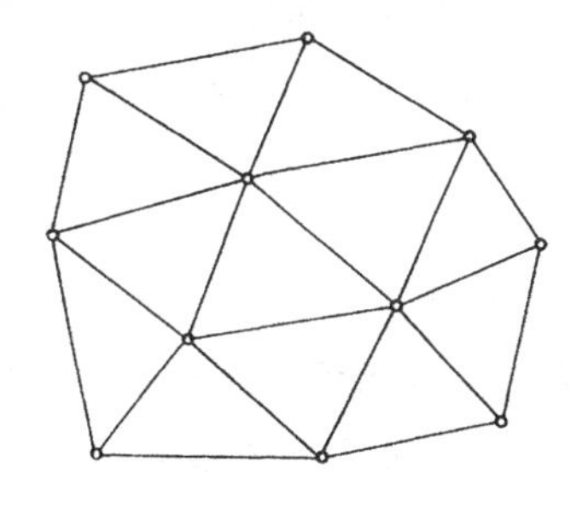

图 1-13　三角形网

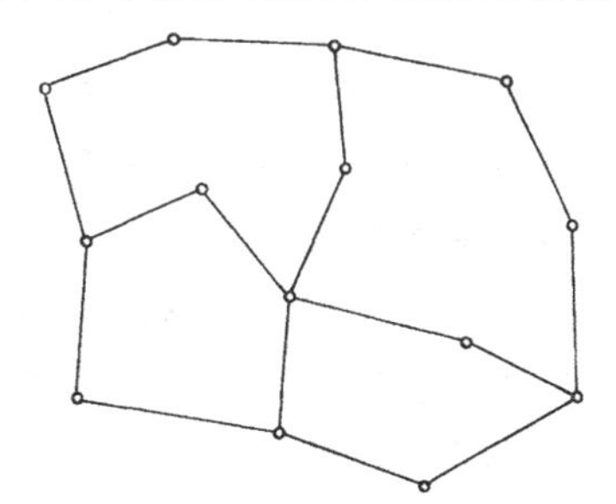

图 1-14　环形网

2. 环形网

由若干个含有多条独立观测边的闭合环所组成的网，称为环形网，如图 1-14 所示。这种网的图形结构强度较三角网差，其优点是观测工作量小，具有较好的自检性和可靠性。其缺点主要是非直接观测的基线边（或称间接边）精度较直接观测低，相邻点间的基线精度分布不均匀。由于环形网的自检能力和可靠性与闭合环所含基线边的数量有关，所以，一般根据网的精度要求，规范规定了闭合环中包含的基线边的数量。

三角网和环形网是大地测量和精密工程测量普遍采用的两种基本图形。通常，根据实际情况往往采用上述两种图形的混合网形。

3. 附合路线和星形网

在 GPS 高级网中需进一步加密控制点时，可采用附合线路，如图 1-15 所示。为了保证可靠性和精度，附合路线中所包含的边数也不能超过一定限制。

星形网的几何图形如图 1-16 所示。其图形简单，直接观测边之间不构成任何闭合图形，所以检验和发现粗差的能力差。这种图形的主要优点是观测中只需要两台 GPS 接收机，作业简单。它广泛应用于工程测量、边界测量、地籍测量和碎部测量等方面，定位中采用快速定位的作业模式。

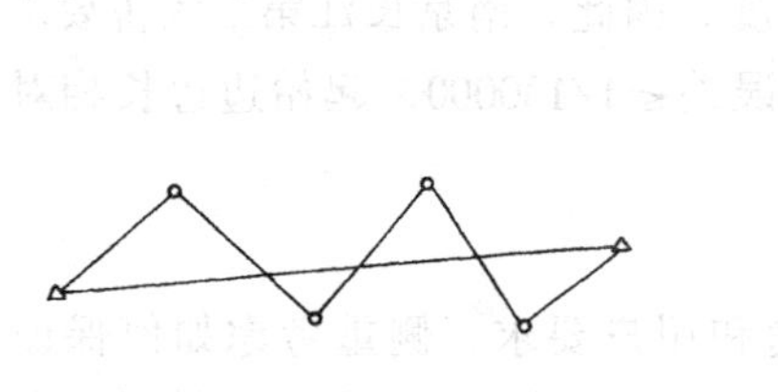

图 1-15 附合路线

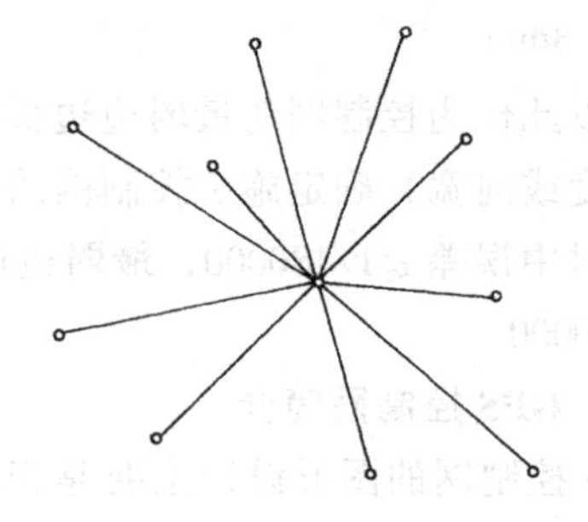

图 1-16 星形网

4.GPS 工程控制网数据的特殊问题

在外业观测任务完成之后，首先进行必要的检核，如重复边检核、闭合差检核等，在确认数据可靠的情况下进行全网平差。工程网的数据处理中有两个常见的特殊问题需要指明，即坐标系统和高程系统问题。

（1）坐标系与坐标转换

GPS 定位是以 GPS 卫星为基准点的空间定位系统，因此，用 GPS 布测的控制网，其平差后的解属于 WGS-84 坐标系，但一些工程网，为了充分利用原有的地形图、工程图、地下管道施工图等资料，要求仍使用原采用的坐标系统。因此，就需将 WGS-84 坐标系中的点位坐标转换到所采用的坐标系统。

（2）高程系统与高程转换

GPS 定位结果是点位在 WGS-84 坐标系的几何位置，即大地经度 L、大地纬度 B 和大地高 H。经坐标转换后，仍然是几何位置，只不过变成转换坐标系中的坐标。其中高程仍为大地高，即点位沿法线方向至参考椭球面的距离。而大部分工程网要求采用正常高系统，即点位沿铅垂线至似大地水准面的距离 $H_{正常}$。二者的差异是高程异常 ζ，即

$$H = H_{正常} + \zeta \tag{1-4}$$

要将大地高 H 转换成正常高 $H_{正常}$，关键是求得精确的高程异常值 ζ。

第三节 误差椭圆及其在工程测量中的应用

控制网平差后，一般只求出待定点坐标的中误差和点位中误差，对于工程测量来说，人们将特别关心的是在哪一个方向上具有极大位差，哪一个方向上具有极小位差，从而合理地布设工程控制网，以尽可能地满足工程施工放样的精度要求。例如，在隧道施工中，一般对贯通要求较高，希望隧道口的控制点的横向误差应尽可能小，而在铁路桥梁工程中，由于钢架和铁轨是预制的，希望大桥两端的控制点的纵向误差应尽可能小，为此，必须运用测量平差的理论，通过解算和绘制点位误差椭圆和相对误差椭圆的方法来解决上述问题。关于误差椭圆理论在测量平差理论中有详细阐述，这里直接引用有关结论。

一、任意方向点位中误差公式

由测量误差理论知

$$m_x^2 = m_0^2 Q_{xx} \qquad m_y^2 = m_0^2 Q_{yy} \tag{1-5}$$

式（1-5）表明了点位误差在 X 轴方向和 Y 轴方向上的误差，而工程上更关心在某一方向 φ 上误差的大小，设 P 点在 T 轴（φ 方向）上的坐标为 t，则：

$$t = x \cdot \cos\varphi + y \cdot \sin\varphi \tag{1-6}$$

按广义传播律：

$$m_t^2 = m_0^2(Q_{xx}\cos^2\varphi + Q_{xy}\sin2\varphi + Q_{yy}\sin^2\varphi) \tag{1-7}$$

上式即为任意方向 φ 上点位中误差公式，φ 是以 X 轴为起始方向，即 φ 角与坐标方位角一致。图 1-17 所示为任意方向点位中误差图。

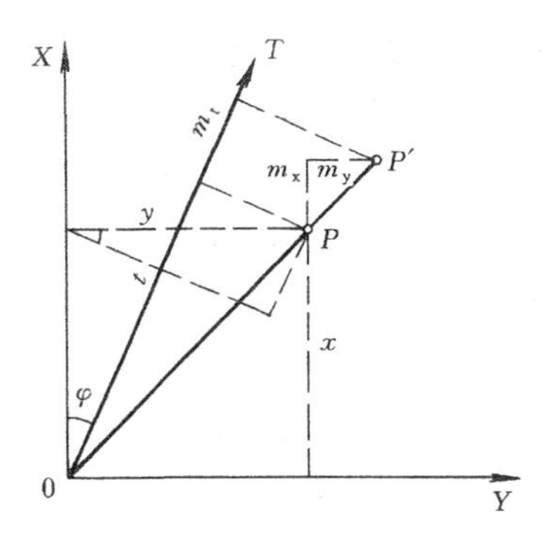

图 1-17　任意方向点位中误差

二、位差的极值和极值方向

由式（1-7）知，m_t 与 φ 的大小有关，而 Q_{xx}、Q_{yy} 与误差方程式系数有关，它是定值。设极值方向为 φ_0，为求 m_t 的极值，可对式（1-7）中括号内部分取一阶导数，并令其为零，则有：

$$\mathrm{tg}2\varphi_0 = \frac{2Q_{xy}}{Q_{xx} - Q_{yy}} \tag{1-8}$$

可解出 φ_0 和 $\varphi_0 + 90°$ 两个根，说明误差在两个方向上存在极值，且正交，即极值方向的位差为：

$$m_{\varphi_0}^2 = m_0^2(Q_{xx}\cos^2\varphi_0 + Q_{yy}\sin^2\varphi_0 + Q_{xy}\sin2\varphi_0) \tag{1-9}$$

$$m_{\varphi_0+90°}^2 = m_0^2(Q_{xx}\sin^2\varphi_0 + Q_{yy}\cos^2\varphi_0 - Q_{xy}\sin2\varphi_0) \tag{1-10}$$

当 Q_{xy} 与 $\sin\varphi$ 同号时，$m_{\varphi_0}^2$ 取得极大值，$m_{\varphi_0+90°}^2$ 取得极小值；反之，当 Q_{xy} 与 $\sin\varphi$ 异号时，$m_{\varphi_0}^2$ 取得极小值，而 $m_{\varphi_0+90°}^2$ 取得极大值。式（1-9）、（1-10）是用 Q_{xx}、Q_{yy}、Q_{xy} 和极值方向的方位角 φ_0 和 $\varphi_0 + 90°$ 计算位差的极值公式，下面我们给出直接用待定点坐标协因数 Q_x、Q_y 和 Q_{xy} 计算位差极值的公式：

$$a^2 = \frac{1}{2}m_0^2[Q_{xx} + Q_{yy} + \sqrt{(Q_{xx} - Q_{yy})^2 + 4Q_{xy}^2}] \tag{1-11}$$

$$b^2 = \frac{1}{2}m_0^2[Q_{xx} + Q_{yy} - \sqrt{(Q_{xx} - Q_{yy})^2 + 4Q_{xy}^2}] \tag{1-12}$$

实用上，将位差的极大值记作 a，极小值记作 b。

当 a、b 已知时，进一步可导出以 a 轴为起始方向，用 a、b 表示任意方向 Ψ 上的位差计算公式：

$$m_\Psi^2 = a^2\cos^2\Psi + b^2\sin\Psi \tag{1-13}$$

三、误差曲线与误差椭圆

以待定点 P 为极，φ 为角，m_φ 为长度的极坐标点的轨迹所形成的曲线称为 P 点的误差曲线，如图 1-18 所示。

误差曲线关于两个极轴（a 轴、b 轴）对称。由于误差曲线形象地反映了 P 点在各个不同方向上的位差，因此，误差曲线又称精度曲线。

以位差的极值 a、b 分别为椭圆的长、短半轴（长轴方向为 φ_0），所形成的一条椭圆曲线，即称为待定点 P 的误差椭圆。由于误差椭圆与误差曲线极为相似，在两个极值方向上两曲线完全重合，其他各处两者之差距也很微小，因此，在实际工作中，常用便于绘制的误差椭圆替代误差曲线。φ_0、a、b 称为误差椭圆三参数，如图 1-18 所示。

四、利用误差椭圆求位差的方法（图解法）

当待定点 P 的误差椭圆已知时，如何求出该点的误差曲线？

方法为：如图 1-19 所示，以 φ 为角作任一方向线 PR，又作一直线，该直线与 PR 正交于 Q 且与椭圆相切于 P'。则垂足 Q 到 P 点之距离即为 φ 方向上的位差 m_φ，即垂足 Q 一定落在 P 点的误差曲线上。按照这样的作图方法，可在椭圆的外围作出一系列的垂足点，连接这些垂足点即可得到该点的误差曲线，有关证明从略。

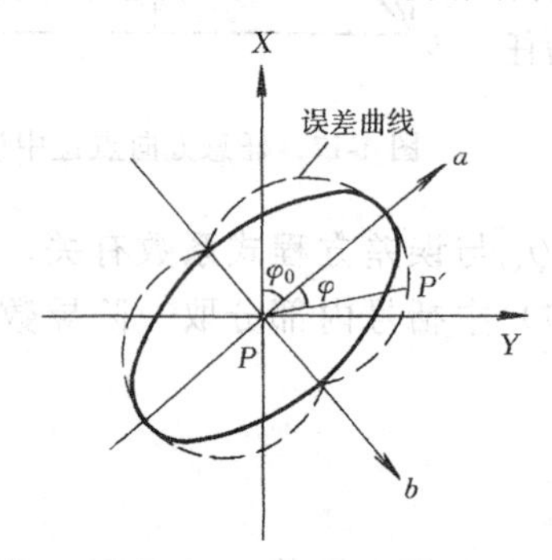

图 1-18　误差椭圆与误差曲线

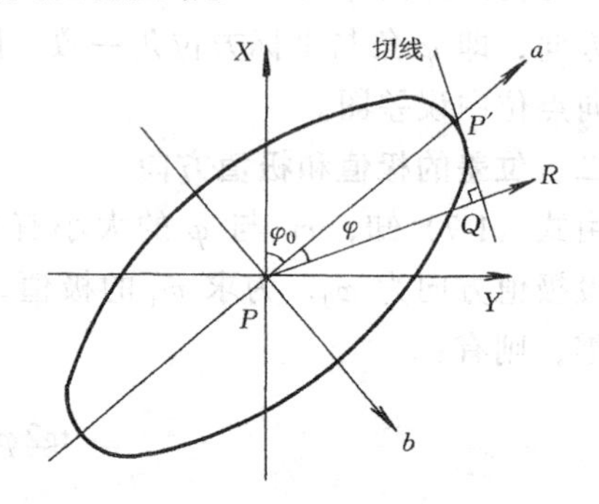

图 1-19　利用误差椭圆求位差

五、相对误差椭圆

在平面施工控制网中，任一待定点坐标中误差 m_x、m_y 均是相对于该网的起算点而言的，即待定点的误差椭圆所描述的是待定点相对于起算点的点位误差的分布情况，而在工程测量中，往往并不需要点位相对于起始点的点位误差，而恰恰需要了解任意两点相对位置的精度情况。

设有任意两点 P_1、P_2，其坐标增量为：

$$\Delta x = x_2 - x_1 \qquad \Delta y = y_2 - y_1$$

根据广义传播律可得

$$Q_{\Delta x\Delta x} = Q_{x_2x_2} - 2Q_{x_1x_2} + Q_{x_1x_1} \tag{1-14}$$

$$Q_{\Delta y\Delta y} = Q_{y_2y_2} - 2Q_{y_1y_2} + Q_{y_1y_1} \tag{1-15}$$

$$Q_{\Delta x\Delta y} = Q_{x_2y_2} - Q_{x_1y_2} - Q_{x_2y_1} + Q_{x_1y_1} \tag{1-16}$$

仿照式（1-8）、(1-11)、(1-12)，可直接写出相对误差椭圆的三个参数计算公式：

$$\mathrm{tg}2\varphi = \frac{2Q_{\Delta x\Delta y}}{Q_{\Delta x\Delta x} - Q_{\Delta y\Delta y}} \tag{1-17}$$

$$a^2 = \frac{1}{2}m_0^2\left[Q_{\Delta x\Delta x} + Q_{\Delta y\Delta y} + \sqrt{(Q_{\Delta x\Delta x} - Q_{\Delta y\Delta y})^2 + 4Q_{\Delta x\Delta y}^2}\right] \tag{1-18}$$

$$b^2 = \frac{1}{2}m_0^2\left[Q_{\Delta x\Delta x} - Q_{\Delta y\Delta y} - \sqrt{(Q_{\Delta x\Delta x} - Q_{\Delta y\Delta y})^2 + 4Q_{\Delta x\Delta y}^2}\right] \tag{1-19}$$

对于极值方向的判别和相对误差椭圆的绘制方法，仿前述进行。两者的不同在于：误差椭圆一般以待定点为极进行绘制，而相对误差椭圆一般以两个待定点连线的中点为极绘制。

六、误差椭圆在工程测量中的应用

误差椭圆理论和方法，完整地表达了点位误差和点间相对误差在任意方向上的存在情况，其意义在于我们可以方便地获得对工程建设质量会产生重要影响的某一方向上的误差，据此，可以进行控制网的优化设计，拟定观测方案，确定放样时对控制点的选用以及对观测的技术要求等，现举例说明。

【例1】 A、B、C 为某桥梁施工控制网点，P 为待放样的3号桥墩中心位置，控制点和 P 点的相关位置如图1-20所示，桥轴线方向为 X 轴方向。现按前方交会法放样 P 点。试选择能使 P 点在桥轴线（即 X 轴）方向上误差为最小的控制点，若要求该点在桥轴线方向上的误差小于5mm，试确定放样角的精度。

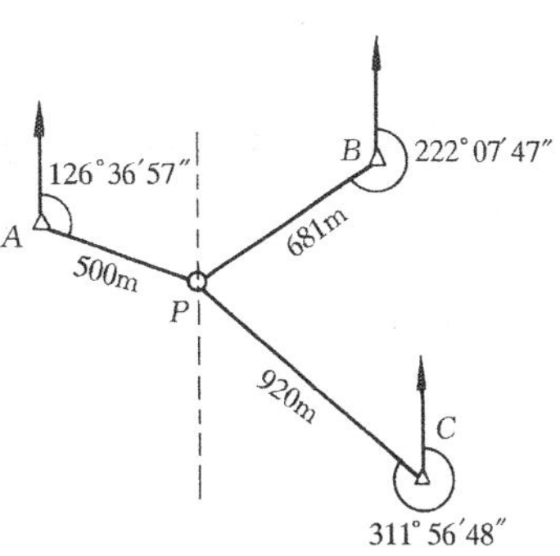

图1-20　方向交会求 P 点

【解】　方法一

1. 计算用 A、B 放样 P 点时的协因数阵和 P 点在 X 方向上的位差。根据图1-20所示数据列出 A、B 交会 P 点的误差方程式系数为：

$$a_1 = 33.112 \qquad b_1 = 24.605$$

$$a_2 = 20.318 \qquad b_2 = 22.463$$

设角度放样误差的权为1，计算方程式系数时的长度单位为分米（dm），此时，P 点的协因数阵为：

$$Q = \begin{bmatrix} 1509.226 & 358.318 \\ 358.318 & 1109.992 \end{bmatrix}^{-1} = \begin{bmatrix} 0.00072 & -0.00023 \\ -0.00023 & 0.00098 \end{bmatrix}$$

由式（1-7）得 P 点在 X 方向上的位差为：

$$m_x^2 = m_0^2(Q_{xx}\cdot\cos^2 0° + Q_{yy}\cdot\sin^2 0° + Q_{xy}\cdot\sin 0°) = m_0^2\cdot Q_{xx} = 0.00072 m_0^2$$

2. 同样方法求得用 B、C 点放样时，P 点在 X 方向上的位差为：

$$m_x^2 = 0.00158 m_0^2$$

3. 同样方法求得用 A、C 放样时，P 点在 X 方向上的位差为：

$$m_x^2 = 0.112 m_0^2$$

4. 比较上述三种情况，可知用 A、B 点放样 P 点，能使其在 X 方向上的误差最小。

5. 将允许中误差（±5mm）代入用 A、B 放样时的 P 点位差公式

$$m_x^2 = 0.00072 m_0^2 \qquad m_0 = \pm 1.86''$$

即放样的测角中误差不得大于±1.86″。

方法二

可分别绘出三组点放样 P 点时的点位误差椭圆，在椭圆上量取 m_x 值，经比较后确定选用的控制点（设 $m_0 = \pm 2.0''$）。

1. 绘出用 A、B 放样 P 点的点位误差椭圆，如图1-21，并量取 m_x 值。

$$a = 6.7\text{mm} \qquad b = 4.9\text{mm} \qquad \varphi_b = 30°16'$$

$$从椭圆上量得\ m_x = \pm 5.4\text{mm}$$

2. 绘出用 B、C 点放样 P 点时的点位误差椭圆，如图1-22并量取 m_x。

$$a = 8.9\text{mm} \qquad b = 6.1\text{mm} \qquad \varphi_a = 42°28'$$

量得 $m_x = \pm 7.7\text{mm}$

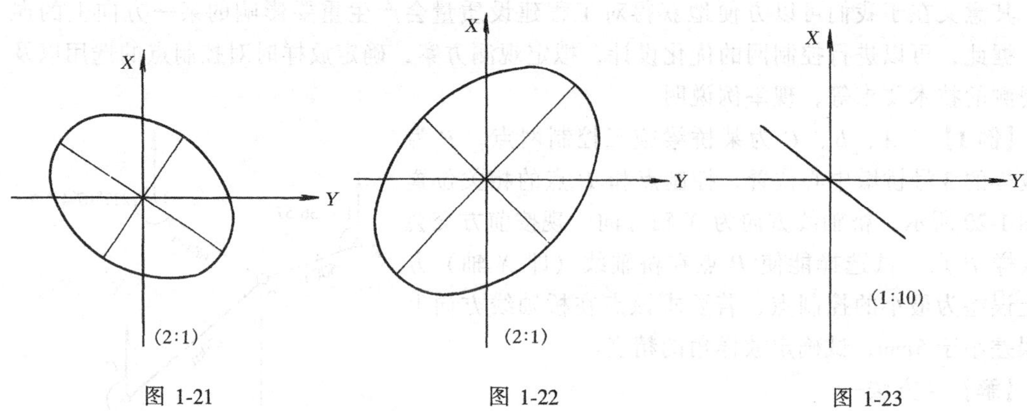

图 1-21　　图 1-22　　图 1-23

3. 绘出用 A、C 点放样 P 点的误差椭圆，如图 1-23 并量取 m_x。

$$a = 119.1\text{mm} \qquad b = 0.1\text{mm} \qquad \varphi_b = 37°47'$$

量得 $m_x = \pm 70\text{mm}$

4. 由各椭圆量得的 m_x 值比较，可知选用 A、B 点放样最好，但由 A、B 点放样，P 点的 $m_x = \pm 5.4\text{mm}$，较之限差 ±5mm 偏大，此时可适当调整 m_0，例如取 $m_0 = \pm 1.85''$，即可满足放样要求，实测前，根据 m_0 来确定观测方案。

【例 2】 某建筑方格网主轴点 P_1、P_2，将采用在已知点间插入两点的方法精确放样到实地。若确定方向观测中误差为 $m_0 = \pm 1''$，并从确定了的观测图形求得协因素阵如下：

$$Q = \begin{bmatrix} 0.0121 & 0.0044 & 0.0023 & 0.0025 \\ 0.0044 & 0.0161 & 0.0024 & 0.0032 \\ 0.0023 & 0.0024 & 0.0117 & 0.0041 \\ 0.0025 & 0.0032 & 0.0041 & 0.0169 \end{bmatrix}$$

试计算 P_1、P_2 点的误差椭圆参数和 P_1、P_2 点间的相对误差椭圆参数，根据计算出的误差椭圆参数绘出 P_1、P_2 的误差椭圆和两点间的相对误差椭圆，并据此判断两点间相对纵横向误差是否满足 1/20000 的要求。（P_1、P_2 点相距 400m，P_1 至 P_2 的坐标方位角为 101°25′30″）

【解】

1. 计算 P_1 点的误差椭圆参数

$$\text{tg}2\theta_{01} = \frac{2Q_{x_1y_1}}{Q_{x_1x_1} - Q_{y_1y_1}} = \frac{2 \times 0.0044}{0.0121 - 0.0161} = -2.200$$

$$2\theta_{01} = 114°27'（或 294°27'） \qquad \theta_{01} = 57°13'（147°13'）$$

因 $Q_{x_1y_1}$ 为正，所以 $\theta_{a_1} = 57°13'$，$\theta_{b_1} = 147°13'$。按式（1-11）、（1-12）算得

$$a_1 = 0.14\text{dm}$$

$$b_1 = 0.10\text{dm}$$

2. 计算 P_2 点误差椭圆参数

$$\mathrm{tg}2\theta_0 = \frac{2Q_{x_2y_2}}{Q_{x_2x_2} - Q_{y_2y_2}} = \frac{2 \times 0.0041}{0.0117 - 0.0169} = -1.577$$

$$2\theta_{02} = 122°20'(或\ 302°20') \qquad \theta_{02} = 61°10'(151°10')$$

因 $Q_{x_2y_2}$ 为正,所以 $\theta_{a2} = 61°10', \theta_{b2} = 151°10'$ 。按式（1-11)、(1-12）算得：

$$a_2 = 0.14\mathrm{dm}$$

$$b_2 = 0.10\mathrm{dm}$$

3. 计算 P_1、P_2 间相对误差椭圆参数

$$Q_{\Delta x\Delta x} = Q_{x_1x_1} + Q_{x_2x_2} - 2Q_{x_1x_2} = 0.0121 + 0.0117 - 2 \times 0.0023 = 0.0192$$

$$Q_{\Delta y\Delta y} = Q_{y_1y_1} + Q_{y_2y_2} - 2Q_{y_1y_2} = 0.0161 + 0.0169 - 2 \times 0.0032 = 0.0266$$

$$Q_{\Delta x\Delta y} = Q_{x_1y_1} + Q_{x_2y_2} - Q_{x_1y_2} - Q_{x_2y_1} = 0.0044 + 0.0041 - 0.0025 - 0.0024 = 0.0036$$

$$\mathrm{tg}2\Phi_0 = \frac{2Q_{\Delta x\Delta y}}{Q_{\Delta x\Delta x} - Q_{\Delta y\Delta y}} = \frac{2 \times 0.0036}{0.0192 - 0.0266} = -0.9730$$

$$2\Phi_0 = 135°47' \qquad (或\ 315°47')$$

$$\Phi_0 = 67°54' \qquad (或\ 157°54')$$

因 $Q_{\Delta x\Delta y}$为正，所以 $\Phi_a = 67°54'$，$\Phi_b = 157°54'$。又按式（1-18)、(1-19）可计算得：

$$a_{12} = 0.17\mathrm{dm}$$

$$b_{12} = 0.13\mathrm{dm}$$

4. 根据 P_1、P_2 的点位误差椭圆参数以及两点相对误差椭圆参数，可绘出图 1-24 所示的三个误差椭圆（比例 1:1)。

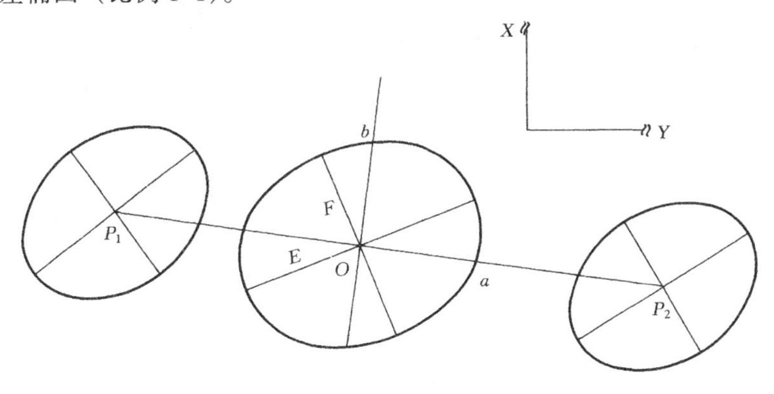

图 1-24

5. 由 P_1、P_2 点位误差椭圆中可知，两点的误差最大值均小于 5cm，故其定位精度能满足要求。另由相对误差椭圆中量得两点相邻纵向误差为 1.65cm（即图中 Oa)，横向误差为 1.45cm（即 Ob)，可见相对精度能满足 1/20000 的要求。因此，原定设计方案和相应观测精度为可行。

习　　题

1. 举例说明地形图在工程测量规划设计阶段的重要作用。

2. 工程设计对地形图的精度有哪些要求？

3. 水深测量在工程建筑中有什么用途？它包括哪些内容？

4. 布设施工控制网时应如何选择投影面？

5. 如何确定平面施工控制网的精度？

6. GPS 控制网的平面坐标系统和高程系统与一般控制网有何区别？

7. 求任意方向 φ 上的位差有何意义？

8. 误差曲线与误差椭圆有何区别？

9. 在图 1-25 中，A、B、C 为已知三角点，P 为待定三角点，起始数据见表 1-7。

起 始 数 据 **表 1-7**

点号	坐 标（m）		坐标方位角	边 长
	X	Y	（°） （′） （″）	（cm）
A	6107348.20	5570523.80	12 47 17.0	9306.90
B	6116424.20	5572583.80		
C	6111779.10	5577483.00	133 28 31.0	6751.20

角度观测值为（$Q_{LL}=E$）：

（1） = 23°45′11″　　（4） = 30°52′47″

（2） = 127°48′39″　　（5） = 106°50′42″

（3） = 28°26′12″　　（6） = 42°16′40″

试按条件平差法求：

（1） P 点坐标的协因数阵 Q 及单位权中误差 m_0；

（2） 位差的极大值方向 φ_a 和极小值方向 φ_b；

（3） 位差的极大值 a 和极小值 b 及点位中误差 M；

（4） $\varphi=60°$时的位差 $m_{\varphi=60°}$；

（5） 绘出 P 点的误差曲线，并从图上量出 m_x、m_y、m_s、$m_{\varphi=60°}$ 的值。

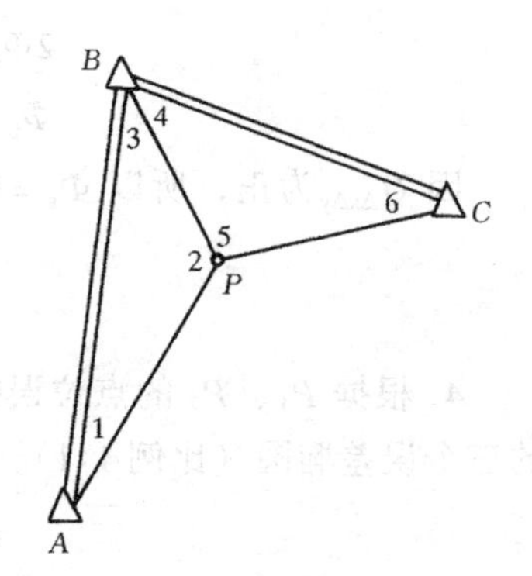

图 1-25

第二章　施　工　放　样

第一节　概　　述

一、施工放样的概念

规划设计完成后就要按设计图纸及相应的技术说明进行施工。设计图纸中主要以点位及其相互关系表示建筑物、构筑物的形状和大小。施工测量的目的就是把设计图纸上的待建物的位置和形状测定到实地并用标桩表示出来，实现这一目的的测量技术过程称为工程放样，简称“放样”，又称测设。这些经过施工测量在实地标桩表示出来的点位称为施工点位，简称施工点，或称放样点。由此可见，放样是设计与施工之间的桥梁。工地上从事施工放样的测量员是设计的几何意图的具体实现者，他负责工地上的几何正确性，保证工程整体上按设计要求进行。

二、施工放样的工作程序

为确保能按设计要求进行施工，放样工作应遵循从整体到局部的原则，先进行整个施工场地的施工控制测量，然后放样各建筑物、构筑物的主要轴线，最后进行细部放样。

在进行放样前，应充分搜集以下资料：总平面图；建筑物的设计与说明；建筑物、构筑物的轴线平面图；建筑物的基本平面图；设备的基础图；土方的开挖图；建筑物的结构图；管网图等。通过分析这些图件，获取施工放样所需的各种相关数据——水平距离、水平角、高差或坐标、高程等，这些数据统称为放样数据，也称为放样元素。其次还应熟悉现场，查清工地范围的地形、地物状态，并熟悉施工的进展状况，再根据实际情况确定能按设计要求进行施工的施工放样方案。

鉴于施工现场各工序、多工种交叉作业，运输频繁，地面情况多变化，且受施工机械震动等影响，往往有可能造成测量标志受损或丢失。因此，测量过程中加强测量标志的管理、保护，及时恢复受损的测量标志，这是做好施工测量工作的必要要求。

三、施工放样的精度及方法

施工放样的精度主要取决于建筑物、构筑物的设计与施工要求。具体主要取决于建筑物及构筑物的大小、性质、用途、建材、施工方法等因素。一般情况，高层建筑放样精度要求高于低层建筑；连续性自动设备厂房放样精度要求高于独立厂房；钢结构建筑放样精度要求高于钢筋混凝土结构、砖石结构；装配式建筑放样精度高于非装配式建筑。

建筑物施工放样的主要技术要求，应符合表 2-1 的规定。

施工放样的方法较多，但无论是水平距离、水平角度、高差等元素的放样，还是高程、坐标的放样，都可以分为直接法放样和归化法放样两大类。

直接法放样，是根据已知点和放样数据，在实地直接定出相应位置。它是一种无多余观测值的、简单而又直接的放样方法。归化法放样，是先放样出一个点作为过渡点（埋设临时桩)；然后测量该过渡点与已知点之间的关系（边长、夹角、高差等），把测算得的值与设计值比较得差数；最后从过渡点出发修正这一差数，把点子归化到更精确的位置上去，在精确的点位上埋设桩位。这种比较精确的放样方法叫归化法。

一般工程放样，大都采用普通的测量仪器和工具。放样精度要求较高时，亦可采用精密仪器或专用设备。

需要指出，在施工放样中，若放样精度不够，会造成工程质量事故；放样精度要求过高，则会增加难度和工作量，降低效率。因此为满足工程设计要求，应选择合理的施工放样方法、放样采用的仪器设备及检核方法。

建筑物施工放样的主要技术要求 表 2-1

建筑物结构特征	测距相对中误差	测角中误差(″)	在测站上测定高差中误差(mm)	根据起始水平面在施工水平面上测定高程中误差(mm)	竖向传递轴线点中误差(mm)
金属结构、装配式钢筋混凝土结构、建筑物高度 100~120m 或跨度 30~36m	1/20000	5	1	6	4
15 层房屋建筑物高度 60~100m 或跨度 18~30m	1/10000	10	2	5	3
5~15 层房屋、建筑物高度 15~60m 或跨度 6~18m	1/5000	20	2.5	4	2.5
5 层房屋、建筑物高度 15m 或跨度 6m 及以下	1/3000	30	3	3	2
木结构、工业管线或公路铁路专用线	1/2000	30	5	—	—
土工竖向整平	1/1000	45	10	—	—

第二节 距 离 放 样

从一个已知点开始沿已定的方向，按图上设计的直线长度在实地标定点位置，称为距离放样，也称线段测设。

一、直接法距离放样

（一）钢尺直接法距离放样

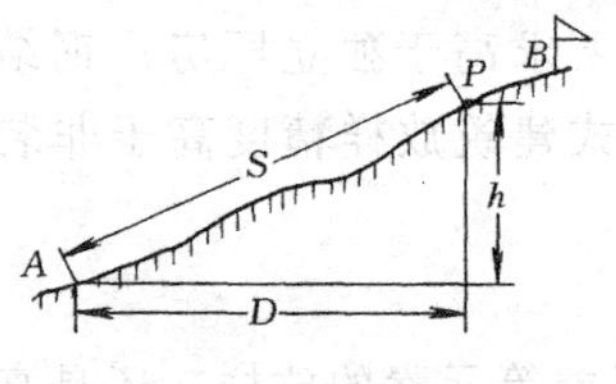

图 2-1 钢尺直接法距离放样

如图 2-1 所示，A 是已知点，P 是 AB 方向上的待定点，设计拟定 AP 间的平距为 D。

设图中 S 为 AP 间的斜距，即为求待定点 P，应沿 AB 方向用钢尺丈量的倾斜长度，按钢尺精密量距原理，可推得：

$$S = D - \Delta d - \Delta t - \Delta h \tag{2-1}$$

式中，Δd 是尺长改正数；Δt 是钢尺温度改正数；Δh 是倾斜改正数；将 Δd、Δt、Δh 的计算公式代入式（2-1）可写成：

$$S = D - \frac{\Delta l}{l_0} \cdot S - \alpha \cdot S \cdot (t_m - t_0) - \left(-\frac{h^2}{2S}\right) \tag{2-2}$$

式中，Δl 为钢尺尺长改正值；l_0 为钢尺名义长度；α 为钢尺线膨胀系数；t_m 为放样时温度；t_0 为检定时的温度；h 为距离两端的高差。若坡度不大时，上式右端的 S 均可用 D 代替。若坡度较大时，则应先以 D 代入上式计算出左端 S 的近似值，然后再以 S 的近似值代入式（2-2）中计算出左端的 S。

为了确保计算无误，一般还需用下式作检核计算：

$$D = S + \Delta d + \Delta t + \Delta h \tag{2-3}$$

即用求得的 S 作丈量距离计算平距，其结果应与欲测设的水平距离相等。检核较差在末位数上不超过 1～2 个单位，较差大则说明计算有误。

以下是钢尺直接法距离放样的步骤：

①按式（2-2）以设计平距 D 计算 S，按式（2-3）检核 S。

②以钢尺长度 S 沿已定的方向线上定 P 点，即以钢尺的零点对准 A 点，拉紧钢尺，在长度（斜距）S 处的地面上定 P 点位置。

③检验丈量，即用钢尺再丈量 AP 的长度（斜距），检验放样点位的正确性。如果丈量结果不符合 S 值，则应调整 P 点。

钢尺直接法距离放样适用于平坦、短距离放样，若在山地或放样距离大于一个整尺段时，操作较为麻烦。

（二）光电测距直接法距离放样

如图 2-2 所示，根据光电测距成果计算公式，光电测距的平距表示为：

$$D = (S + K + R \times S_{km})\cos(\alpha + f) \tag{2-4}$$

$$f = (1 - k)\rho'' \frac{S \cdot \cos\alpha}{2R_m} \tag{2-5}$$

式中，S 是经气象改正后的斜距；k 是测距仪加常数；R 是测距仪乘常数；α 是已知点至放样点的垂直角；f 是地球曲率与大气折光对垂直角的改正值，k 是当地的大气折光系数，R_m 是地球平均曲率半径。

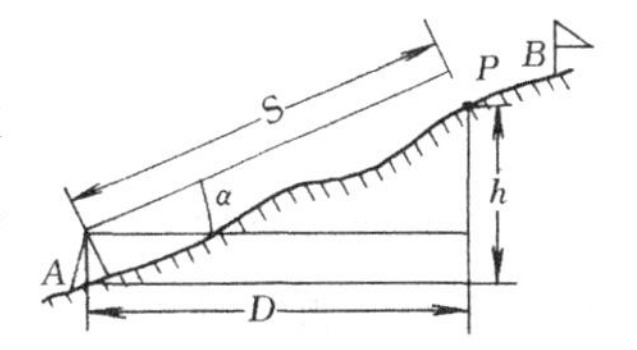

图 2-2 光电测距直接法距离放样

由式（2-4）可得测距仪放样长度 S 为：

$$S = \frac{D}{\cos(\alpha + f)} - (k + R \times S_{km}) \tag{2-6}$$

目前用于生产的测距仪自动化程度很高，特别是全站仪，仪器可做预先设置，对气象改正、加常数改正、乘常数改正、地球曲率与大气折光改正等可进行自动改正，并可直接显示平距。

以下是全站仪直接法距离放样的步骤：

①准备：在已知点 A 上安置全站仪，丈量仪器高 i，反射棱镜立在 AB 方向 P 点概略位置上，反射棱镜面对全站仪。

②跟踪测距：全站仪瞄准已知方向，启动全站仪的跟踪测距按钮，观察全站仪的水平距离显示值 D'，比较 D' 与设计拟定值 D 的差别，指挥反射棱镜沿 AB 方向前后移动。当 $D' < D$ 时，反射棱镜向后移动，反之向前移动。

③精确测距：当 D' 比较接近 D 值时停止反射棱镜的移动，全站仪终止跟踪测距功能，同时启动正常测距功能，进行精密的光电测距，记下显示的平距值 D''。

④调整反射棱镜所在的点位：因上述精确值 D'' 与设计值 D 有微小差值 ΔD（$=D''-D$），故必须调整反射棱镜所在的点位消除微小差值，可用小钢尺丈量 ΔD，使反射棱镜所在的点位沿 AB 方向移动丈量的 ΔD 值，确定精确的点位，必要时应在最后的点位上安置反光棱镜重新精确测距，检核所定点位的准确性。

应该指出，若采用一般光电测距仪直接法放样，由于仪器不能直接显示平距，故在实测时注意观测垂直角，然后计算平距，其他操作与全站仪放样距离时相同。

光电测距仪或全站仪直接法距离放样适用于短、长距离放样，它对地形情况无特殊要求，这是一种广为采用的方法。

二、归化法距离放样

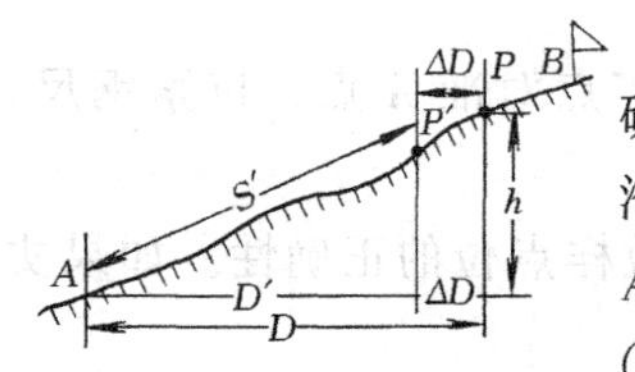

图 2-3 归化法距离放样

如图 2-3 所示，设 A 为已知起点，若需在给定方向 AB 上精确放样水平距离 D 时，先用直接法（一般可不考虑各项改正）沿 AB 方向定出一个过渡点 P'，然后按必要的测回数精确测量 AP' 的水平距离 D'，将 D' 与设计距离 D 比较，求出差数 ΔD（$=D-D'$），再自过渡点 P' 沿 AB 的水平方向量取平距 ΔD，即可定出所需的端点位置 P。量取 ΔD 时应注意：当 ΔD 为"+"时，应沿距离增加方向量；当 ΔD 为"−"时，沿距离缩短方向量。

归化法距离放样可以采用钢尺，也可采用光电测距仪或全站仪，使用不同丈量工具时，应根据各丈量设备的测量原理对距离进行各项相关改正。选择何种丈量工具及方法，应根据实际而定，主要考虑现有仪器设备、放样现场（地形情况、距离长短）、放样精度。一般来讲，采用相同丈量工具的条件下，归化法放样精度要高于直接法放样精度。

第三节 直 线 放 样

直线放样就是在地面上已有两点之间或延长线上放样一些点子，使它们位于已有两点的直线上，直线放样也称定直线。它可分为两种情况：一是在两点间定出其连线上的一些点位，称"内插定线"；二是两点连线的延长线上定点，称"外延定线"。

在铁路、公路、隧道、运河、输电与输气线路和各种地下管道等线形工程中主要的放样工作，就是直线放样。在其他工程中也都有各轴线的放样工作。

一、直接法直线放样

（一）内插定线

地面上有 A、B 两点，将经纬仪安置在 A 点，望远镜瞄准 B 点后固定照准部，然后自 A 向 B 即由近而远或自 B 向 A 即由远及近定出 AB 之间直线上系列点。

直线放样与距离放样看似较为相似，但本质上直线放样主要应使放样的点位在已知直线上。实践证明，直线放样时放样误差主要来自瞄准误差。

如图 2-4 所示，A、B 为两已知点，设瞄准误差为 m_β（″），所引起的相应待定点偏离直线的误差为 m_Δ（m），待定点至测站 A 的距离为 S（m），则

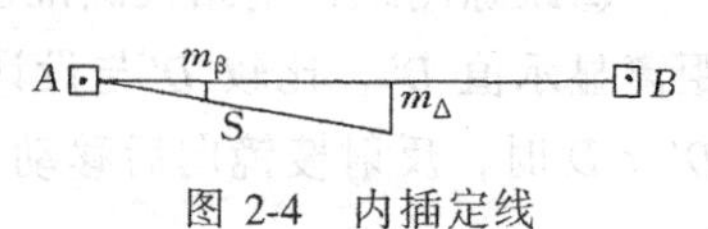

图 2-4 内插定线

$$m_{\Delta} = S \cdot \frac{m''_{\beta}}{\rho''} \tag{2-7}$$

式中 $\rho = \frac{180^\circ}{\pi} \approx 206265'' \approx 3438' \approx 57.3^\circ$

显然，当 m_β 为定值时，m_Δ 与 S 成正比，即视线愈长，定线的误差愈大。

（二）改进的内插定线方法（逐点向前搬站）

如图 2-5 所示，先在 A 点安置经纬仪，按内插定线法放样 1 点，然后把仪器搬到 1 点用同法放样 2 点，把仪器搬到 2 点后放样 3 点，以此类推，直到放样出全部待定点为止。每次设站时都以 B 点为定向点。这样的放线方法称为逐点向前搬站的定线方法，可以证明，它与简单的定线方法相比有以下优点：

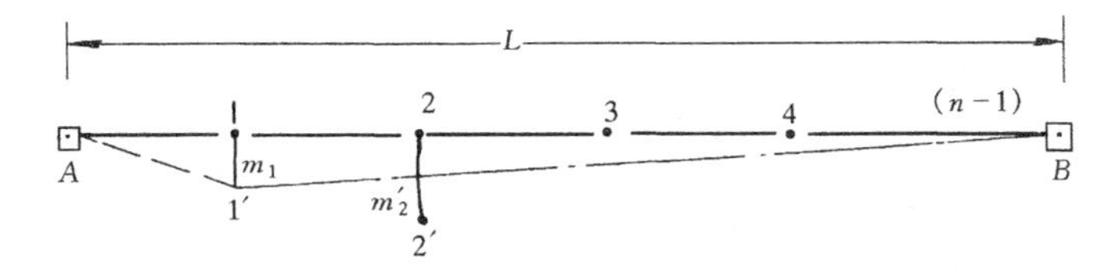

图 2-5 逐点向前搬站法

①各待定点相对于准线 AB 的误差小，分段数 n 越大，点位误差越小。

②系列待定点误差值相差较小，即误差比较均匀。

实际工作中，这种向前搬站定线的方法常与简单的内插定线的方法结合使用。例如要在长约 800m 的 AB 线上每隔 20～30m 定一点。先把仪器安置于 A 点用简单定线方法定出一部分点位，待视线长度接近某个定值如 100～200m 时向前搬站；再继续用简单定线方法定出一部分点位，待视线长度接近预定值时再向前搬站，如此重复到全线工作完成为止。

（三）外插定线方法—正倒镜定线法

如图 2-6 所示，已知 A、B 两点，欲在 AB 的延长线上定出一系列待定点。在 B 点上安置经纬仪，在盘左位置望远镜瞄准 A 点后，固定照准部，纵转望远镜，在视线方向上先定出 1′点；再取盘右位置，重复上述操作，定出待定点 1″，取 1′与 1″的中点为 1 的最终位置。这种方法称之为“正倒镜分中法”，简称“正倒镜定线法”。用同样的方法可定出 2、3 等点。

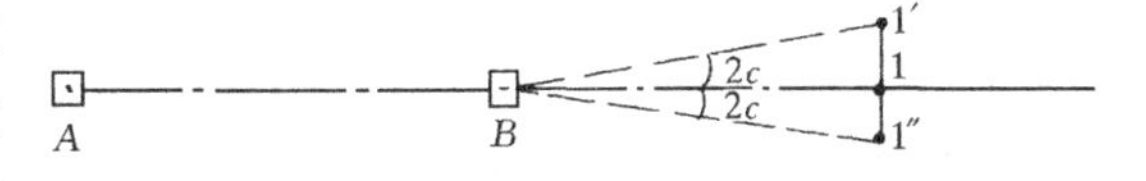

图 2-6 外插定线方法——正倒镜定线法

外插定线时也可以采用向前搬站的方法以提高放线的精度。外插定线时也往往把“向前搬站”的方法与简单的定线方法结合使用。

值得一提的是，在内插定线时无须用正倒镜观测，因为经纬仪轴系误差的影响很小；但外插定线时每一点都必须用竖盘盘左盘右两位置定点，取其中点为最终位置，这主要是为消除视准轴不垂直于横轴的误差影响。

二、归化法直线放样

归化法直线放样的方法很多，下面介绍两种常用的方法。

（一）测小角法

如图 2-7 所示，AB 是一已知基准线，现欲在距 A 点 S_1 处把待定点 P 设置在基准线上。

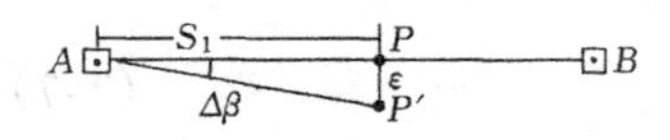

图 2-7 测小角法直线放样

先用直接法直线放样测设过渡点 P'，并概量距离 $AP' \approx S_1$。然后在 A 点上安置经纬仪，测量$\angle BAP'$值为 $\Delta\beta$，归化值 ε 即 $P'P$ 间的距离可由下式计算：

$$\varepsilon = \frac{\Delta\beta''}{\rho''}S_1 \tag{2-8}$$

利用 ε 可在实地归化，求得 P 点。这种放样直线的归化法称测小角法。

若不考虑归化丈量 ε 的误差影响，则 P 点位于 AB 直线上的精度由 $\Delta\beta$ 的测角精度所决定。设 $\Delta\beta$ 的测角误差为 m_β，由此误差引起 P 点偏离 AB 线的误差为 m_P，则有

$$m_P = \frac{m_\beta''}{\rho''} \cdot S_1 \tag{2-9}$$

（二）测角归化法

如图 2-8 所示，AB 为已知基准线，其长度为 L，与测小角法一样先测设过渡点 P'点，然后在 P'点上安置经纬仪，测量$\angle AP'B$ 值为 γ，利用 γ 角计算归化值ε。

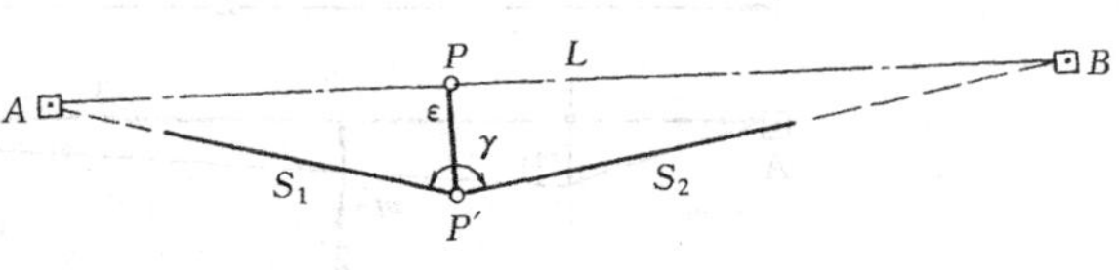

图 2-8 测角归化法直线放样

因为$\triangle ABP'$的面积可以用下面公式计算：

$$\frac{1}{2}S_1 \cdot S_2\sin\gamma = \frac{1}{2}\varepsilon \cdot L \tag{2-10}$$

则
$$\varepsilon = \frac{S_1S_2\sin\gamma}{L} = \frac{S_1S_2\sin(180° - \gamma)}{L} \tag{2-11}$$

一般地，$\gamma \approx 180°$，则 $\Delta\gamma = 180° - \gamma$ 是个小角，所以

$$\varepsilon = \frac{S_1S_2\sin\Delta\gamma}{L} \approx \frac{S_1S_2}{L} \cdot \frac{\Delta\gamma}{\rho} \tag{2-12}$$

由测角误差引起归化值的误差为：

$$m_P = \frac{S_1S_2}{L} \cdot \frac{m_\gamma}{\rho} \tag{2-13}$$

通过比较式（2-13）和（2-9），在测角误差相等的条件下，即 $m_\beta = m_\gamma$，经纬仪安置在过渡点上测 γ 角求得ε 的精度比经纬仪安置在端点测β 角求得ε 的精度要高一些。一般来说，测角归化法的精度比测小角法高。

第四节 角 度 放 样

角度放样是指水平角的放样，俗称“拨角”。是按图纸上给定的水平角和地面上已有的一个已知方向，把该角的另一个方向放样到地面上。

一、直接法角度放样

如图 2-9 所示，设地面上有两个已知点 A、B，待放样的角度为 β，要求在地面上设置一个 P 点使$\angle BAP = \beta$。

（一）一般方法（半测回法角度放样）

首先在地面已知点 A 上安置经纬仪，以盘左位置瞄准 B 点，同时从经纬仪读数窗读取水平方向值 β_0；然后转动经纬仪照准部，使读数窗水平度盘读数为 $\beta_0 \pm \beta$ 值时固定照准部。这里正负号视 P 点在 AB 线的左方还是右方而定，右方为正，左方为负。按望远镜视准轴指定的方向在地面设立标志。通常在地面上钉上木桩，在木桩的顶面标出 AP 的精确方向。

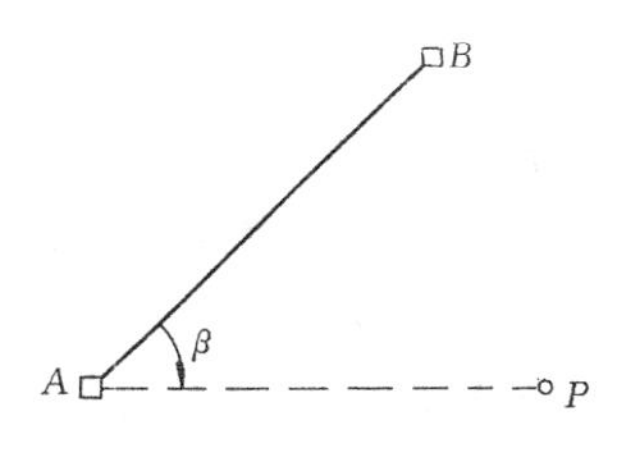

图 2-9　半测回法角度放样

（二）测回法角度放样

考虑到 J_6 经纬仪照准部和度盘的偏心误差对水平度盘读数的影响较大，通常采用盘左、盘右分别进行，即测回法角度放样。具体操作如下：先按一般角度放样基本步骤完成待定方向 AP 的标志 P 的设置，此时 P 用 P' 表示，如图 2-10 所示；然后以盘右位置瞄准 B 点目标，获得盘右观测值 β_0+180；再使望远镜视准轴以 $\beta_0+180\pm\beta$ 指向 AP 方向，同时按指定的方向在实地标出 AP 方向的标志 P''；最后取 P'、P'' 的平均位置，即 P 作为 AP 方向的准确标志。

二、归化法角度放样

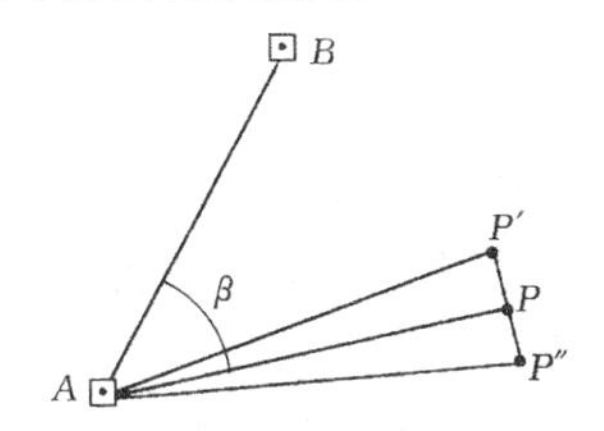

图 2-10　测回法角度放样

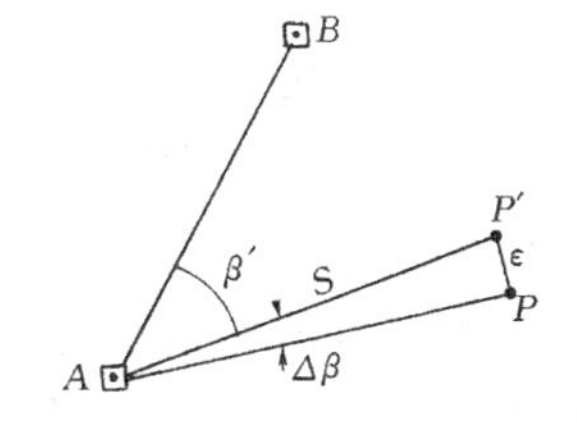

图 2-11　归化法角度放样

设 A、B 为已知点，待放样的角为 β。如图 2-11 所示，先用直接法放样 β 角后得过渡点 P'，然后选用适当的测回数精确测量 $\angle BAP'=\beta'$，并概量 AP' 的长度 S，计算 β' 与设计值 β 的差数 $\Delta\beta=\beta-\beta'$，按 $\Delta\beta$ 和 S 计算归化值 ε。

$$\varepsilon=\frac{\Delta\beta''}{\rho''}\cdot S \tag{2-14}$$

从 P' 出发在 AP' 的垂直方向上归化一个 ε 值，即可得待求的 P 点了。这里归化 ε 值时有一个方向问题。当 $\Delta\beta$ 为正时，向 β' 角增加的方向量取 ε；当 $\Delta\beta$ 为负时，向 β' 角减小的方向量取 ε。通常在归化后应对实测角度进行检测。

第五节　点　位　放　样

建筑物施工之前，需要将各种建筑物的特征点在现场精确地标定出来。例如圆形建筑物的圆心，正多边形建筑的中心，矩形建筑物的四个角点，线形建筑物的转折点等等。因此，点位放样是建筑物放样的基础。

点位放样的方法很多，以下介绍几种常用的点位放样方法：

一、直接法点位放样

（一）极坐标法

这是一种利用点位之间的边长和角度关系进行放样点位的方法。如图 2-12 所示，A、

B 是已知点，P 是设计的待定点。设计上已知 AP 的水平距离 S 和水平角度$\angle BAP = \beta$。极坐标法点位放样的步骤是：

①在 A 点安置经纬仪，按角度放样的方法在实地标定 AP 方向线的骑马桩 P'、P''，其中 $AP' < S < AP''$。

②沿 AP'、AP''方向丈量 $AP = S$，实地定 P 点的位置。

需要指出，极坐标法放样若采用全站仪或半站仪可实现快速定位；另外极坐标法的放样参数 β、S 可利用设计图上的点位坐标用以下公式换算得到：

$$\left.\begin{aligned}\alpha_{AB} &= \mathrm{tg}^{-1}\frac{y_b - y_a}{x_b - x_a}\\ \alpha_{AP} &= \mathrm{tg}^{-1}\frac{y_p - y_a}{x_p - x_a}\\ \beta &= \alpha_{AP} - \alpha_{AB}\\ S &= \sqrt{(x_p - x_a)^2 + (y_p - y_a)^2}\end{aligned}\right\} \tag{2-15}$$

若 $\alpha_{AP} < \alpha_{AB}$，则 $\beta = \alpha_{AP} - \alpha_{AB} + 360°$。

（二）直角坐标法

1. 传统直角坐标法

传统直角坐标法是利用点位之间的坐标增量及其直角关系进行点位放样的方法。如果建立施工控制网时使相邻控制点的连线平行于坐标轴，这时用直角坐标法放样点位比较方便。这时待放样 P 点与控制点之间的坐标差就是放样元素。

如图 2-13 所示，A、B 是已知点，P 是设计的待定点。具体操作步骤如下：

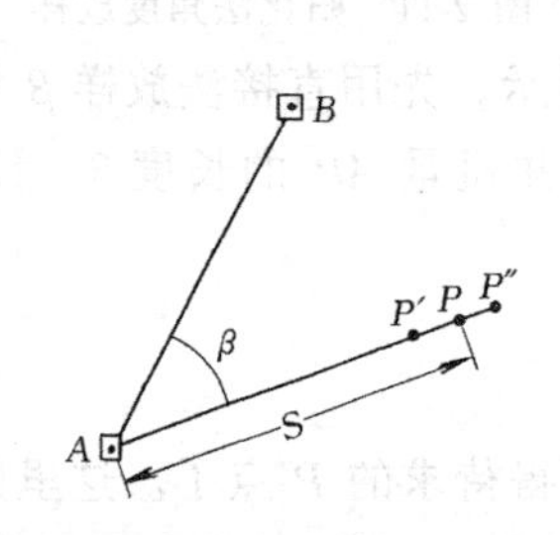

图 2-12　极坐标法点位放样

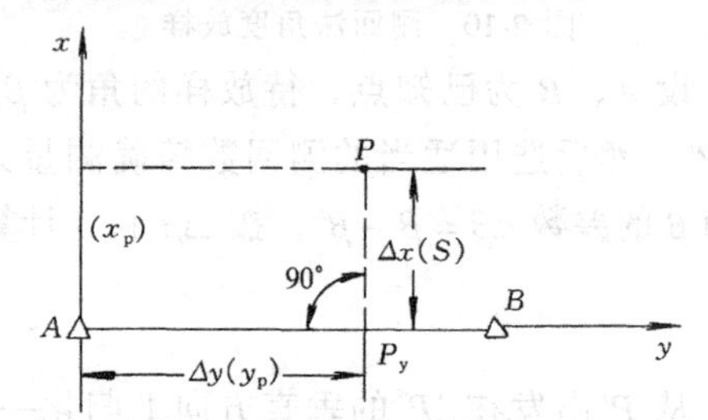

图 2-13　传统直角坐标法点位放样

①直角坐标系的建立：设 A 为坐标系的原点，AB 为 Y 轴，X 轴便是过 A 点与 AB 垂直的直线。

②根据设计点位确定点在坐标系中的坐标：待定点 P 与 A 点的坐标增量 Δx、Δy 在坐标系中便是 x_p、y_p。

③放样 P 点：在 A 点安置经纬仪，照准 B 点定线并放样距离 Δy，得垂足点 P_y。在 P_y 点安置经纬仪，照准 A 点并拨角 90°，并在此方向上放样距离 Δx，即得待定点 P。

2. 全站仪直角坐标法

以上介绍的传统直角坐标法放样点位，最大的弱点是设站多，总的效益差，且对施工场地要求特殊。而全站仪直角坐标法则克服了以上弱点，是目前广泛采用的点位放样方法。由于全站仪种类及型号不同，其操作程序也不尽相同，以下仅是全站仪直角坐标法点位放样的一般方法：

①放样数据的准备：将需要待放样点的坐标及已知点（需设站或定向用的点）坐标输入到全站仪内存储器中。

②在已知点上安置全站仪，开机并在全站仪上设置测站，如设置测站点号、定向点号、仪器高、觇标高等。

③在放样模式下测量初估点位，通过全站仪屏幕上显示的偏角、距离差，指挥立反光镜人员移动目标，直至在全站仪上显示的偏角、距离差均为零时，则镜杆所在位置即为待放样的点位位置。

应注意的是，在放样前应对全站仪的加常数、乘常数、气象改正数等参数进行设置，特别是对于长距离放样。顺便指出，GPS 实时动态定位在 RTK 模式下也有全站坐标法测设功能，这将是今后点位定位的发展方向。

（三）距离交会法

这是利用点位之间的距离关系进行点位放样的方法。放样元素为待定点到两已知点的距离，这两距离一般根据已知点的坐标及待定点的设计坐标计算，有时也可以从图纸上图解量取。如图 2-14 所示，A、B 是已知点，P 是待定点。图中的 S_1、S_2 是设计上可以得到的已知水平距离。距离交会法放样点位的步骤是：

①以 A 点为圆心，以 S_1 为半径画弧线 A_1A_2；

②以 B 点为圆心，以 S_2 为半径画弧线 B_1B_2；

③利用弧线 A_1A_2、B_1B_2 相交于 P 点，实地设 P 点标志。

距离交会法适用于场地平坦、便于量距，且待设点与已知点相距较近（一般不超过一尺段）的情况。

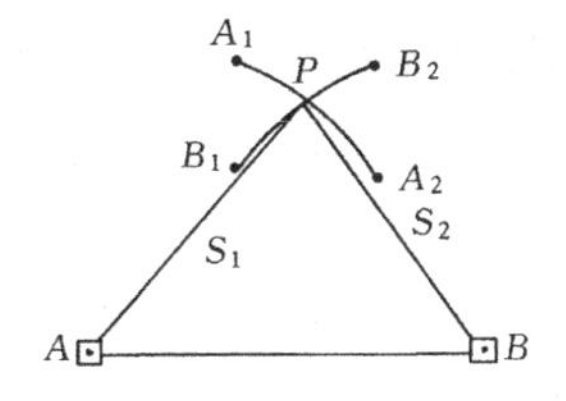

图 2-14　距离交会法点位放样

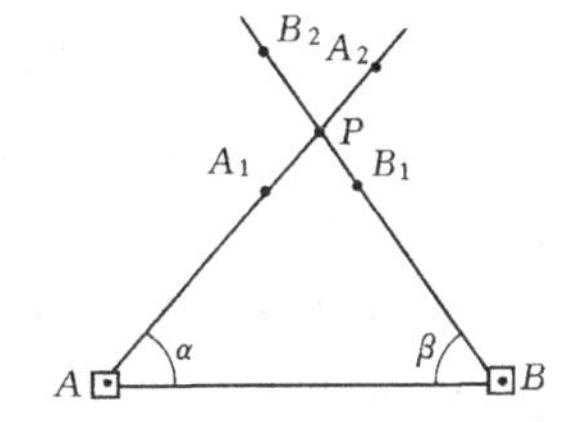

图 2-15　角度交会法点位放样

（四）角度交会法

在量距不方便的场合常用角度交会放样。此时放样元素是两个交会角，它们可按已知点的坐标和待定点的设计坐标反算方位角后求出。如图 2-15 所示，A、B 是已知点，P 是待定点。α、β 是设计上可以得到的已知角度。角度交会的步骤：

①在 A 点安置经纬仪，以 AB 为起始方向，以 $360° - \alpha$ 拨角放样 AP 方向，定骑马桩 A_1、A_2。

②在 B 点安置经纬仪，以 BA 为起始方向，以 β 拨角放样 BP 方向，定骑马桩 B_1、B_2。

③利用 A_1A_2、B_1B_2 相交于 P 点，实地设 P 点标志。

（五）方向线交会法

方向线交会法是利用两条相互垂直的方向线相交来定出放样点。这种方法最适用于建立了厂区方格网或厂房控制网的施工放样。此法的主要工作是设置两条互相垂直的方向线端点，设置方向线端点的方法很多，在此仅介绍一种在控制边上量距定端点的方法。

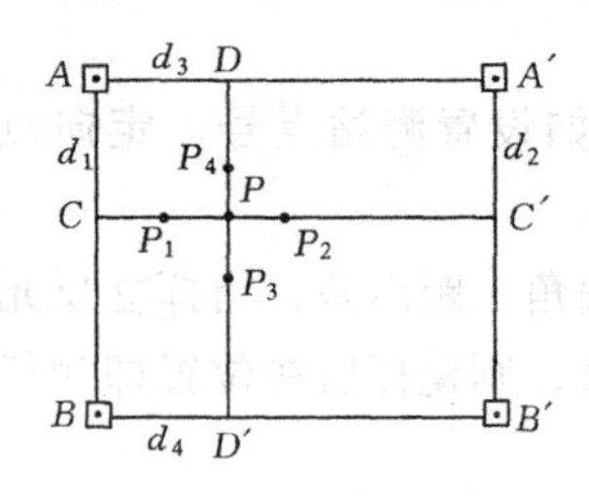

图 2-16　方向线交会法点位放样

如图 2-16 所示，A、A'、B、B' 为建筑场地的矩形控制网角点，P 为待定点。方向线交会法放样步骤如下：

①确定方向线端点的位置，并在实地标定出来：图中 C、C'、D、D' 的位置即为方向线端点，可利用已知点坐标和 P 点坐标，分别计算得它们的控制边上至相应控制点的距离 d_1、d_2、d_3、d_4 后，用量距的方法在实地标定出来。

②交会待定点 P：在方向线端点 C 和 D 上安置经纬仪，照准对应定向点 C' 和 D'，形成方向线 CC' 与 DD'，即可直接交出待定点。或 CC' 与 DD' 方向线，在 P 点附近先定骑马桩 P_1、P_2 及 P_3、P_4，再在 P_1、P_2 及 P_3、P_4 间拉线交出 P 点。

（六）Auto CAD 辅助放样法

Auto CAD 是一个较为成熟的绘图平台，它除了具有强大的编辑功能外，还具有图数互访的功能，图即是数，数即是图。Auto CAD 辅助放样法就是充分利用 Auto CAD 的设定坐标系、绘图和取点的功能，根据已知条件用 Auto CAD 绘出图形，再用其强大的取点功能取出待求点的坐标或其他所需的放样数据（角、距离），然后再使用相应的测量仪器进行放样。具体需采集何种放样元素，根据施工现场，设备装备等情况来确定。具体来说在辅助放样法中 Auto CAD 起到了放样数据的转换作用，这使放样方法更灵活、实用。

（七）电子平板放样法

随着数字化测图技术的广泛应用，全野外数字化测图技术也可用于点位放样。这种方法的最大特点就是直观性强，精度高，适于批量点位放样，效率高。目前比较有代表性的数字化测图软件有广州开思有限公司的 SCS2000、北京清华山维新技术开发公司的 EP-SW2000 等，由于采用不同的数字化测图软件其操作不尽相同，具体步骤这里就不详述了。

二、归化法放样点位

归化法放样点位的基本程序是：先用直接法在实地定出一待定放样点过渡点，然后将其与已知点组成各种图形，精确测定过渡点的实际位置，从而计算出过渡点与设计点位间的相关位置（归化量），再在实地过渡点位上依据归化量，定出设计点位。

归化法放样点位，方法很多，以下介绍两种常用的方法。

（一）前方交会的角差图解法

如图 2-17（a）所示，A、B 是已知点，其坐标已知，待定点 P 的设计坐标也已知，在放样之前按这些点的坐标计算出放样元素 β_a 和 β_b。以下是前方交会的角差图解法的放样步骤：

1. 用直接法放样待定点的一个过渡点 P'。

2. 在 A、B 点安置经纬仪，精确测量$\angle P'AB = \beta'_a$，$\angle ABP' = \beta'_b$，计算设计角与实测角值之差（俗称角差）：$\Delta\beta_a = \beta_a - \beta'_a, \Delta\beta_b = \beta_b - \beta'_b$。

3. 求由角差所引起的放样点的横向位移量 ε_a、ε_b 为：

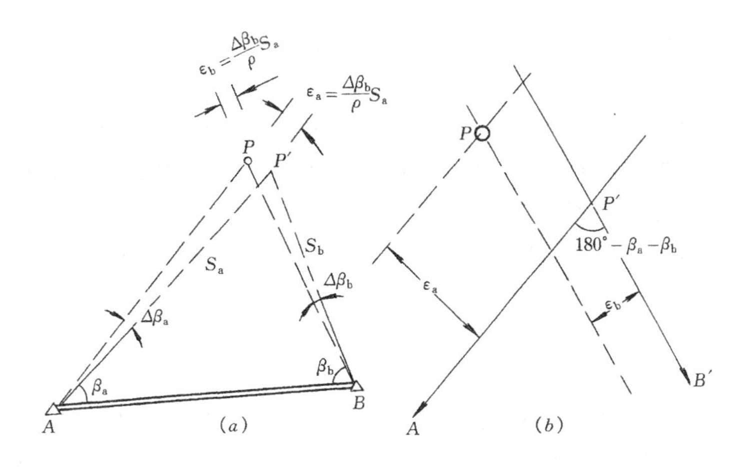

图 2-17　前方交会归化法点位放样

$$
\left.\begin{aligned}
\varepsilon_a &= \frac{\Delta\beta_a}{\rho}\cdot S_a \\
\varepsilon_b &= \frac{\Delta\beta_b}{\rho}\cdot S_b
\end{aligned}\right\}
\tag{2-16}
$$

4. 绘制归化图（亦称定位图），如图 2-17（*b*）所示。

①在图纸上适当的位置定一点作 *P′* 点。

②画 *P′A*、*P′B* 两直线，使其夹角即$\angle AP'B = 180 - \beta_a - \beta_b$。并用箭头指明 *P′A* 及*P′B* 方向。

③在图上定 *P* 的点位：作 *PA*//*P′A*、*PB*//*P′B* 使其平行线间距分别为ε_a和ε_b（一般作图比例按 1∶1 绘制）。平行线 *PA*、*PB* 在 *P′A*、*P′B* 的哪一侧，由$\Delta\beta_a$、$\Delta\beta_b$之正负号决定。*PA* 与 *PB* 之交点即 *P* 的点位。

5. 归化图实地定向，并归化放样点位。

将以上做好的归化图纸拿到现场，让图纸上 *P′* 点与实地过渡点 *P′* 的中心重合，使图纸基本水平，转动图纸使图纸上 *P′A* 方向与实地 *P′A* 方向重合，用 *P′B* 方向作为校核。这时图纸上 *P* 点的位置就是实地应有的位置，把它转刺到实地上去，即完成归化点位的工作。这种归化放样点位的方法计算比较简单，也较直观，归化精度也较高。

（二）距离交会归化法

距离交会归化法点位放样的步骤：

1. 在现场先用直接法放样待定点的一个过渡点 *P′*。

2. 实测 *P′A*、*P′B* 的距离，求距离差。在过渡点 *P′* 上安置测距仪，反光镜放在已知点 *A*、*B* 上，可测得 *P′* 到 *A*、*B* 的距离为S'_a、S'_b，则距离差$\Delta S_a = S_a - S'_a$，$\Delta S_b = S_b - S'_b$，式中S_a、S_b可根据 *A*、*B*、*P* 三点坐标求得。

3. 绘制归化图，如图 2-18 所示。

①在图纸上适当的位置定一点作 *P′* 点；

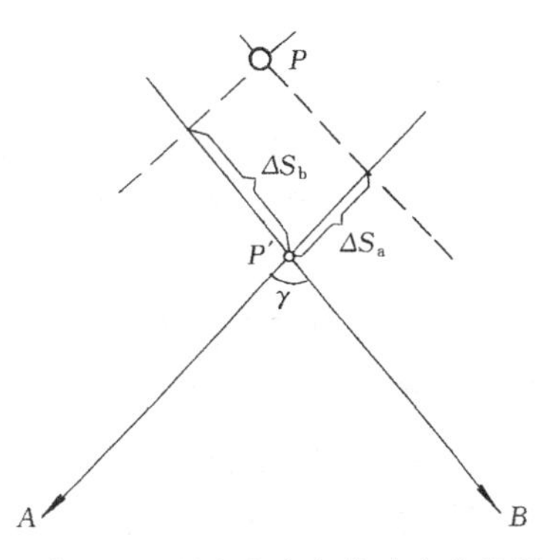

图 2-18　距离交会归化法点位放样

②画 $P'A$、$P'B$ 两直线，使其夹角为 γ，γ 由 A、B、P 点坐标通过方位角计算可得，$\gamma=\alpha_{PA}-\alpha_{PB}$；

③在图上定 P 的点位。在 $P'A$ 线上距 P' 点 ΔS_a 的位置（注意方向由 ΔS_a 的正负号决定）作 $P'A$ 的垂直线，在 $P'B$ 线上距 P' 点 ΔS_b 的位置（方向由 ΔS_b 的正负号决定）作 $P'B$ 的垂直线。这两垂线的交点就是待定点 P。

4. 归化图实地定向，并归化放样点位。此项工作与前方交会的角差图解法类同。

第六节　高　程　放　样

高程放样就是以已知高程点为依据，测设高差后标出设计高程的位置，在施工过程中有很多地方都需要测设由设计所定的高程。例如平整场地、开挖基坑、线路测定坡度和室内外地坪等。

将点的设计高程测设到实地上，是根据附近的水准点，主要采用几何水准测量的方法，有时也采用卷尺直接丈量竖直距离以及光电测距高程测量法，按两点间已知的高差来放样。

高程放样时，首先应将高程控制点以必要的精度引测到施工区域，建立临时的水准点，临时水准点应相对固定，有利于保存及便于放样。

如图 2-19 所示，地面有水准点 A，其高程已知，设为 H_A。待定点 B 的设计高程也已知，设为 H_B，即设计上 A、B 两点的高差 $h=H_B-H_A$，要求实地定出与该设计高程相应的水平线或待定点顶面。

一、水准测量法高程放样

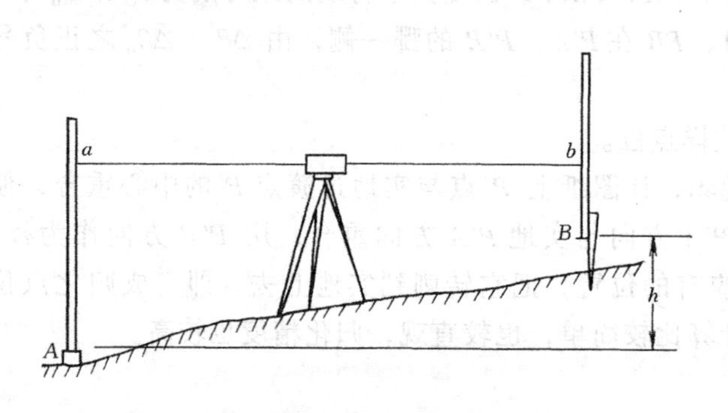

图 2-19　水准测量法高程放样

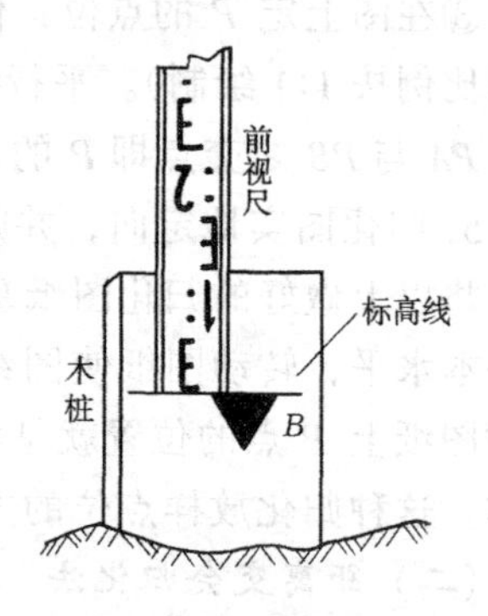

图 2-20　标高线示意图

水准测量法高程放样的步骤如下：

①在 A、B 两点间安置水准仪，照准 A 点上水准标尺，获取后视读数 a。

②按式（2-17）计算待放样点上水准标尺的前视读数

$$b=a-h \tag{2-17}$$

③将水准仪照准待放样 B 点上水准标尺，指挥立尺员升高或降低标尺，直至视线在标尺上的读数刚好为式（2-17）计算值 b 时，在标尺底面处标画横线，称为标高线，标高线的位置即为设计高程位置，一般在标高线向下画一个三角形，如图 2-20 所示，最后，应进行检核观测。需要指出，为消除水准仪的误差影响，安置水准仪时应尽可能保持前后视距相等。

若按式（2-17）求得的 b 值为负值，则表明待放样的高程 H_B 高于仪器视线，此时可将待测设点处的标尺倒立，即用“倒尺”工作，如图 2-21 所示。观测员指挥该尺上下移动，当仪器视线正好对准标尺上读数 b 时，在标尺顶端（零点）做标高线，此即为待放样的高程位置。

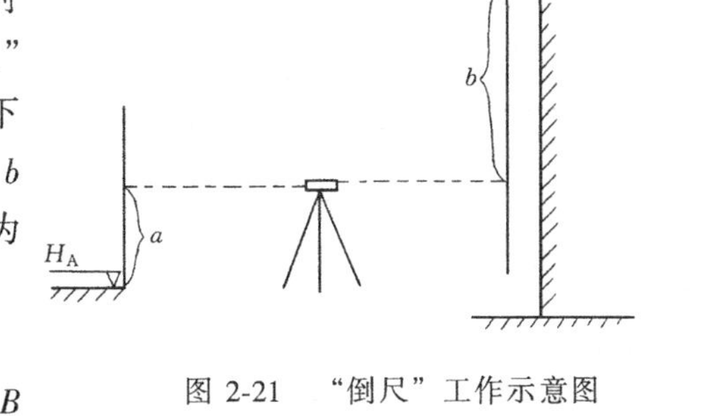

图 2-21 “倒尺”工作示意图

二、水准测量法大高差放样

如图 2-22 所示，已知点 A 与待测点 B 存在大高差 h 的情况，如向深坑或高楼传递高程时，可以把钢尺当作长水准标尺进行工作。放样步骤如下：

①水准仪在 1 处观测后视读数 a_1 及前视读数 b_1；

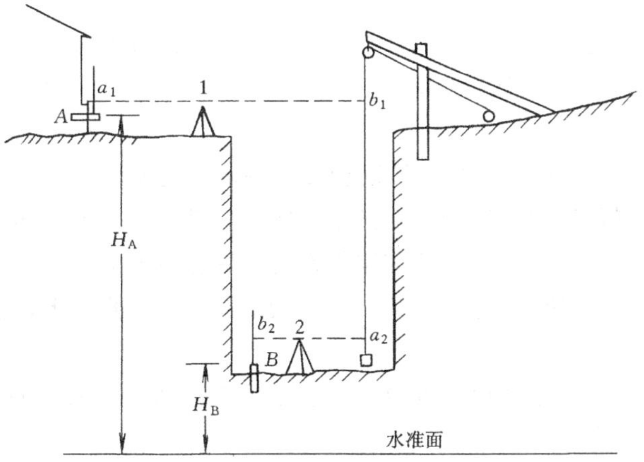

图 2-22 水准测量法大高差放样

②水准仪在 2 处观测后视读数 a_2；

③计算前视读数 b_2。图 2-22 中，若把悬挂的钢尺当作标尺，则 A、B 两点高差 h 为：

$$h = a_1 - b_1 + a_2 - b_2 \tag{2-18}$$

式中，$h = H_B - H_A$，故前视读数 b_2 为：

$$b_2 = H_A - H_B + a_1 - b_1 + a_2 \tag{2-19}$$

④水准仪在 2 处照准前视尺，指挥调整标尺的高度，使标尺上的前视读数等于式（2-19）的计算值 b_2；

⑤沿前视尺的底面标出标高线，此线高度位置即待放样的高程位置。

以上放样中应注意：悬挂钢尺的零点在下端。

三、全站仪高程放样法

在不便使用水准测量法高程放样的山坡地，或高层建筑施工地，常采用全站仪高程放样法。此法的放样步骤如下：

1. 全站仪安置于已知高程的 A 点，反射棱镜（辐射杆）安置于 B 处附近（附近指高低）；量取仪器高 i 及反射镜高 l。

2. 计算放样高差的垂直角。如图 2-23 所示，A 点已知高程 H_A，待定点 B 的设计高程 H_B 也已知，则 A、B 点的设计高差为 h，由三角高程测量原理公式可知，高差 h 为：

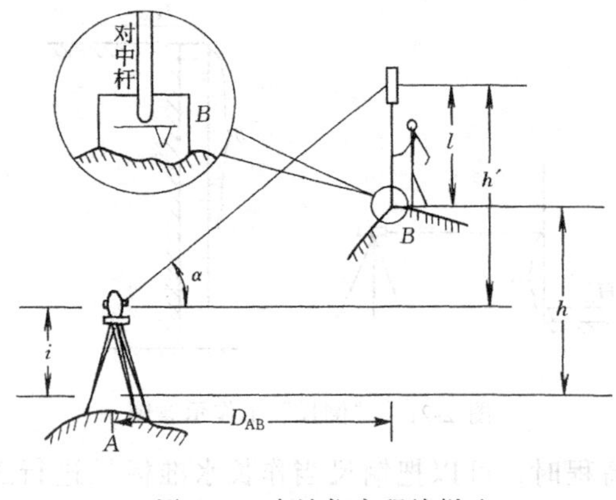

图 2-23　全站仪高程放样法

$$h = D_{AB}\mathrm{tg}\alpha + (1-k)\frac{D_{AB}^2}{2R_m} + i - l \tag{2-20}$$

设

$$h' = D_{AB}\mathrm{tg}\alpha + (1-k)\frac{D_{AB}^2}{2R_m} \tag{2-21}$$

则

$$h = h' + i - l \tag{2-22}$$

故 $h' = h - i + l$，称 h' 为放样高差。根据式（2-20），放样高差的垂直角 α 为：

$$\alpha = \mathrm{tg}^{-1}\left(\frac{h-(1-k)\dfrac{D_{AB}^2}{2R_m} - i + l}{D_{AB}}\right) \tag{2-23}$$

3. 放样数据的设置：根据全站仪的功能，把已知点高程 H_A、待定点设计高程 H_B、仪器高 i 及觇标高 l 存入仪器的存储器。

4. 高程放样：

①按式（2-23）计算的垂直角 α 转动全站仪瞄准反光棱镜。

②开机并启动测距按钮，选择仪器的显示模式。使其显示高差或镜站高程。

③按跟踪测量键，观察显示高差和镜站高程，并指挥升降反射棱镜的杆底高度（注意此时标高 l 保持不变），使显示高差和镜站高程满足设计要求，此时辐射杆底位置即待放样的高程位置。

值得注意的是，采用全站仪高程放样时，必须考虑球气差的影响，特别是在长距离放样高程时更是如此，大气折光系数 k 值取当地 k 值。

第七节　放样已知坡度的直线

在铺设给排水管道、修筑道路路面等工程中，经常要放样设计（已知）坡度的直线。

坡度线放样是根据附近水准点高程、设计坡度和坡度线端点的设计高程，用高程放样方法将坡度线上各点设计高程标定在地面上的工作。根据地面坡度大小及地形情况，可选用水平视线法和倾斜视线法两种方法。

一、水平视线法

水平视线法与上节讲述的水准测量法高程放样方法类似，如图 2-24 所示，设 A 点高程为 H_A，现以 A 点沿 AB 方向放样一条设计坡度为 i' 的坡度线。在设计坡度上的任意点 P 的高程可以按以下公式计算得：

$$H_{设} = H_A + i' \cdot S_i \tag{2-24}$$

式中，S_i 为 A 点至 P 点的水平距离。在测设方向上，按一定间距定出桩位。安置水准仪在水准点 BM 附近，读后视读数 a，并计算视线高程：

$$H_{视} = H_{BM} + a \tag{2-25}$$

按高程放样的方法，先算出各桩点的水准尺的应读数：

$$b_{应} = H_{视} - H_{设} \tag{2-26}$$

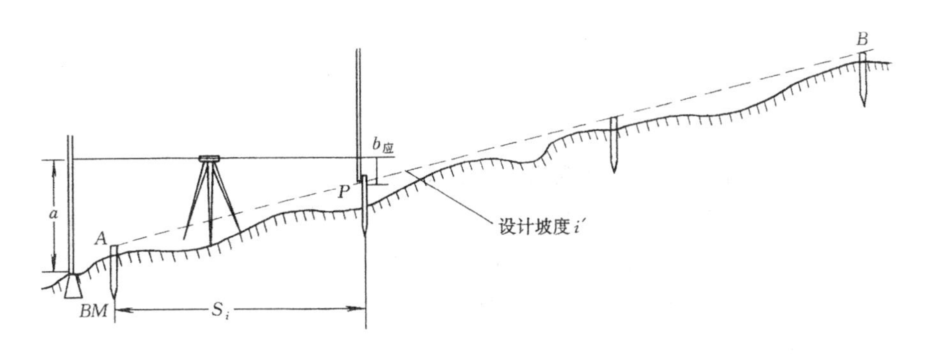

图 2-24　水平视线法放样已知坡度的直线

然后根据各点的应读数指挥打桩，当各桩顶水准尺读数等于各自的应读数 $b_{应}$ 时，则各桩顶的连线就是设计坡度线。若木桩无法继续往下打，可将水准尺沿木桩一侧上下移动，当水准尺读数为 $b_{应}$ 时，便可用水准尺底面在木桩上画一横线。若木桩长度不够，可将尺立在桩顶，得读数 b，$b_{应}$ 与 b 之差就是桩顶的填土高度。此法适用于地面坡度较小的地段。地面坡度较大且设计坡度与地面自然坡度较一致的地段，宜用倾斜视线法。

二、倾斜视线法

倾斜视线法是根据视线与设计坡度线平行时，其竖直距离处处相等的原理，以确定设计坡度线上各点高程位置的一种方法。

如图 2-25 所示。设 A 点高程为 H_A，现以 A 点沿 AB 方向放样一条坡度线，坡度为 i'。

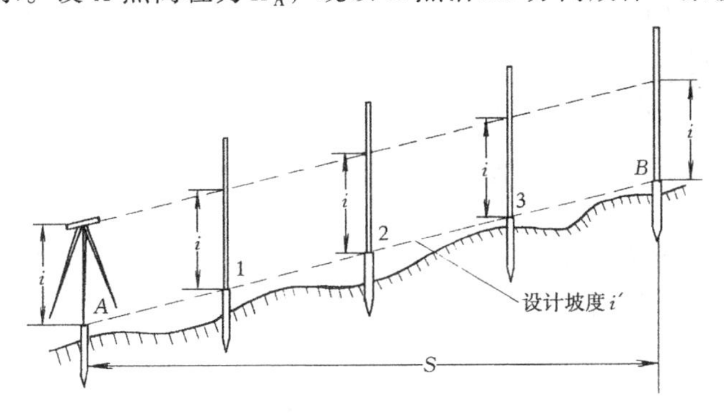

图 2-25　倾斜视线法放样已知坡度的直线图

已知两点间水平距离 S 和已知坡度，计算 B 点的高程：

$$H_B = H_A + i' \cdot S \tag{2-27}$$

根据放样已知高程点的方法，把 B 点标高放样出来。在 A、B 两点中间的各点，用经纬仪定直线方法标定出各点。坡度不大的线路可用水准仪测出中间各点的高差，在 A 点定置水准仪，为了便于观测，要使一个脚螺丝 k 在 AB 方向线上，而另两个脚螺丝 m、n 的连线垂直于 AB 线，如图 2-26 所示，量取仪器高 i，用水准仪望远镜瞄准 B 点上的水准尺，旋转 AB 方向的脚螺丝，使视线对准水准尺上读数为仪器高 i，这时仪器的视线平行于设计坡度线。在线路中间点 1、2、3…打木桩，使立在桩顶上标尺的读数也等于仪器高 i，这样各桩顶的连续线就是放样在地面上的坡度线。

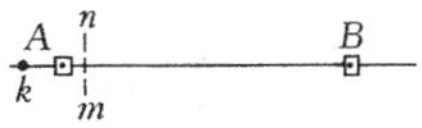

A　n　B
k　m

图 2-26　脚螺丝位置示意图

第八节　铅垂线放样

在建筑工程中，经常要放样（或指示）铅垂线，例如烟囱、大桥塔柱等高建筑物的中心线、柱子等。高建筑物对其垂直度要求比较高，所谓垂直度（垂准度），即升高后的轴线偏离中心的程度，以 $e:H$ 表示（e 为轴线偏离中心距离；H 为建筑物的高度），一般要求 $e:H<1:3000$。以下介绍几种常用的铅垂线放样的方法。

一、悬吊重锤法

这是用悬挂重锤的线来表示铅垂线，这种古老的方法由于它简便、有效，至今仍广泛使用。但如不采取挡风措施，精度较低。

二、经纬仪投测法

如图 2-27 所示，将两台经纬仪设在 AA' 垂直 BB' 的点位 A、B（控制桩）上，分别瞄准地面点 A'、B' 后抬高望远镜的视准轴，指挥调整柱子中心线落在经纬仪的视准轴位置上，则柱子便垂直竖立起来。即两经纬仪的视准轴扫出的两个铅垂面的交线即铅垂线。

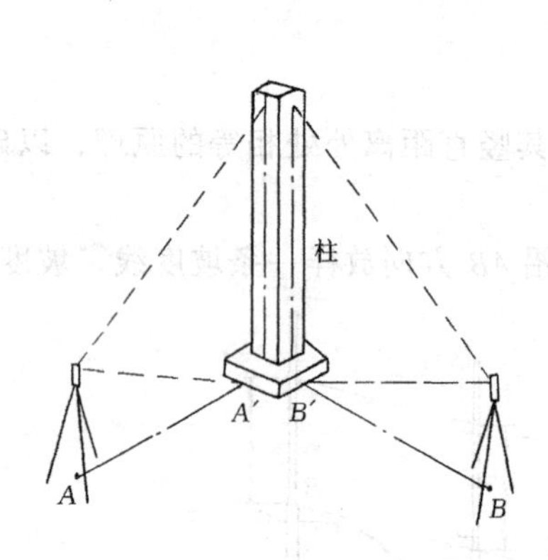

图 2-27　经纬仪投测法

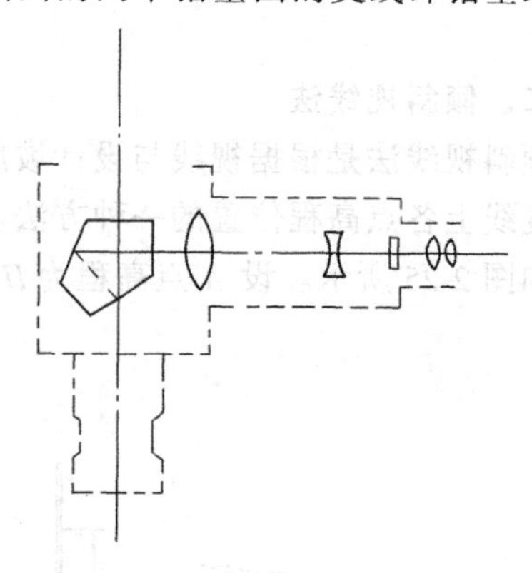
图 2-28　光学垂准仪法

应该注意：使用的经纬仪应满足视准轴垂直于横轴，竖轴垂直于水准管轴这两个条件，并在安置时应仔细整平。

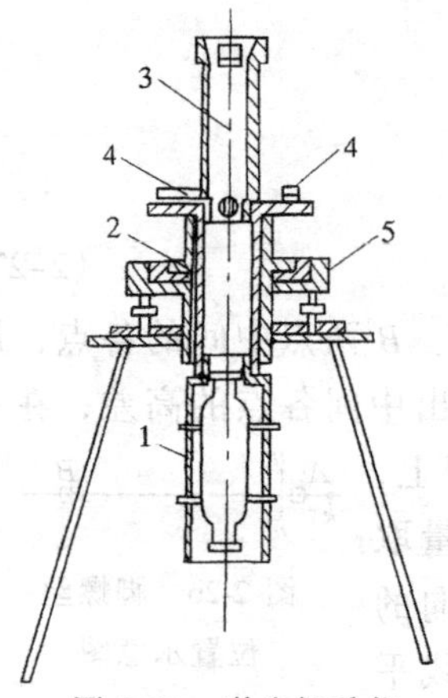

图 2-29　激光铅垂仪

1—氦氖激光器；2—竖轴；3—发射望远镜；4—水准管；5—基座

三、光学垂准仪法

用光学垂准仪可以方便地设置铅垂线，如图 2-28 所示，它通常由一个水平的望远镜加上一块五角棱镜组成。利用水准器使视准轴处于水平位置，经五角棱镜折射后视线铅垂向上，其反向延长线与机械对中轴的中心线重合。目前光学垂准仪最高可达到$\frac{1}{2\times10^5}$的垂准度。

四、激光铅垂仪法

目前激光铅垂仪广泛用于高层建筑的铅垂线放样和垂直控制测量。

如图 2-29 所示，是激光铅垂仪的示意图。仪器竖轴是一个空心的筒轴，两端有螺纹，连接望远镜和激光器套筒，激光器安在望远镜下端。当激光器发出的光束通过望远镜视轴射向目标时，构成向上发射光束的激光铅垂视准轴。基座上装有灵敏度较高的水准管，安置仪器时，经对中整平，借助水准管将望远镜视准轴（激光光束）调到铅垂方向，进行铅垂线放样。

激光铅垂仪的一般的使用方法如下：首先将三脚架安置在测站上，架头大致水平，用锤球进行粗略对中；接着安上主机，旋紧仪器连接螺旋，若是外接电源则连接好电源插头，打开电源开关；调节脚螺旋使水准管气泡精确居中，使激光轴铅垂；最后移动主机，使向下射出的光束精确对准基准点。如因对中而影响水准管气泡的居中，需反复进行，直至对中和置平都满足要求为止。精确对准后，方可进行竖向准直工作。

目前激光铅直仪法可达到$\frac{1}{3\times10^5}$的垂准度。

第九节　放样点位的精度分析

一、极坐标放样点位精度分析

用极坐标法放样点位，主要的误差来源有仪器对中误差、放样极角的误差、放样距离的误差、点位标定误差。下面分别讨论各项误差对放样点位的影响：

（一）仪器对中误差对放样点位的影响 $m_{中}$

如图 2-30 所示，O 为测站点，A 为定向点。$OA=a$，放样角为 β，放样距离为 S，P 为待定点的正确位置，设仪器的对中真误差为 e，使测站点 O 移至 O'，为方便讨论，新建坐标系：设测站点为坐标原点，定向方向 OA 为 X 轴方向。e 在两坐标轴方向的分量分别为 e_x、e_y。由于仪器对中误差的存在，使放样点由正确位置 P 移位至 P'。由图可见，PP' 可视为 PP''、$P''P'$ 的矢量合成。PP'' 平行于 OO'，大小相等方向相同。而 $P''P'$ 是由于 e_y 的存在而引起的，其值为 $S\cdot\delta=\frac{S}{a}\cdot e_y$。

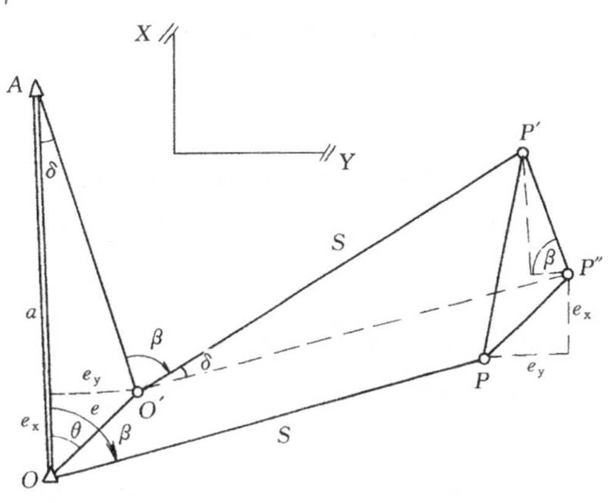

图 2-30　仪器对中误差对放样点位的影响

它在两坐标轴 OX、OY 方向上的分量分别为 $\frac{S}{a}\cdot e_y\cdot\sin\beta$、$\frac{S}{a}\cdot e_y\cdot\cos\beta$。

综上论述，对中误差 e 对 P 点的影响在两坐标轴方向上的误差分别为：

$$E_x=e_x+\frac{S}{a}\cdot e_y\cdot\sin\beta$$

$$E_y=e_y+\frac{S}{a}\cdot e_y\cdot\cos\beta$$

故对中误差 e 对 P 点总影响 E 为：

$$\begin{aligned}E^2&=E_x^2+E_y^2\\&=e_x^2+\left(\frac{S}{a}\cdot e_y\cdot\sin\beta\right)^2+2\cdot\frac{S}{a}\cdot e_x\cdot e_y\cdot\sin\beta\end{aligned}$$

$$+ e_y^2 + \left(\frac{S}{a} \cdot e_y \cdot \cos\beta\right)^2 + 2 \cdot \frac{S}{a} \cdot e_y^2 \cdot \cos\beta$$

根据真误差与中误差的关系，即 $m_中^2 = \frac{[E^2]}{n}$，当 n 具有足够大时，$2\frac{S}{a} \cdot \frac{[e_x \cdot e_y \cdot \sin\beta]}{n} \approx 0$，则

$$m_中^2 = \frac{[E^2]}{n} = \frac{[e^2]}{n} + \frac{S}{a}\left(\frac{S}{a} + 2 \cdot \cos\beta\right) \cdot \frac{[e_y^2]}{n}$$

$$= m_e^2 + \frac{S}{a}\left(\frac{S}{a} + 2\cos\beta\right) \cdot m_{ey}^2 \tag{2-28}$$

（二）放样极角的误差对放样点位的影响 m_u

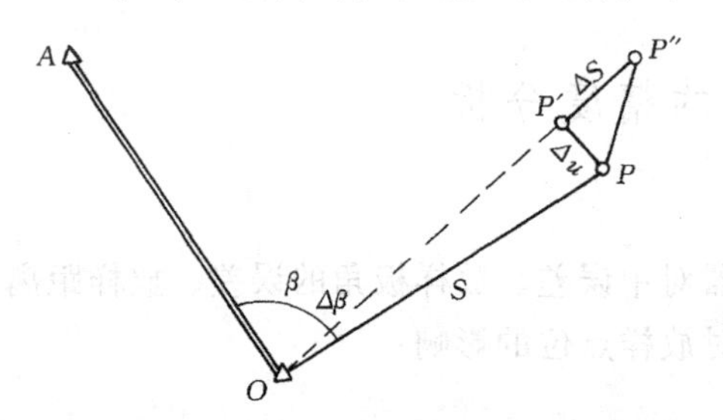

图 2-31 放样极角的误差对放样点位的影响

如图 2-31 所示，设 O、A 为已知点，P 为待定点的正确位置，由于放样 β 角的误差 $\Delta\beta$ 使点位产生偏离正确方向的位移 PP'（设为 Δu），则

$$\Delta u = \frac{\Delta\beta}{\rho} \cdot S$$

由此可得测角误差 m_β 对放样点位的影响为：

$$m_u = \frac{m_\beta}{\rho} \cdot S \tag{2-29}$$

（三）放样距离误差对放样点位的影响 m_s

1. 当放样距离较短，采用钢尺丈量时，

$$m_s = \mu \cdot S \tag{2-30}$$

式中，μ 为钢尺单位长度的误差。

2. 若放样距离较长，采用电磁波测距仪测定距离时，则

$$m_s = a + b \cdot S \tag{2-31}$$

式中，a 为测距仪的固定误差，b 为比例误差系数。

（四）在地面上标定点位的误差 τ

τ 有多大，τ 对放样点位的影响就有多大，标定点位的误差 τ 值一般在 ±（1～3）mm之间。

综上所述，考虑到以上误差均相互独立，则用极坐标法放样 P 点的点位中误差为：

$$M_P^2 = m_中^2 + m_u^2 + m_s^2 + \tau^2$$

$$= m_e^2 + \frac{S}{a}\left(\frac{S}{a} + 2\cos\beta\right) \times m_{ey}^2 + \left(\frac{m_\beta}{\rho}S\right)^2 + (\mu S)^2 + \tau^2 \tag{2-32}$$

从式（2-32）可以看出：P 点离开 O 点愈远，则 P 点的点位误差愈大；对于一定的对中误差 m_e，当 $\frac{S}{a}$ 及 m_{ey} 愈大时，m_e 对 P 点位置所发生的影响就愈大。所以，在用极坐标法放样时，不宜选距离短的点定向，且要特别注意垂直于定向边方向上的对中；另外，当测角、量距的精度较低时，可以不考虑对中误差的影响。

二、直角坐标法放样点位精度分析

直角坐标法放样可视为极坐标法放样的一种特殊情况，即在图 2-30 中，$\beta = 90°$，$a = \Delta x_{AP}$，$S = \Delta y_{AP}$，测站 O 由控制点 A 沿 x 轴方向量取距离 a 确定。在分析其精度时，还应顾及量取距离 a 的误差影响，由此可得用直角坐标法放样 P 点的点位中误差为：

$$m_P^2 = (\mu a)^2 + (\mu S)^2 + \left(\frac{m_\beta}{\sigma} S\right)^2 + m_e^2 + \left(\frac{S}{a} \cdot m_{ey}\right)^2 + \tau^2 \tag{2-33}$$

三、前方交会放样点位精度分析

前方交会放样点位的主要误差来源包括仪器安置在测站上的对中误差对放样点位的影响、将放样点标定在地面上的标定误差、测设交会角的误差影响等。在一般情况下，对中误差≤1～2mm,它对放样点位的影响小于其本身；标定误差一般约为 2～3mm；因此，前方交会放样的点位精度主要取决于测角误差。

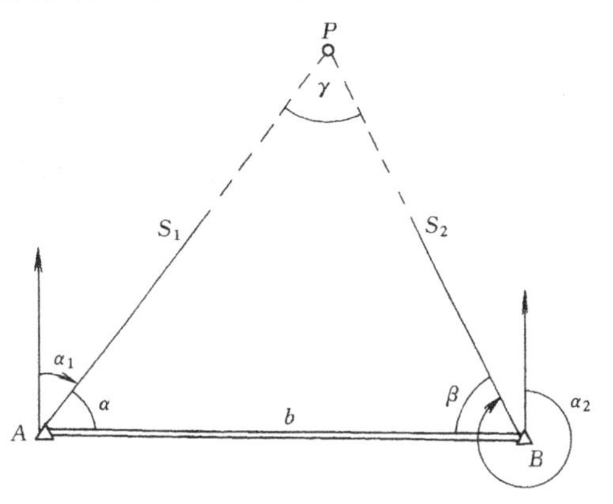

图 2-32 前方交会放样点位精度分析

用前方交会测定点位的误差，可根据前方交会的点位中误差公式来求得。若要评定放样点在某一方向上的误差，可采用计算误差椭圆参数和绘制点位误差椭圆的方法（详见第一章第三节）来衡量。下面根据放样元素与点位之间的关系，利用间接平差法来推求两方向前方交会法测定点位的中误差公式。

如图 2-32，在已知点 A、B 上观测 α、β 角，求 P 点的坐标。若以 P 点的纵、横坐标作为未知数，则按角度可列出两个误差方程式

$$\left.\begin{aligned} V_\alpha &= + a_1 \cdot \delta_x + b_1 \cdot \delta_y + l_1 \\ V_\beta &= - a_2 \cdot \delta_x - b_2 \cdot \delta_y + l_2 \end{aligned}\right\} \tag{2-34}$$

式中，a_i、b_i 为交会方向的方向系数，即

$$\left.\begin{aligned} a_i &= + \frac{\rho \cdot \sin\alpha_i}{S_i} \\ b_i &= - \frac{\rho \cdot \cos\alpha_i}{S_i} \end{aligned}\right\} \tag{2-35}$$

式中，α_i 为交会方向的方位角；S_i 为相应交会边长。

由误差方程式组成法方程式系数，则有

$$[aa] = a_1^2 + a_2^2 = \left[\frac{\sin^2\alpha_1}{S_1^2} + \frac{\sin^2\alpha_2}{S_2^2}\right] \cdot \rho^2$$

$$[bb] = b_1^2 + b_2^2 = \left[\frac{\cos^2\alpha_1}{S_1^2} + \frac{\cos^2\alpha_2}{S_2^2}\right] \cdot \rho^2$$

$$\begin{aligned} [ab] &= a_1 \cdot b_1 + a_2 b_2 \\ &= -\left(\frac{\sin\alpha_1 \cdot \cos\alpha_1}{S_1^2} + \frac{\sin\alpha_2 \cdot \cos\alpha_2}{S_2^2}\right) \cdot \rho^2 \end{aligned}$$

而未知数 x、y 的权倒数为：

$$\left.\begin{aligned} \frac{1}{P_x} &= \frac{[bb]}{N^2} \\ \frac{1}{P_y} &= \frac{[aa]}{N^2} \end{aligned}\right\} \tag{2-36}$$

式中，$N^2 = [aa] \cdot [bb] - [ab]^2 = \left(\dfrac{\sin^2(\alpha_1 - \alpha_2)}{S_1^2 \cdot S_2^2}\right) \cdot \rho^4$

所以

$$\left.\begin{aligned} m_x^2 &= \frac{m_0^2}{P_x} = \frac{[bb]}{N^2} \cdot m_0^2 \\ m_y^2 &= \frac{m_0^2}{P_y} = \frac{[aa]}{N^2} \cdot m_0^2 \end{aligned}\right\} \tag{2-37}$$

式中，m_0 为角度观测的中误差。

有了 P 点的纵、横坐标中误差，则 P 点点位中误差公式为：

$$M^2 = m_x^2 + m_y^2 = \frac{m_0^2}{N^2}([bb] + [aa])$$

将上面得出的 $[aa]$、$[bb]$ 和 N^2 结果代入上式，并顾及到 $\gamma = \alpha_1 - \alpha_2$，可得

$$M^2 = \frac{m_0^2 \cdot (S_1^2 + S_2^2)}{\rho^2 \cdot \sin^2(\alpha_1 - \alpha_2)} = \frac{m_0^2 \cdot (S_1^2 + S_2^2)}{\rho^2 \cdot \cos^2\gamma} \tag{2-38}$$

因为 $S_1 = \dfrac{b}{\sin\gamma} \cdot \sin\beta, S_2 = \dfrac{b}{\sin\gamma} \cdot \sin\alpha$，则式（2-38）可改写为：

$$M = \frac{m_0}{\rho} \cdot \frac{b}{\sin^2\gamma} \cdot \sqrt{\sin^2\alpha + \sin^2\beta} \tag{2-39}$$

通过上面推出的 P 点点位中误差公式，可以得出下面几点结论：

①由式（2-38）可以知，点位中误差的大小不仅与测角中误差 m_0 有关，还与交会边的长度有关。当 S_1、S_2 增大，M 亦增大。所以，不宜选择过长的交会边长。

②由式（2-39）可知，当 $\gamma = 90°$，不论 α、β 角的值如何改变，P 点点位中误差不变，且 $M = \dfrac{m_0}{\rho} \cdot b$。

③同样，如果设 $y = \sin^2\alpha + \sin^2\beta$，经对 y 函数作极值分析后可知：当 $\gamma > 90°$时，对称交会将使 P 点的点位中误差最小。当 $\gamma < 90°$时，对称交会则使点位中误差最大。也就是说，当交会角为钝角时，应尽量使 α、β 角相等；当交会角为锐角时，则不必要求 α、β 角对称。

第十节　放样方法的选择

以上各节分别介绍了各种放样的基本方法，然而在实际工作中，往往不是单一的基本方法所能解决的，有时需要采用两种或多种基本方法的联合作业才能放样出建筑物的轮廓点、线。因此，放样方法的选择对快速准确地完成放样任务显得尤为重要。

一、放样方法的选择应顾及的因素

放样方法的选择应顾及以下因素：①建筑物所在地区的条件；②建筑物的大小、种类和形状；③放样所要求的精度；④控制点的分布情况；⑤施工的方法和速度；⑥施工的阶段；⑦测量人员的技术条件；⑧现有的仪器条件。

二、各种放样方法的特点及选择

1. 直角坐标法：适用于各种类型与大小的建筑，也适用于各种不同的精度。所用的

工具简单，能达到较高的精度。所需具备的基本条件是沿着坐标轴方向以及由坐标轴至各点，都能够直接丈量和相互通视。

大、中型工业企业和住宅小区，因其建筑物密集，当轴线相互平行时，施工控制测量常采用建筑方格网。施工现场有建筑方格网或建筑基线时，采用直角坐标法定位方便、工具简单，可达到较高的精度，定位的点精度均匀。

2. 角度前方交会法：当建筑物上的某些点子离开放样控制点远，直接量距不便时，则用角度前方交会法进行放样较为利。此法需考虑交会图形对精度的影响。为直观说明交会角与点位误差的关系，下面介绍各种交会角的典型测角前方交会的点位误差椭圆。

单个三角形的测角前方交会，其点位误差分布随交会角而变化：①测角前方交会角 $\gamma = 90°$时，点位误差椭圆的长、短半轴相等；②当 $\gamma > 90°$时，长半轴平行于起始边，随着交会角的再增大，长轴也逐渐增大，而短轴有所减小；③当 $\gamma < 90°$时，长轴垂直于起始边，随着交会角的再减小，长、短轴均增大，长轴的增大尤为显著。如图 2-33 所示。

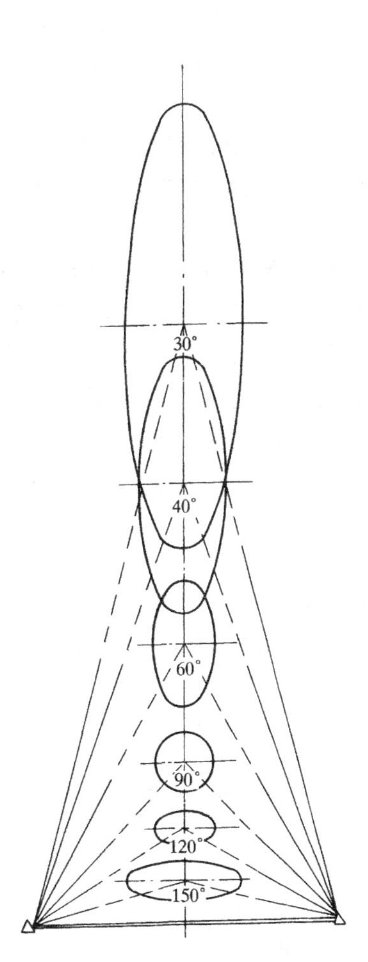

图 2-33　典型测角交会的误差椭圆

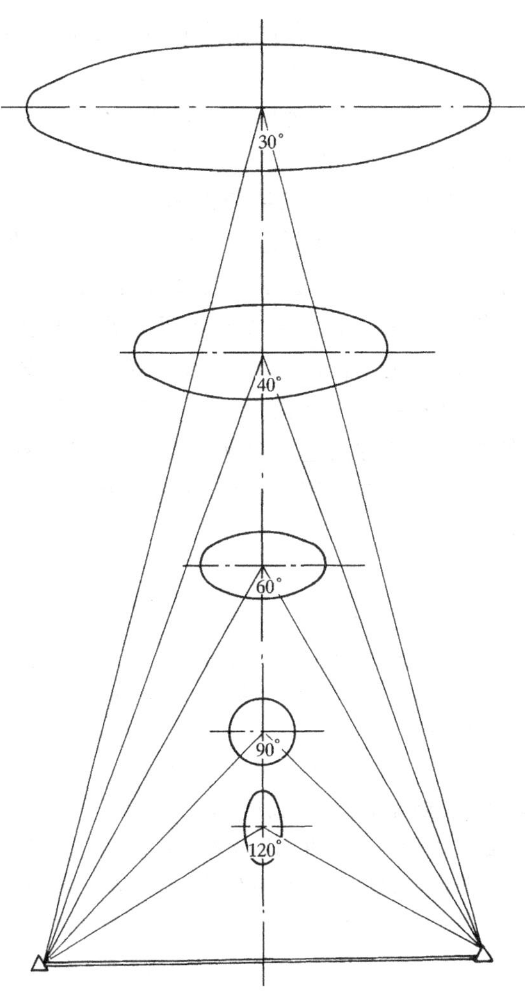

图 2-34　典型测边交会的误差椭圆

如果不是正前方交会，则基本情况并无多大改变，只是长轴方向略有偏斜，短轴随着点位靠近已知点的程度，而有所减小。如图 2-33 所示的各种测角前方交会的典型图形是有代表性的。在实际工作中，当 γ 接近 90°时，各方向的误差较均匀，当接近 30°或 120°时，则相差悬殊，需顾及其影响，并采取改善图形、提高测角精度或其他有效措施。

3. 距离（长度）交会时，交会角与点位误差的关系：当采用短距离量边交会或长距离测边交会时，点位误差与交会角密切相关。为直观起见，仍用误差椭圆表示。如图 2-34 所示，各种交会角的距离（长度）交会的典型图形，假定以测边（量距）的相对误差为一常数绘制。由图 2-34 可见。①当交会角 $\gamma = 90°$时，误差椭圆的长、短半轴相等；②当 $\gamma > 90°$时，长半轴垂直于起始边，随着交会角的再增大，长轴逐渐增大，短轴有所减小；③当 $\gamma < 90°$时，长半轴平行于起始边，随着交会角的再减小，长轴迅速增大。

在实际工作中，可参照上述情况考虑交会角对点位误差产生的影响。

4. 测角交会与距离交会对提高点位精度具有互补性：比较测角交会与距离交会的误差椭圆可见：各种交会角的误差椭圆的长轴方向与典型距离交会的误差椭圆的长轴方向是相垂直的。如果以交会角 $\gamma < 90°$的交会称为远方交会，垂直于起始边的方向称为纵向，平行于起始边的方向称为横向，则在远方交会时，距离交会有利于控制纵向误差，测角交会有利于控制横向误差，两者具有互补性质。

5. 方法的选用要与仪器条件相结合：测角交会长期以来被广泛使用，距离交会是在测距仪应用后，长距离测边才变得简单易行。针对单三角形测角交会的特点，当图形条件较差时，可采用多点交会或距离交会提高其交会精度。

6. 极坐标法：需直接丈量由极点到放样点的距离。此法既要测角又要量距。随着红外测距仪和全站仪的普及应用，将改变传统的放样方法，仅架设一次仪器即可完成测站点的加密和极坐标法放样两项工作。同时，由于该类型的仪器的应用，对传统的施工控制网设计方法也将带来变革，它不仅有利于减少施工控制网的加密层次，结合高精度的对中设备，还可按定位坐标值，自动跟踪，快速方便，使极坐标法放样精度明显提高。

习　　题

1. 放样工作的实质是什么？与测图（测量）工作比较，它们之间有哪些不同点？

2. 为何内插定线时无须正倒镜观测？而外插定线时每一点都必须用竖盘盘左盘右两位置定点，取其中点为最终位置？

3. 试述全站仪直角坐标法放样点位的步骤，与传统直角坐标法比较它有何优点？

4. 举例说明 Auto CAD 辅助放样法的应用。

5. 结合你熟悉的数字化测图软件，举例说明全野外数字化测图软件在放样中的应用。

6. 试述角度交会与距离交会对提高点位精度的互补性。

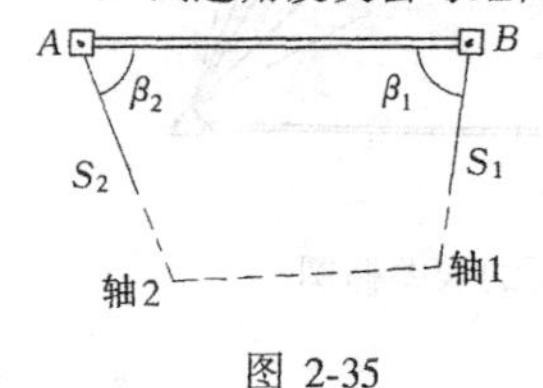

图 2-35

7. 放样方法的选择主要应考虑哪些因素？

8. 比较几种点位放样方法的特点及每种方法所适用的范围。

9. 举例说明归化法放样与直接法放样的差异。

10. 如图 2-35 所示，用极坐标法放样轴 1、轴 2 点，已知点和待设点的坐标见下表。

点　　名		x（m）	y（m）
控制点	A B	1235.315 1200.454	578.234 529.401
待设点	轴 1 轴 2	1211.635 1185.409	582.741 552.539

①计算放样中所需的测设数据；

②假设距离放样误差 $\frac{m_s}{S}=\frac{1}{5000}$，角度测设误差 $m_s=\pm20''$，仪器对中误差为 ±5mm，点位标定误差为 ±3mm，试求轴 1、轴 2 点间的纵、横向中误差分别为多少？

11. 在已知点 A、B 上，用前方交会归化法放样 P 点，已知点和待设点的坐标见下表。

点　　名	x（m）	y（m）
A	5200.000	7000.000
B	5200.000	7200.000
P	5257.735	7100.000

①当定出过渡点 P' 点，分别在 A、B 上测得 $\angle\alpha=30°00'06''$，$\angle\beta=30°40'42''$，绘出 P 点的归化图；

②为了检验 P 点位置，又在归化后的 P 点设站测得了 γ 角。若设测角误差 $m_\gamma=m_\alpha=m_\beta=\pm15''$，仪器对中误差为 ±5mm，标定误差为 ±3mm，目标偏心误差忽略不计。试问，γ 角的实测值与其理论值之较差不应超过多少？

第三章 建筑工程测量

建筑工程测量是指建筑工程在勘测设计、施工和竣工后所进行的各种测量工作。建筑工程施工测量是指施工阶段的测量工作，其主要目的是将设计好的建筑物、构筑物的平面位置和高程，按设计要求以一定的精度测设在地面上，以指导和衔接各工序间的施工，从根本上保证施工质量。

施工测量贯穿在整个施工过程中。从场地平整、建筑物定位、基础施工，到建筑物构件的安装等，都需要进行施工测量，才能使建筑物、构筑物各部分的尺寸、位置符合设计要求。有些工程竣工后，为了便于维护和扩建，还必须测出竣工图。对于高大或特殊的建筑物在建设过程中及建成后，还要定期进行变形观测，以便积累资料，掌握变形规律，为今后建筑物的设计、维护和使用提供资料。本章重点介绍场地平整、建筑物定位、基础施工、竖向投测等内容。

第一节 建筑区控制测量

一、平面控制

（一）坐标系统

建筑区的平面控制网的坐标系统，应与工程设计所采用的坐标系统相同，尽量采用高斯正形投影按3°分带。只有当投影长度变形值超限，影响工程的设计精度要求时，才允许采用地方坐标系统，在选择坐标系统考虑投影引起的长度变形时，每千米不应大于2.5cm（相对误差为1/40000）。

（二）控制网布设形式

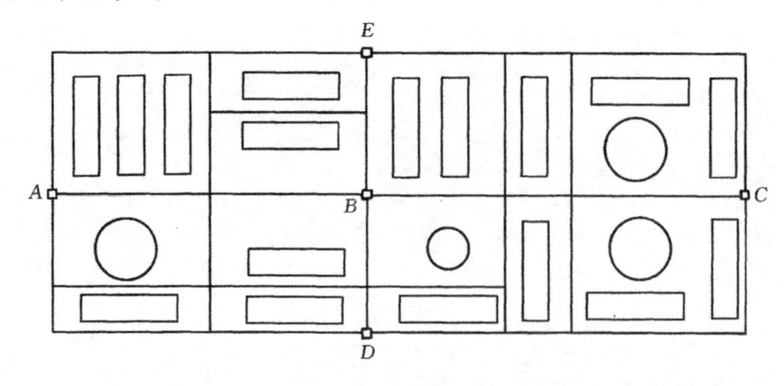

图 3-1 建筑方格网及主轴线

建筑区的平面控制网，可根据场区地形条件和建筑物、构筑物的布置情况，布设成导线网、三角网、测边网或边角网等形式，并应根据等级控制点进行定位、定向和起算。

当地势平坦，建筑物、构筑物布置整齐，可尽量布设建筑方格网作为场区平面控制网，如图 3-1 所示。即控制网各边组成矩形或正方形且与拟建的建筑物、构筑物轴线平行，以便施工工作容易进行。为了使方格网点在施工期间能长期保存并便于使用，发挥施工控制点的作用，必须参照设计总平面图来设计方格网点的位置，并且应该由测量人员同总图设计人员和施工人员一起进行设计。方格网的边长（相邻点的距离）一般为 100～200m，尽可能取为 50m 或 10m 的整数倍。

关于控制网的布设等级，当建筑场地大于 $1km^2$ 或重要工业区，宜建立相当于一级导线精度的平面控制网；当建筑场地小于 $1km^2$ 或一般性建筑区，可根据需要建立相当于二、三级导线精度的平面控制网；当以原有控制网作为场区控制网时，应进行复测检查。

为保证网点的密度，建筑方格网搞一次布网往往是有困难的，也是不合适的，一般采用二次布网加密的方案。

（三）控制网测设

建筑方格网（建筑区控制网）的建立过程实际上就是将一批施工控制点按事先设计好的坐标精确放样到实地的过程。

1. 主轴线的测设

建筑方格网的主轴线是指与主要建筑物轴线平行，作为建筑方格网定向及测设依据的轴线，如图 3-1 中主轴线 *ABC* 和 *EBD*。建网过程一般为先测设出方格网的主轴线，经方向、长度改正后，再以主轴线为基础来扩大方格网。主轴线应选择在场区中部或建筑物定位精度要求较高的地方，并且应是矩形网的长轴。

主轴线测设的正确与否将关系到整个建筑方格网的位置是否正确，也即影响到放样后建筑物的整体位置的正确性。为了确定主轴线的位置至少需要两个点，但为了防止粗差（错误）一般要放样 3～5 个点来确定建筑区的主轴线。主轴线测设一般步骤如下：

（1）测设数据准备

主轴点及其他方格网点的坐标数据在方格网设计时定出。在实际工作中，为了设计和施工测量方便，设计者按主要建筑物的轴线方向另外建立一个独立坐标系，使坐标轴与建筑物轴线平行，这种坐标系称施工坐标系（也叫建筑坐标系），如图 3-2 所示。其纵轴用 *A* 表示，横轴用 *B* 表示，坐标原点常设在总平面图的西南角。施工坐标系与测量坐标系之间存在一个旋转角，有的还平移。

由于两坐标系不一致，在建筑方格网测设时，需要将主轴点的建筑坐标换算成测量坐标，以便通过测量控制点求算测设数据；在进行施工时，为了便于施工测量，要将测量坐标换算成施工坐标，统一以施工坐标的形式进行计算。一般在设计说明中已给出两种坐标换算的元素，则可按下列公式进行换算：

$$\left.\begin{aligned} x &= x_0 + A\cos\theta - B\sin\theta \\ y &= y_0 + A\sin\theta + B\cos\theta \end{aligned}\right\} \qquad (3\text{-}1)$$

式中，*A*、*B* 为某点在施工坐位系中的坐标值；*X*、*Y* 为该点在测量坐标系中的坐标值；X_0、Y_0、θ 为坐标换算元素。

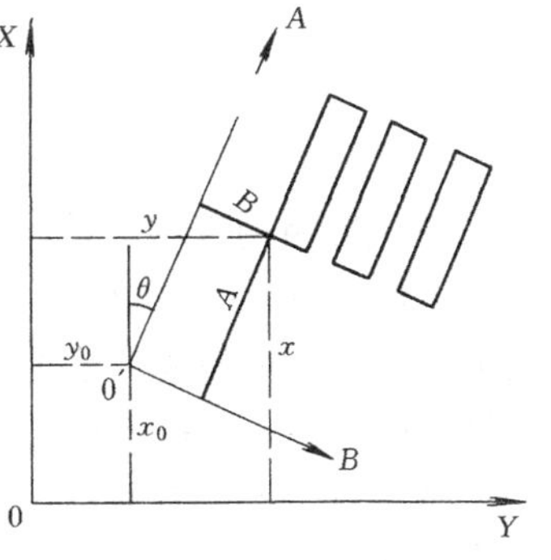

图 3-2　坐标系转换

若要将测量坐标换算为施工坐标，换算公式为：

$$\left.\begin{aligned} A &= (x - x_0)\cos\theta + (y - y_0)\sin\theta \\ B &= (y - y_0)\cos\theta - (x - x_0)\sin\theta \end{aligned}\right\} \tag{3-2}$$

有时，设计中未提供换算元素，则需从设计图上用解析法或图解法求得坐标换算元素。只有将主轴点坐标和测量控制点坐标换算到同一坐标系中，才能通过解析计算求得放样数据。

（2）放样主轴线点

通常应利用测图时的图根点为控制点，放样主轴线点。若没有图根点，也可以利用轮廓清晰的地物点用距离交会法或其他方法放样主轴线点。虽然放样场地主轴线绝对位置的精度要求不高，但是绝对不允许产生粗差，以免造成重大工程事故。

（3）检测和归化

为了防止错误必须进行检测，一般在中间点上测角，根据实测角与理论角的差数（在误差允许范围内）来确定归化值。如图 3-3（*a*）所示，A'、B'、C'为放样到实地的主轴线点，现在 B'设站检测得角度β，A'、B'、C'三点都存在一小段归化距离ε，需分别移至 A、B、C，ε 则值可按下式计算：

$$\varepsilon = \frac{1}{2} \cdot \frac{S_1 - S_2}{S_1 + S_2} \cdot \frac{180° - \beta}{\rho''} \tag{3-3}$$

归化调整后还要进行检测，即在改正后的点位上重新测 β 角，看其是否满足 $180° \pm 5''$的要求，若不满足，须重新调整，直到满足为止。对于还需满足正交条件的主轴线，其调整方法如图 3-3（*b*）所示。测定 β_1、β_2 角，若（$\beta_1 - \beta_2$）在误差允许范围内，则归化距离

$$\varepsilon = S \cdot \frac{(\beta_1 - \beta_2)}{2} \cdot \frac{1}{\rho} \tag{3-4}$$

归化调整后，也应该测交角，视其是否满足 $90° \pm 5''$的要求。

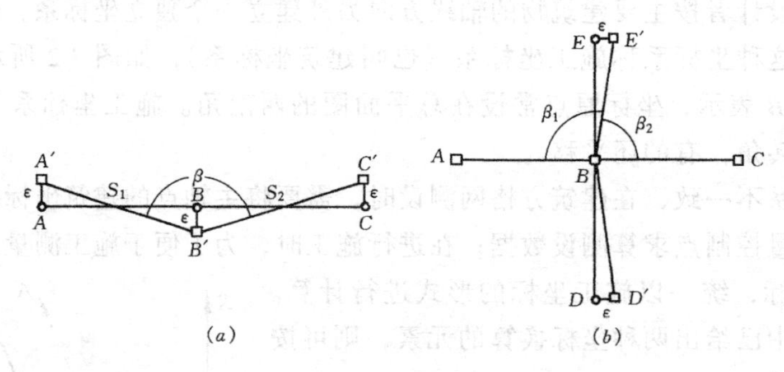

图 3-3　归化改正

2. 建筑方格网点的测设

在主轴线放样的基础上，将各方格网所有各点均在实地放样出来。可采用任何一种控制测量方法（三角测量、导线测量、三边测量或 GPS 测量等）进行精确测量，经过方格网整体严密平差，求得各点的坐标，再将各点的实际点位归化到设计位置上。

3. 方格网的平差计算

由于方格网待定点数较多，常采用条件平差法，平差计算必须在施工坐标系中进行。

按导线法测设方格网时，在建筑方格网中的每一个闭合环中产生一个多边形角度闭合条件、一个纵坐标闭合条件和一个横坐标闭合条件。方格网中条件方程式的总个数 r 为：

$$r = 3N$$

式中，N 为方格网中闭合环的数目。

大型企业的方格网必须用严密平差法计算，对于中小型网或首级以下的二级网可采用近似平差方法计算。对于不设主轴线，用测图控制点测设过渡点位的方格网，在平差计算中应确定一个满足网的定位精度要求的点作为网的起算点，并以该点与网中另一方格点连线的方向作为网的起算方向，以此来推算过渡点的坐标。

4. 点位的归化改正

算得过渡点的精确坐标（它们一般不等于这些方格点的设计坐标）后，要准备归化数据，并到实地去归化点位。

5. 方格网点的标桩及其埋设

因方格网点（包括主轴点）的点位需经归化改正后才能最后确定，若归化量较小，可以直接埋设一种能在其顶面进行归化改正的混凝土标桩。其形式如图 3-4 所示。标桩的底部宽度 b 和高度 c 一般需根据由场地设计高程所确定的标桩埋深及场地的土层情况来定。在标桩顶面埋有一块 10cm × 10cm 或 15cm × 15cm 的钢板，放样过渡点时，将标桩埋设在放样位置上，并在钢板上刻以“十”作为过渡点位标志。点位的归化改正就在钢板上进行，经检测后在点位上钻一个直径为 2mm 小孔，并涂上红漆作为点位的标志。

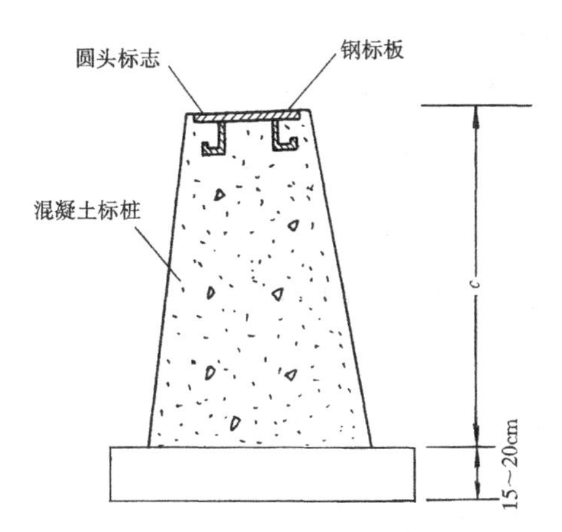

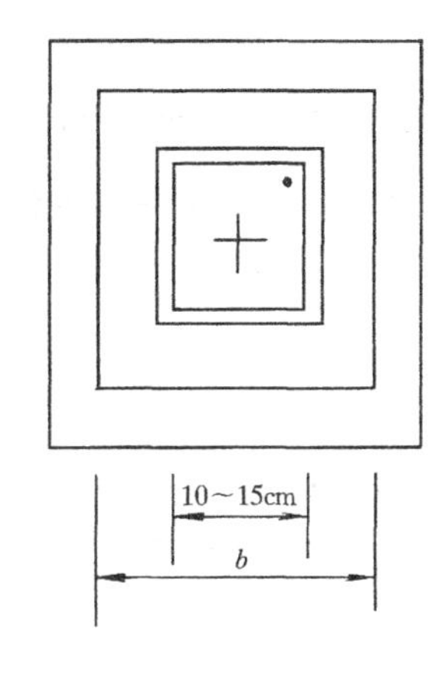

图 3-4　混凝土标桩

若归化量较大，无法直接在标桩的标板上进行点位归化改正时，则过渡点位要用木桩标定。归化改正时，先在正确点位附近设置临时木桩，木桩顶钉一块木板（放平），以便在木板上面用刻线标出改正后的正确位置。待正确点位确定后，再换上混凝土标桩。

换桩前，在过正确点位互相垂直的方向上打入四个小木桩（俗称骑马桩），如图 3-5 所示，木桩上钉以小钉，相对两桩顶的连线应该通过点位的中心，两根连线可以精确地决定点位。设好骑马桩以后，挖掉点位上的临时标桩，换成混凝土桩，待混凝土桩稳定以后再利用骑马桩在标桩顶部拉细线来精确地设置标芯。

建筑场地建立施工控制网后，所有建筑物、构筑物的定位测量都应以方格网为依据，不能再利用原控制点。应该指出：建筑方格网不是建筑区施工控制网惟一的形式，更不是

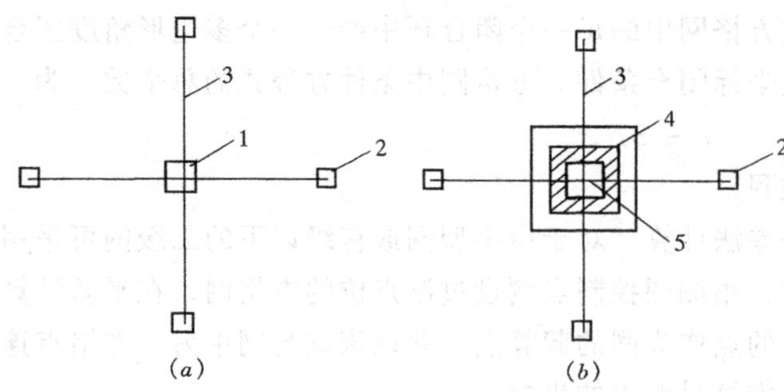

图 3-5　控制桩的更换方法

1—临时木桩；2—引桩；3—小线；
4—更换后的混凝土桩；5—恢复后的点位

最好的形式，对控制全场地的首级施工控制网而言，完全可以用导线网、三角网、边角网等灵活的形式建立。

6. 方格网的加密

首级方格网建好后，网点的密度一般不能满足施工测量需要，还必需在首级方格网基础上进行加密，即布设加密方格网。加密点的放样可采用导线法或角度交会法等进行，观测后应进行平差计算，可采用近似平差法。根据平差后的边长和角度计算各点坐标，然后将各点位改正至设计位置上。

(四) 测设技术要求

建筑方格网主要技术指标的设计思路是：从建筑物定位最终需要满足的精度要求出发，反推估算出施测方格网时的测距精度和测角精度要求。

一般性建筑物、构筑物定位的点位中误差 $m_{点}$ 由建筑区控制点（建筑方格网点）的起始误差 $m_{控}$ 和放样误差 $m_{放}$ 的共同影响决定，即：

$$m_{点}^2 = m_{控}^2 + m_{放}^2 \tag{3-5}$$

其中

$$m_{控}^2 = m_{纵}^2 + m_{横}^2 \tag{3-6}$$

规定 $m_{点} \leqslant \pm 10\text{mm}$，$m_{放} = \pm 6\text{mm}$，由式（3-5）得 $m_{控} = \pm 8\text{mm}$。若 $m_{纵}^2 = m_{横}^2$，由式（3-6）得 $m_{纵} = m_{横} = \dfrac{m_{控}}{\sqrt{2}} = \pm 5.66\text{mm}$，而控制点间距离，一般以 $S = 200\text{m}$ 计，则有

测距相对中误差为：

$$\frac{m_s}{S} = \frac{5.66}{200000} = \frac{1}{35400} \text{（取用 1/30000）},$$

测角中误差为：

$$m''_\beta = \frac{m_s}{S} \cdot \rho'' = 5.8'' \text{（取用 5''）}$$

具体施测时，可根据有关工程测量规范要求进行。表 3-1 为《工程测量规范》GB50026—93 中的规定。

建筑方格网的主要技术要求　　　　**表 3-1**

等　级	边　长 (m)	测角中误差 (″)	边长相对中误差
Ⅰ　级	100 ~ 300	5	≤1/30000
Ⅱ　级	100 ~ 300	8	≤1/20000

二、高程控制

建筑区的高程控制网，应布设成闭合环线、附合路线或结点网形。在施工放样中，要求工业场地和城市中的平土工程、楼房和建筑物的基坑、排水沟、下水管道等竖向相对误差均不应大于 ±10mm。因此要求建筑物高程控制网不低于三等水准测量精度，对一般施工均能满足要求，各等级水准测量的主要技术要求如表 3-2 所示，该表取自《工程测量规范》GB50026—93。

场地水准点的间距，宜小于 1km，距离建筑物、构筑物不宜小于 25m；距离回填土边

线不宜小于 15m。

建筑物高程控制的水准点，可单独埋设在建筑物的平面控制网的标桩上，也可利用场地附近的水准点，其间距宜在 200m 左右。

当施工中水准点标桩不能保存时，应将其高程引测至稳固的建筑物、构筑物上，引测的精度，不应低于原有水准点的等级要求。

水准测量的主要技术要求 表 3-2

等级	每千米高差全中误差（mm）	路线长度（km）	水准仪的型号	水准尺	观测次数		往返较差，附合或环线闭合差	
					与已知点联线	附合或环线	平地（mm）	山地（mm）
二等	2	—	DS_1	因瓦	往返各一次	往返各一次	$4\sqrt{L}$	—
三等	6	≤50	DS_1	因瓦	往返各一次	往一次	$12\sqrt{L}$	$4\sqrt{n}$
			DS_3	双面		往返各一次		
四等	10	≤16	DS_3	双面	往返各一次	往一次	$20\sqrt{L}$	$6\sqrt{n}$
五等	15	—	DS_3	单面	往返各一次	往一次	$30\sqrt{L}$	—

注：1. 结点之间或结点与高级点之间，其路线的长度，不应大于表中规定的 0.7 倍；
2. L 为往返测段、附合或环线的水准路线长度（km），n 为测站数。

第二节 建筑物控制测量

一、建筑物控制网形式

一般来说，虽然有了首级和加密方格网点，但其密度对于建筑物的细部放样来说还是远远不够的。因此在每个建筑物周围还要建立建筑物控制网。它不仅用来放样建筑物的细部，也用来放样建筑物内构件、设备的轴线等。建筑物的平面控制网，可按建筑物、构筑物特点，布设成十字轴线或矩形控制网。图 3-6 清楚地反映了矩形控制桩、轴线控制桩、基槽边线、外墙轴线的关系。如果将建筑物各轴线桩钉在轴线交点上，开挖基槽时就会被挖掉，因此将轴线桩引测到基槽边线外 1～4m 的地方，称这个轴线控制桩为引桩，也叫做轴线保险桩。把基槽外的控制桩连接起来，称之为矩形控制网。

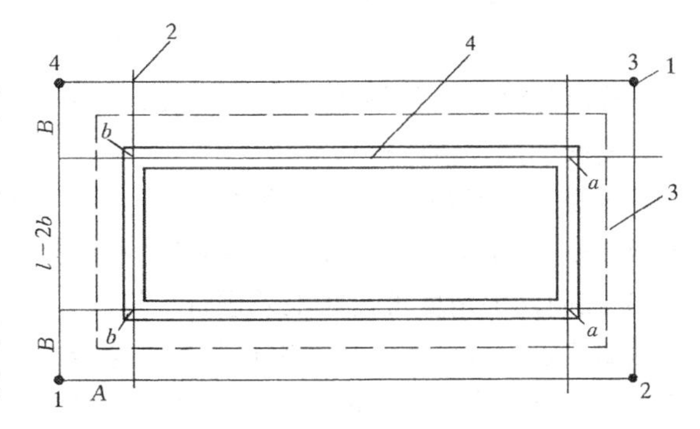

图 3-6 矩形控制网

a、b—外边线至主轴线距离；A、B—控制桩至外墙轴线距离

1—矩形网控制桩；2—轴线控制桩；

3—基槽边线；4—外墙轴线

建筑物的控制网应根据场区控制网进行定位、定向和起算；建筑物控制网的层次应根据建筑物结构、机械设备传动性能及生产工艺连续程度，分别布设一级或二级控制网。

二、矩形控制网测设

首先要说明，总平面图上给定建

筑物所在平面位置用坐标表示时，给出的坐标都是外墙角坐标（构筑物给出轴线交点坐标）。用距离表示时，所标距离都是外墙边线至某边界的距离。

如图3-7（a）所示，新建工程和原有建筑物在一条直线上，相距 D。新建工程布设矩形控制网后与原有建筑物的距离关系如图3-7（b）所示。A 为控制线到山墙轴线距离；新建工程外墙和原有建筑的距离为 $D-A+a$；主轴线 $MN=L$，新建工程矩形网点1至2距离为 $L-2a+2A$。根据建筑物四角坐标，结合矩形控制网与建筑物的关系，即可计算出矩形控制桩坐标。依矩形控制桩坐标和建筑方格网点坐标即可计算出放样数据，放样方法可用直角坐标法、极坐标法、角度交会法等。建立了建筑物矩形控制网后，细部放线均以控制网为依据，不得再利用场区控制点。

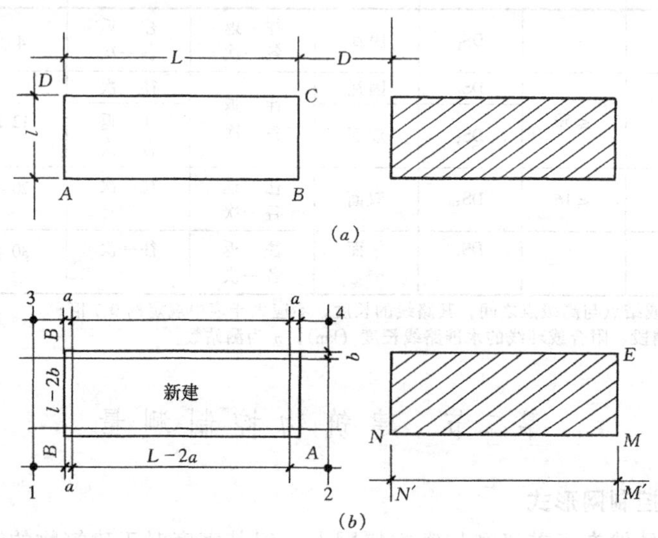

图3-7 布设矩形控制网前后关系

（a）新建房屋与原有房屋在一条直线上；（b）新建工程布设矩形控制网后与原有建筑的距离关系

三、建筑物控制网技术要求

（一）平面控制技术要求

根据实践经验和推算，为了满足建筑安装工程施工放样的技术要求，应该在建筑限差群中筛选出与测量定位轴线有直接连接、限差要求最高、并以此为依据推算建筑物（厂房）控制网的测设精度指示要求。

建筑限差，都是对设计的纵横轴线，即行列线而言，在《工程施工及验收规范》GBJ204—83、GBJ205—83中以地脚螺栓中心线允许偏差 $\Delta_{限}=\pm 5\text{mm}$ 的要求最高。建筑物（厂房）控制网的精度可按此限差进行推算。

根据建筑物（厂房）控制网进行地脚螺栓的定位放线、并完成对地脚螺栓的安装，其最终位置的纵、横向位移的中误差 m 可表达为：

$$m^2 = m_{控}^2 + m_{放}^2 + m_{安}^2$$

式中，$m_{控}$ 为控制线（两相对控制点的连线）的中误差，$m_{放}$ 为进行定位放样的中误差，$m_{安}$ 为螺栓安装中误差。由有关工程施工技术要求可获知 m、$m_{放}$ 和 $m_{安}$，则可求得 $m_{控}$。

就工业厂房而论，列线跨距大于行线跨距。若列线跨数多，其控制线就长，建筑物

（厂房）控制的精度就应高。具体施测时，可根据有关工程测量规范要求进行。表 3-3 为《工程测量规范》（GB50026—93）中的规定。

建筑物控制网的主要技术要求 **表 3-3**

等　级	边长相对中误差	测角中误差
一　级	1/30000	$7''\sqrt{n}$
二　级	1/15000	$15''\sqrt{n}$

注：n 为建筑物结构的跨数。

进行建筑物控制测量时，在建筑物行列线或主要设备中心线方向上应增设加密的距离指示桩；在主要的控制网点和主要设备中心线端点，应埋设混凝土固定标桩。

控制网轴线起始点的测量定位误差，不应低于同级控制网的要求，允许误差宜为 2cm；两建筑物（厂房）间有联动关系时，允许误差宜为 1cm，定位点不得少于 3 个。

（二）高程控制技术要求

同本章第一节。

第三节　建筑物施工放样

一、基础施工测量

（一）测设轴线控制桩

建筑物定位测量时，只是根据建筑物的外轮廓尺寸以控制网的形式把建筑物测设在地面上，很多轴线控制桩还没有测出来。为满足基础施工的需要，还要测设出各轴线的控制桩。为便于基础施工，一般都在轴线两端设置龙门板（俗称线板），把轴线和基础边线投测到龙门板上，如图 3-8、图 3-9 所示。

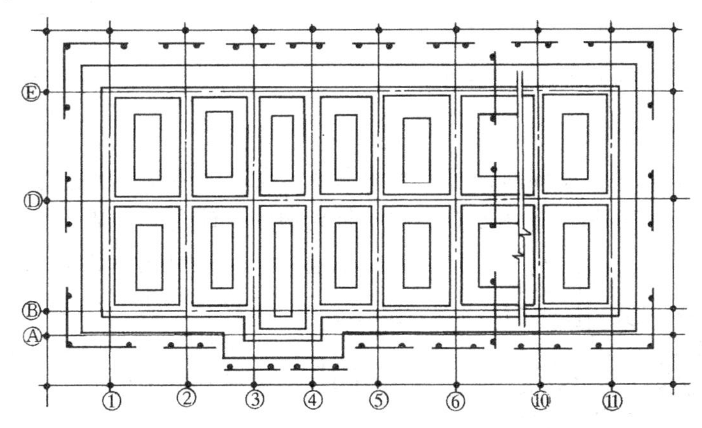

图 3-8　控制桩和龙门板布置图

设置时，先在建筑物四角和中间隔墙两端基槽外 1～2m 处钉下大木桩，称为龙门桩。然后根据附近水准点，用水准仪在每根龙门桩外侧面上测设 ±0.000 标高线，再沿桩上 ±0.000标高线钉设横木板，称为龙门板。若施工场地条件不适合测设 ±0.000 标高线，也可将龙门板标高设置为高于或低于 ±0.000 的一个数值，但必须是分米的倍数。这样，龙门板的上沿即为 ±0.000 水平面，可依此来控制挖槽深度，如图 3-10 所示。

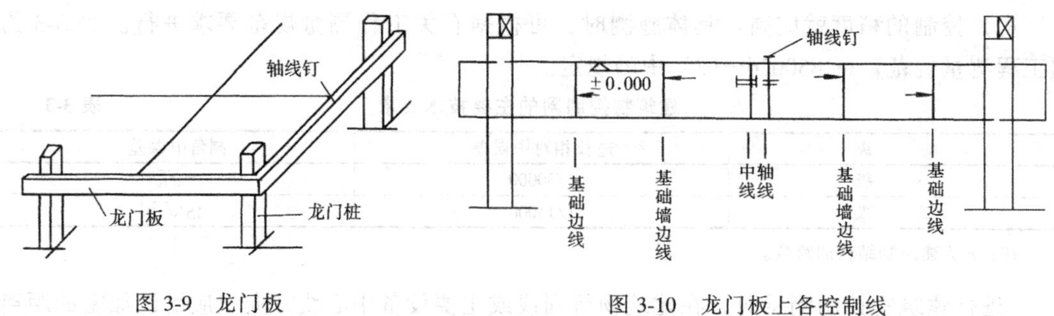

图 3-9 龙门板　　　　图 3-10 龙门板上各控制线

龙门板设置好后，再用经纬仪将建筑物轴线等投测到龙门板上，并钉以小钉（称为轴线钉），放线时，沿龙门板上各对应轴线钉间拉线，即可交出房角等位置，如图 3-11 所示。

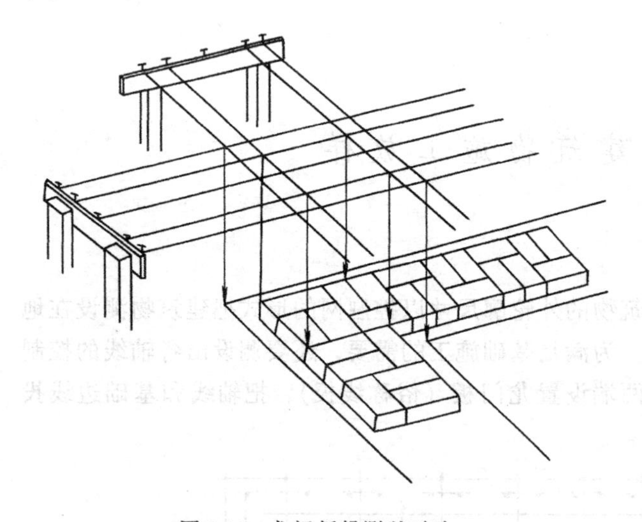

图 3-11 龙门板投测基础边

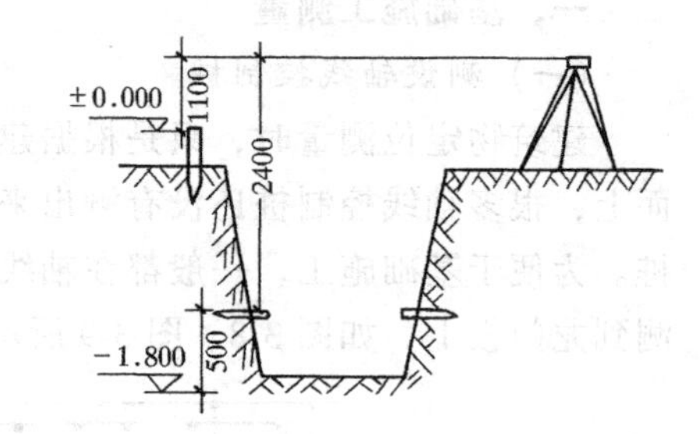

图 3-12 槽底标高控制

（二）基础施工测量

当基础灰线开挖后，要随时注意挖土的深度。在挖到离设计槽底约 0.3～0.5m 时，就应在槽壁上每隔 2～3m 钉一个水平桩。水平桩离槽底设计高应为某一常数（如 0.5m），其位置可用水准仪按高程放样方法测设，如图 3-12 所示。使用时，沿水平桩的上沿拉线，作为挖槽和打基础垫层的依据。

垫层打好后，利用控制桩或龙门板，在垫层上放出墙中线和基础边线，如图 3-11 所示，并要进行严格校核。然后立好基础上的“皮数杆”，即可开始砌筑基础。如图 3-13 所示。皮数杆是作为砌墙时掌握高度和控制砖行水平的主要依据，它是一根刻有每皮砖及灰缝的厚度、

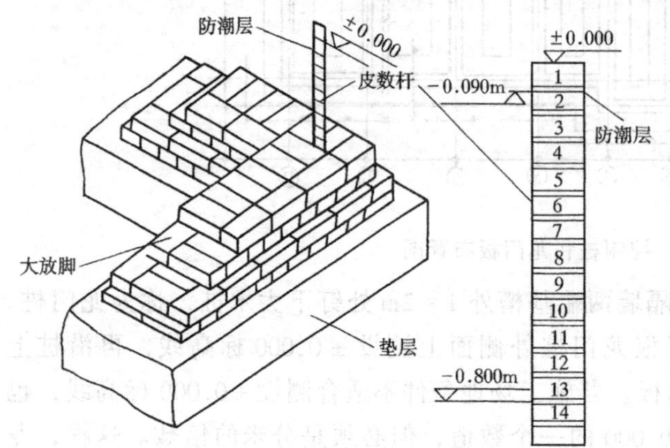

图 3-13 基础墙标高的控制

窗口及楼板高度位置等标记的长木条，一般是将其立在建筑物拐角或隔墙处，如图 3-14 所示。

（三）桩基础放线

桩基的定位测量及轴线桩的布设方法与前述方法相同，桩基一般不设龙门板。桩基的放线步骤如下。

（1）熟悉并详细核对各轴线桩布置情况，是单排桩还是双排桩、梅花桩等，每行桩与轴线的关系，是否偏中，桩距多少，桩数，承台标高，桩顶标高。

（2）根据轴线控制桩纵横拉小线，把轴线放到地面上，如图 3-15，从纵横轴线交点起，按桩位布置图，沿轴线逐个桩量尺定位，在桩中心钉上木桩。

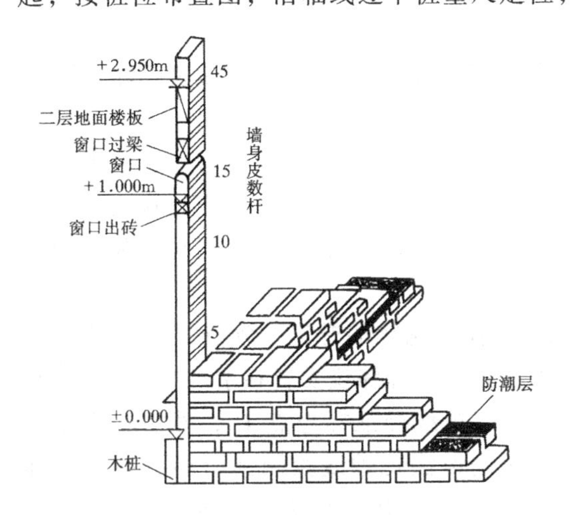

图 3-14　墙体各部位高程的控制

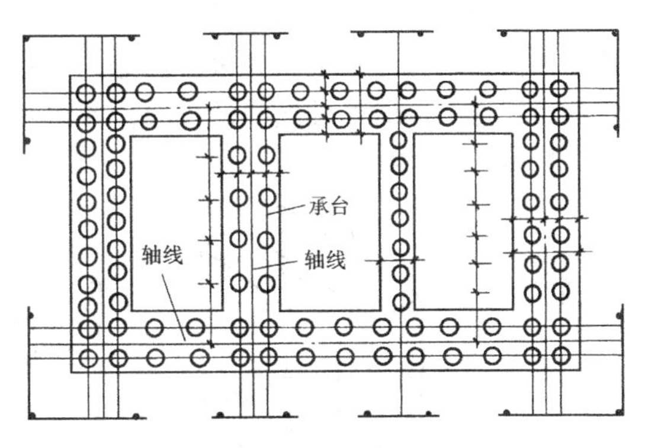

图 3-15　桩平面布置图

（3）每个桩中心都钉固定标志，以便钻机在成孔过程中及时准确地找准桩位。

（4）桩基成孔后，浇筑混凝土前在每个桩附近重新抄测桩标高，以便正确掌握桩顶标高和钢筋外露长度。桩顶混凝土标高误差应在承台梁保护层厚度或承台梁垫层厚度范围内。桩距误差不大于桩径的 1/4。

二、高层建筑施工测量的特点及基本要求

高层建筑的测量工作，重点是轴线竖向传递，控制建筑物的垂直偏差，保证各楼层的几何尺寸，满足放线要求。根据施工规范规定，各类结构允许偏差不超过表 3-4 的要求。

表 3-4 内的数值是构件质量检查标准。对测量误差应有更高的要求，一般两点间量距偏差不大于 3mm，投测标点偏差不大于 5mm，垂直测量误差不大于质量允许偏差的 1/2。

高层建筑各类结构的垂直和高程允许偏差　　　　**表 3-4**

结构类型	垂直允许偏差（mm）		高程允许偏差（mm）	
	每　层	全高（H）	每　层	全高（H）
现浇混凝土及框架	5	H/1000（最大 30）	±10	±30
装配式框架	5	H/1000（最大 20）	±5	±30
大模板工程	5	H/1000（最大 30）	±10	±30
滑模施工	5	H/1000（最大 50）	±10	±30

三、高层建筑施工中的竖向测量方法

在高层建筑物的砌筑过程中，为了保证轴线位置的正确性，可用吊垂球或经纬仪将底层轴线投测到各层楼面上，作为各层砌体施工的依据。高层建筑物轴线投测方法有经纬仪投测法、经纬仪天顶测量法及激光铅垂投测法等。

（一）吊锤法

用较重的垂球悬吊在楼板或柱顶边缘，当垂球尖对准基础墙面上的轴线标志时，线在楼板或柱边缘的位置即为楼层轴线点位置，并画出标志线。同法投测各轴线端点。经检测各轴线间距符合要求后可继续施工。这种方法简便易行，一般能保证施工质量，但当风力较大或建筑物较高时，投测误差较大，应采用经纬仪投测法。

（二）经纬仪投测法（又称外控法）

此法适于场地宽阔地区。例如某工程 37 层，全高 117.75m，采用经纬仪投测法进行建筑物的轴线竖向传递测量，测设步骤如下：

1. 当基础施工高出地面后，用经纬仪将③、Ⓒ轴线从轴线控制桩上精确地引测到建筑物四面的墙体立面上，并做好标记，如图 3-16 中的 C_1、C_2、3_1、3_2 四点，作为向上投点的后视点。同时作轴线的延长线，各在一定距离（30 ~ 50m）设置轴线引桩，如图中的 A、B、C、D 各点。

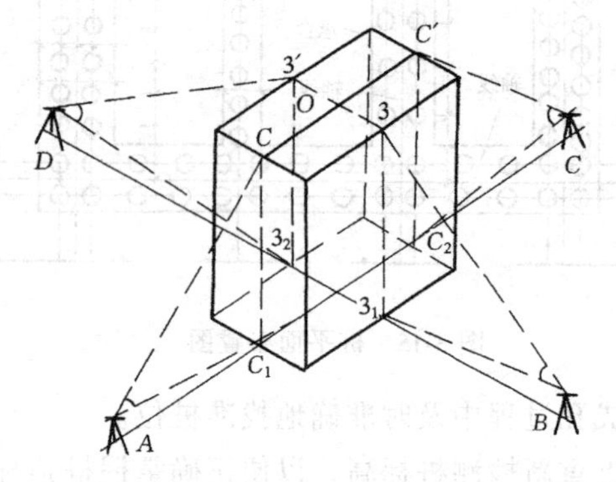

图 3-16　经纬仪投测示意图

2. 随着建筑物的升高，须逐层向上传递轴线。方法是：将经纬仪安置在引桩 A 点，对中、调平，先将视线照准标志点 C_1，然后抬高望远镜，用正倒镜法把轴线投测到所要放线的楼面上，标出 C 点。按同样方法分别在 B、C、D 各点安置仪器，投测出 C'、3、$3'$ 各点，如图 3-16 所示。

3. 将 C、C'连线，3、$3'$连线，即在楼面上得到互相垂直的两条基准轴线，根据这两条基准轴线便可进行该楼层的放线工作。

4. 当楼高达到一定高度（如 10 层），因仪器距建筑物较近，投测仰角过大，会影响投测精度。为此，须把轴线再延长。方法是：在 10 层楼面的 $C—C'$、$3—3'$轴线上分别安置经纬仪，先照准地面上的轴线引柱，用定线法将轴线引测到距建筑物约 120m 处的地带或附近大楼屋面上，重新建引桩 E、F、G、H，如图 3-17 所示。

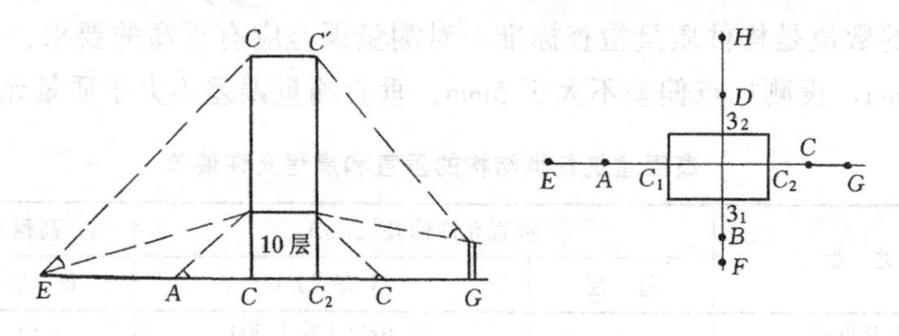

图 3-17　引桩测设示意图

5. 10 层以上轴线的投测方法与 10 层以下的方法相同，只是仪器要置在 E、F、G、

H 点上，后视点可依第 10 层的标志为依据，也可依底层标志为依据向上投测。

6. 楼层平面几何尺寸要检测归化。

若轴线较长，不宜用简单的拉小线方法定线，须用经纬仪定线。如图 3-18 中，先在 CC' 两点间拉小线，靠近 C' 安置仪器，仪器中心与小线对齐，然后照准 C 点，便可定出 C 轴上各点位置。将仪器置于两轴交点 O 处，检验两轴交角是否等于 90°。若存在误差，应进行归化调整。

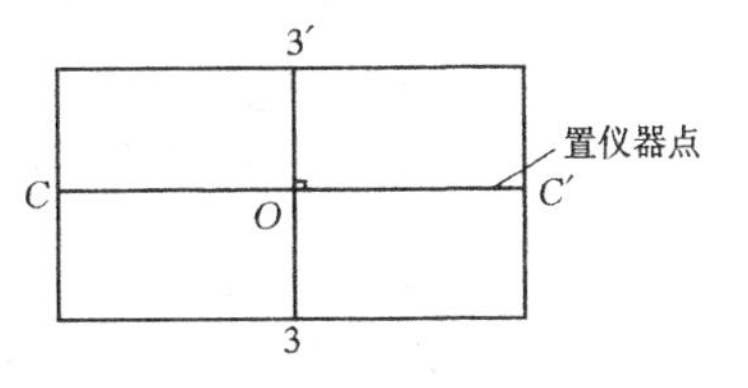

图 3-18　楼层平面放线

若轴线虽可延长，但延长的轴线点却不能安置仪器上，如图 3-19（图上 1 点在墙的立面上），可将仪器置于楼层上，用直线归化法进行改正。

在楼层 A' 安仪器后，后视 1 点，倒镜投点于楼层 B' 点；移仪器于 B'，后视 A'，倒镜投点于地面 $2'$，量取 $22'$ 距离。

按相似三角形比例关系：

$$\frac{22'}{d_1 + d_0 + d_2} = \frac{BB'}{d_1 + d_0} = \frac{AA'}{d_1}$$

按计算出的 AA' 和 BB' 进行改正，便可使 A' 与 A 重合，B' 与 B 重合，得出 1AB2 直线。

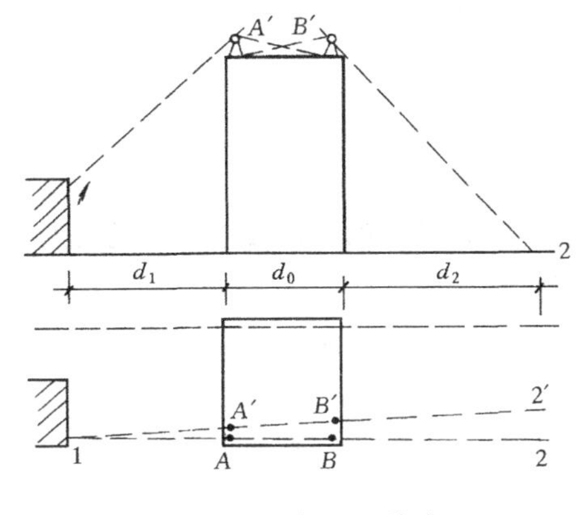

图 3-19　归化法测轴线

（三）经纬仪天顶测量法

经纬仪天顶测量法是在 DJ_6 或 DJ_2 级经纬仪上加一个 90°弯管目镜附件后，进行轴线垂直投测。它适用于建筑密集地区。进行投测时，将经纬仪安置在预先建立的控制点上对中、整平。装上 90°弯管目镜，在控制点天顶的测设层上，设置目标分划板，将望远镜物镜指向铅直向上方向，由弯管目镜观测。将仪器平转一周，若视线始终指在一点上，此时视线方向正处于铅垂，则该点即是所要投测的测点，并做出标志。同法，在天顶楼层上测设各点。其他各项工作如校核各测点之间的距离、角度及楼面轴线放线等均和前述方法相同。此法只需配备一个 90°弯管目镜，投资少，精度能满足工程要求。

（四）激光投测法

如图 3-20 所示，在高层建筑底层地面，选择与柱列轴线有确定方位关系的三个控制点 A、B、C。三点距轴线 0.5m 以上，使 AB 垂直于 BC，并在其正上方各层楼面上，相对于 A、B、C 三点的位置预留洞口 a、b、c 作为激光束通光孔。在各通光孔上各固定一个水平的激光接收靶，如图 3-20 中的部件 A，靶上刻有坐标格网，可以读出激光斑中心的纵横坐标值。将激光铅垂仪安置于 A、B、C 三点上，使其严格对中、整平，接通激光电源，按第二章操作方法，即可发射竖直激光基准线。在接收靶上激光光斑所指示的位置，即为地面 A、B、C 三点的竖直投影位置。经角度和长度检核符合要求后，按楼层直角三角形与柱列轴线的方位关系，将各柱列轴线测设于各楼层面上，做好标志，供施工放样用。

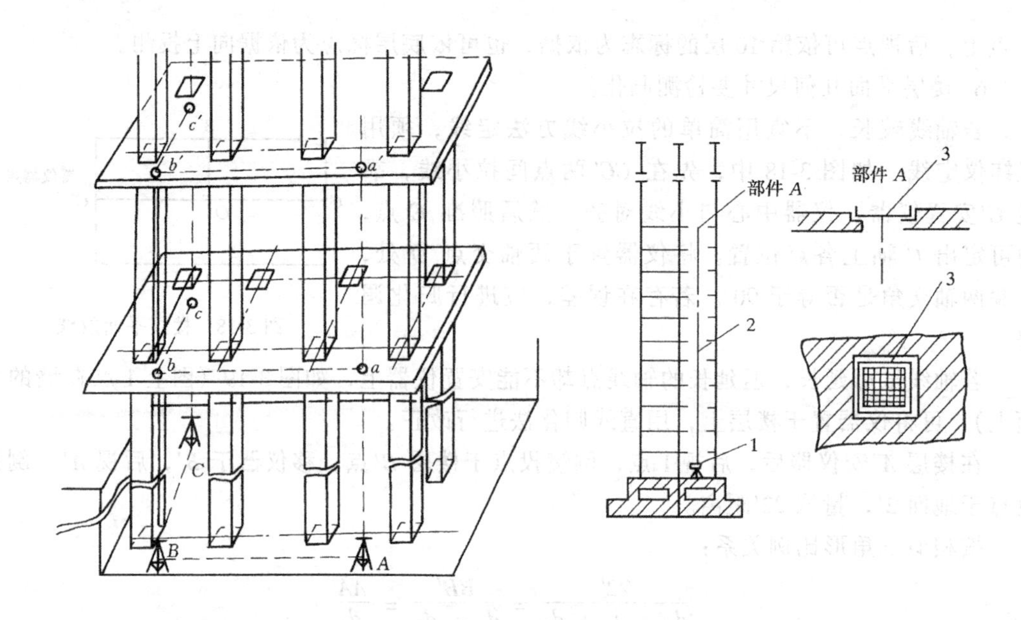

图 3-20　激光铅垂仪进行轴线投测

1—激光铅垂仪；2—激光束；3—接收靶

第四节　建筑场地平整测量

在大中型工程建设中，建筑施工前，往往要按竖向布置设计的要求改造地面的现有形状，对建筑场地或整个厂区的自然地形加以平整改造。

场地平整测量常采用方格法、等高线法、断面法，现分别作介绍。

一、方格法

此法适用于高低起伏较小、地面坡度变化均匀的场地，其施测步骤如下：

(一) 测设方格网

方格的大小视地形情况和平整场地的施工方法及工程预算而定，方格点都用木桩标定，按纵、横行列编号，并展绘一张计算略图，如图 3-21 所示。根据场地内的控制点，按几何水准测量方法或三角高程测量方法依次测定各方格点的高程，并分别标注在图上各方格点旁。

(二) 计算各方格点的设计高程

设计高程是指在填挖土方量平衡的前提下确定的场地上的填、挖分界线的高程值。

1. 场地地面平均高程计算

场地平均高程不能简单地取各方格点高程的平均值，可用各方格点高程加权平均得到场地地面平均高程。各方格点权的确定方法为：角点为1，边点为2，拐点为3，中心点为4，则场地地面平均高程 $H_{平}$ 为：

$$H_{平} = \frac{\Sigma P_i \cdot H_i}{\Sigma P_i} \tag{3-10}$$

式中　H_i——方格点的地面高程；

P_i——方格点的权。

2. 确定设计高程

(1) 若将场地平整为一个水平面，要求填挖土方量平衡，则场地地面平均高程 $H_{平}$ 就是各点的设计高程。

(2) 若将场地平整为一个有一定坡度的斜平面，要求填挖土方量平衡，则在求得场地平均高程后，还要分别计算各方格点的设计高，由立体几何可以证明，若以场地的平均地面高程定作整个场地平面形状重心处的设计高程，则整个场地无论平整成向哪个方向倾斜的斜平面，其填挖的土方量是平衡的。

因此，场地若需平整成有一定坡度的斜平面，首先要确定场地的平面重心点的位置和设计高程，然后根据各方格点至重心点的距离和坡度求得方格点与重心点间高差，则可推算出各方格点的设计高程。

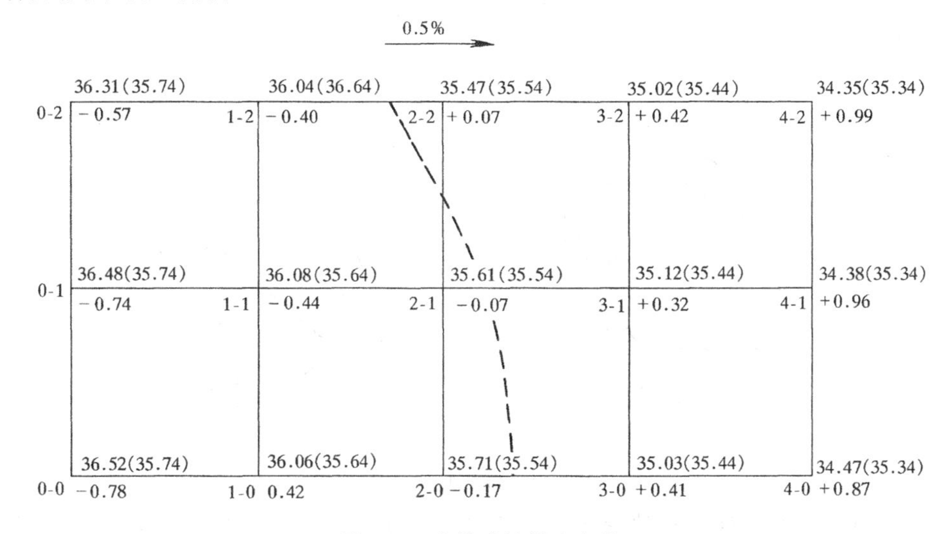

图 3-21 方格法计算土方量

(三) 计算各点的挖填高度

根据各方格网点的设计高程和地面高程，即可计算各点填挖高度（填挖数）

$$填挖数 = (设计高程) - (地面高程)$$

填挖数为“+”时，表示填土高度，填挖数为“-”时，表示挖土深度，各点的填挖数标注在相应方格点右下方。

(四) 确定挖填分界线位置

设计高程面与原自然地面的交线，称为填挖分界线或零线，在零线上不填也不挖。零线与方格网线的交点称为填挖分界点或“零点”。“零点”位置，可根据相邻填方点和挖方点间的距离及填挖数来确定，零线位置还可按设计高程在平面图上用目估法画出等高线。

(五) 土方量计算

计算土方量的基本思想是立方体底面积与其高度相乘的关系式。

土方量是按方格逐格进行计算，然后填方、挖方分别求总和，填方总量和挖方总量在理论上应相等。各方格的填、挖方量计算可分为两种情况：一种是整格为填或挖，另一种是方格中有填亦有挖。

1. 整格为填或挖的，计算公式为：

$$v = \frac{1}{4}\Sigma h_i \times S \qquad (3\text{-}11)$$

式中　h_i——方格点挖填高度，

S——方格面积。

2. 方格中挖填兼有时，因填挖分界线在方格中所处的位置不同，又可归纳为图3-22所示的两种情况：

（1）被分成锥体：

$$V_1 = \frac{S_1 \cdot (a+b)}{3} \qquad V_2 = \frac{S_2 \cdot b}{3}$$

$$V_3 = \frac{S_3 \cdot (b+c)}{3} \qquad V_4 = \frac{S_4 \cdot d}{3}$$

（2）被分成棱柱体：

$$V_1 = \frac{S_1}{4} \cdot (a+b) \qquad V_2 = \frac{S_2}{4} \cdot (c+d)$$

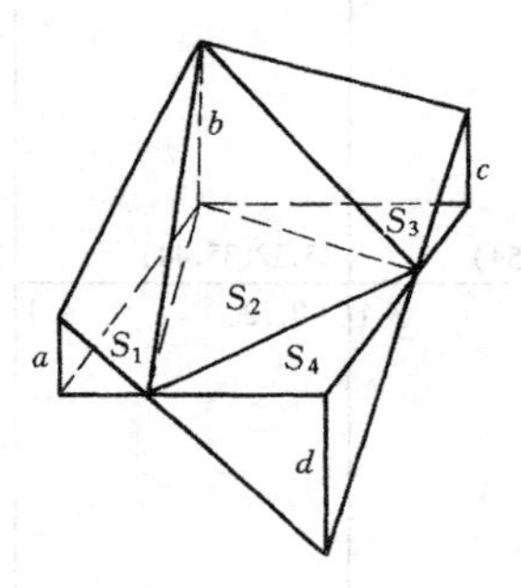

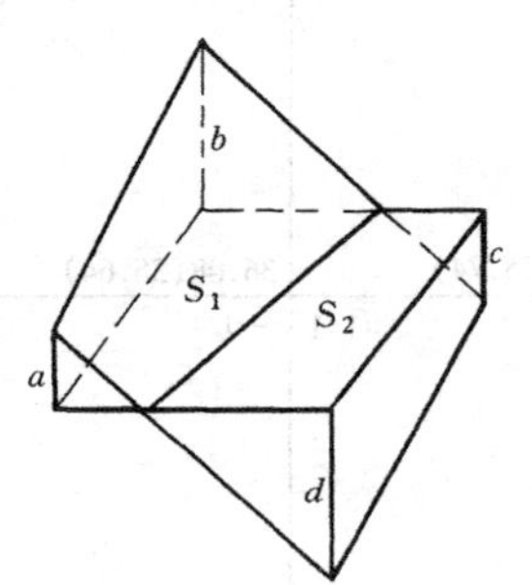

图 3-22　锥体与棱柱体

应当指出，以上计算是对致密土壤而言的，因填土是软土，所以实际计算总填方量时，还应考虑土壤的松散系数。

（六）填挖边界和填挖高度的测设

当填挖边界和土方量计算无误后，可根据土方计算图，在现场用量距方法定出各零点位置，然后用白灰线将相邻点连接起来，即得到实地的填挖分界线。填挖高度注写在相应的方格点木桩上，作为施工的依据。

二、等高线法

此法适用于地形高低起伏大，且坡度变化也较大的场地平整。其施测步骤如下：

①求出图上场地内各等高线所围起的面积；

②计算相邻等高线间的土方量，即求相邻等高线间所围墩台的体积；

③求场地平均高程。将场地内所有相邻等高线间的土方量取总和，就得到场地内最低等高线之高程 H_0 以上的总土方量 V，则场地的平均高程 $H_{平}$ 为：

$$H_{平} = H_0 + V/A$$

式中，H_0 为场地内最低等高线（或最低点）的高程；V 为场地内最低等高线（过最低点水平面）以上的总土方量；A 为场地总面积。

④确定各方格点的设计高、填挖数以及确定填挖分界线、计算总填挖土方量等工作，

方法与方格法相同。

三、断面法

此法适用于狭长带状形的场地。由相邻断面面积及相邻断面间距求相邻断面间土方量，再将各断面间土方量汇总得总土方量，从而可计算出场地平均高程。其余步骤同方格法。

四、DTM在场地平整测量中的应用

DTM（digital terrain model）即数字地面模型，是以数字的形式按一定的结构组织在一起，表示实际地形特征的空间分布，也就是地形形状大小和起伏的数字描述，如图3-23所示。数字表示方式包括离散点的三维坐标（测量数据）、由离散点组成的规则或不规则的格网结构、依数字地面模型及一定的内插和拟合算法自动生成的等高线（图）、断面（图）、坡度（图）等等。图中实际地面是按规则的格网结构表示的；设计平整面与填挖分界线是按设计要求依数字地面模型及一定的内插和拟合算法自动生成的。

目前的场地平整测量软件有多种，其中较有代表性的是广州开思测绘软件有限公司开发的“土方测量师”。通过该软件能自动处理外业采集的地形散点数据，构建DTM三角模型和DEM方格模型，经地形模拟和曲面设计比较，快速进行土方平衡，解算出填、挖土方量，进行施工前的立体地形和设计模拟显示，方案确定后，输出施工图纸。类似软件的功能已比较完整实用，除可进行建筑场地竖向设计外，还能满足像高尔夫球场的曲面设计和农田平整的梯田设计等特殊要求。

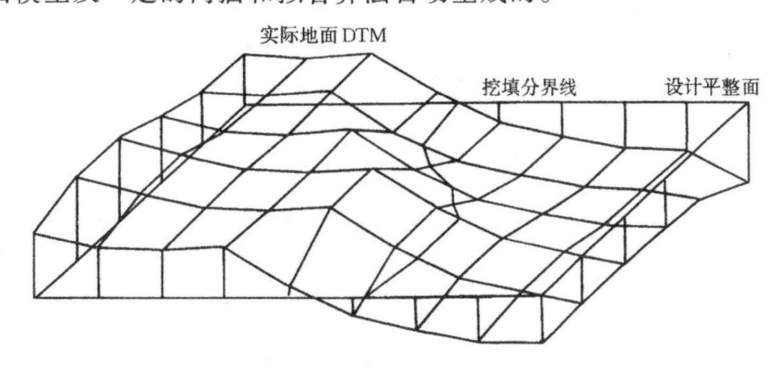

图3-23　用数字地面模型进行土方计算

习　　题

1. 施工控制网有哪几种布网形式？

2. 什么是测量坐标？什么是建筑坐标？为何两者不一致？如何进行转换？

3. 建筑方格网的建网过程一般可分为几步？每一步中主要内容是什么？

4. 为确定某厂房主轴线的定位点 A、O、B，现已根据测量控制点放出这三点的过渡点 A'、O'、B'，并精确测得 $\angle A'O'B' = 179°59'10''$，由设计图上量得 $A'O' = 100m$、$O'B' = 200m$。试画图表示各点归化方向及归化量。

5. 已知建筑物四角坐标：$P1$（540.000，550.000），$P2$（540.000，640.740），$P3$（552.740，640.740），$P4$（552.740，550.000），设矩形网控制桩距轴线交点4m，轴线外墙厚370mm，试计算各桩点坐标值。

6. 如图3-24，已知新建工程与原1号楼在一条直线上，与2号楼相距14m，新建工程长84.740m，宽12.740m，轴线外墙厚370mm，控制桩距轴线交点6m，试写出控制网测设方案。

7. 如图3-25，已知各点坐标：M（698.230，512.100），N（598.300，908.250），1（739.000，670.000），2（739.000，832.740），M 点与1、2点不通视。矩形网边长162.740m，边宽42.740m，用极坐标法定位。测站选在 N 点，试写出测设方案。

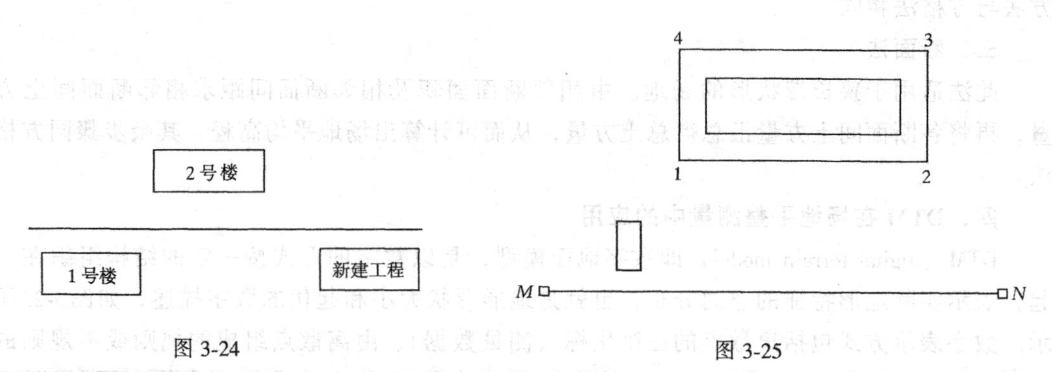

2号楼
1号楼
新建工程

图 3-24

4
3
1
2
M
N

图 3-25

8. 轴线控制桩和龙门板的作用是什么？如何设置？

9. 试述基槽施工中控制开挖深度的方法。

10. 试述多层和高层建筑物施工中如何将底层轴线投测到各层楼面上。

11. 为将某场地平整为向东倾斜 0.5% 的斜坡，在现场设置了 20m × 20m 的方格网，测得各方格点的地面高程如图 3-26 所示。若根据场地土质情况确定填挖方的比例关系为：

$$填方:挖方 = 1:0.75$$

试计算填、挖土方量，并绘出填挖零线。

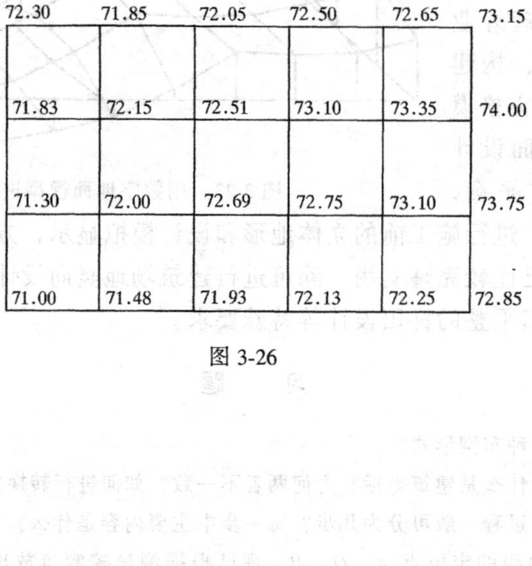

72.30 71.85 72.05 72.50 72.65 73.15
71.83 72.15 72.51 73.10 73.35 74.00
71.30 72.00 72.69 72.75 73.10 73.75
71.00 71.48 71.93 72.13 72.25 72.85

图 3-26

第四章　地 下 工 程 测 量

第一节　概　　述

一、地下工程测量的概念

地下工程是指各种矿山地下坑道、地质勘探坑道、隧道、地下铁路、人防工程和其他地下设施。

地下工程分布范围广，分布在城建、交通、水利、采矿和国防等重要领域，与经济建设和国防建设息息相关，是国民经济建设和国防建设不可缺少的基础设施。随着经济建设的发展，将会兴建越来越多的地下工程，地下工程测量也将大有用武之地。

为保证各种地下工程按设计要求进行施工，需要进行许多专门的测量工作，例如建立地上地下控制网、指导掘进开挖等，所有这些为保证各种地下工程按设计要求施工而进行的测量工作统称为地下工程测量。

地下工程种类众多，不同用途的地下工程的设计要求也不尽相同，但在基本测量原理和方法上有共同之处。本章主要以在地下工程中为数众多的坑道（矿山坑道、勘探坑道）工程测量为例来讲述地下工程测量的一般原理和常用方法。

二、坑道测量的内容和任务

坑道工程一般通过平峒、竖井、斜井与地面相联系，坑道间的主要联系方式是相对贯通掘进（如图 4-1）。

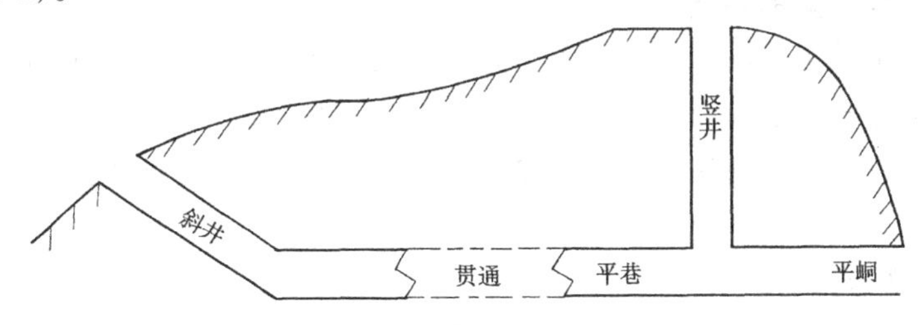

图 4-1　坑道的种类及其联系方式

坑道工程测量的主要任务是保证坑道工程按设计要求施工和在预定误差范围内贯通。坑道工程测量的内容是：

（一）地面控制测量

为了准确确定坑道坑口位置的坐标及在施工中准确指导开挖方向，确保坑道贯通，必须在坑道涉及的区域内布设统一的地面控制网。这项测量工作称为地面控制测量。目前，地面控制网主要以导线或 GPS 点的形式布设。

（二）指导开挖

为使坑（巷）道按照设计要求掘进，在整个施工过程中，都需要正确地定出开挖方向，这项工作又称为坑道定线。坑道定线包括两项内容：一是定方向线（中线），用中线控制坑道的掘进方位，使其不发生左右偏扭；二是定坡度线（腰线），用以控制坑道按预定的坡度（倾角）掘进，不致产生上下变动。

（三）建立地下平面与高程系统

按照与地面控制测量统一的平面和高程系统，以必要的精度，采用导线测量和水准测量等方法，建立地下平面和高程控制系统。地下导线点和高程控制点可作为坑道定线的依据，同时也是测制坑道平面图、地下建筑物施工放样及地下坑(巷)道间相互联系的依据。

（四）竖井联系测量

有不少地下工程是通过竖井向某一预定的方向开挖。对于通过竖井开挖的地下坑(巷)道，必须经由竖井将地面控制网中坐标、方向和高程传递到地下，这种传递工作称为竖井联系测量。其中坐标和方向的传递，又称为竖井定向测量，它使地下平面控制网与地面的平面控制网有统一的坐标系统；而高程传递则使地下高程系统与地面高程系统一致。

（五）贯通测量

当坑（隧）道较长，为加快工程进度、减少工程投资费用，常采用两个（或多个）掘进工作面相对掘进，最后在预定点（贯通点）相会合；或者使坑道与已有的孔、洞、坑道连通，都称为“贯通”。有贯通要求的地下工程都叫贯通工程。为保证贯通工程能理想地衔接所进行的设计、计算和实测工作统称为贯通测量。

以上五个方面是地下工程测量所包括的主要内容，当然不是在每项地下工程中都包含这五方面，在某一项地下工程中的内容应根据具体工程情况而定。但地面控制测量、建立地下平面与高程控制系统、指导开挖这三项内容是一般地下工程都包含的。而通过平峒或斜井开挖的坑道，就不存在竖井联系测量。本章在以下各节中，分别叙述以上各项测量工作的一般方法和要求。

三、地下工程测量的特点

地下工程测量是工程测量中的一种，它与地面工程测量相比，有相同的地方，相同之处就是放样，即标定出工程设计中线的平面位置和高程，放样工程各细部的平面位置和高程。但与地面工程相比，由于其工作环境的特殊性和作业空间的局限，地下工程测量有其自身的特点，主要表现在以下几方面：

（一）地下平面控制测量

地下工程施工空间狭窄，不同工段间互不通视，在贯通前，只有一端洞口的地面控制点可利用作为地下控制网的起算点，并无多余起算数据。另外，为了保证地下导线测量精确无误，除了多设置一些局部检核条件外，测量员认真负责的工作态度和严谨细心的工作作风显得尤其重要。

地下导线系在开挖的地下坑道内敷设，地下导线的形状（直伸或曲折）完全取决于坑道的形状，没有选择的余地。

地下导线一方面要满足施工放线需要，另一方面，又要保证有足够的精度，这两方面的需要是矛盾的，前者要求敷设短边导线，后者要求敷设长边导线。为兼顾这两方面的需要，地下导线通常分两级布设，即先敷设边长较短、精度较低的施工导线，然后再敷设边长较长、精度较高的基本导线。在较长的坑道中，还可敷设边长更长的主要导线。

（二）地下工程测量仪器

陀螺经纬仪是一种广泛用于地下坑道内直接测定方位角的测量仪器，其测量原理和仪器结构与普通经纬仪有很大的差别。此外，由于坑道内环境条件差，光线暗，要求坑道测量所使用的仪器具有较好的密封性，并需有仪器内照明设备；地下导线边长有时较短，要求所使用的仪器具有近视距清晰性能；为保存控制点点位，常将点位设置在坑道顶部（顶板），进行点下对中，因此，要求所使用的经纬仪具有用于点下对中的“镜上中心”。

很多经纬仪、测距仪、全站仪在功能设计上都考虑到地下工程测量的特殊需要，因而许多地面测量中使用的仪器均可用于地下工程测量。在众多测量仪器中，自动寻标全站仪是一种较为先进的可用于地下工程测量的全站仪。该仪器除了具备一般全站仪的功能外，最大的优点在于无论有无光线，均可实现自动寻找并照准目标（棱镜），很好地解决了地下工程测量中由于环境条件差、光线暗带来的照准目标困难的问题。但由于此类仪器价格较贵，因而在生产中使用尚少。

（三）竖井联系测量

为增加工作，加快坑道的贯通速度，有时需通过竖井开挖坑道。为指导开挖，保证贯通，必须将地面坐标、方位角、高程经由竖井导入地下，以建立与地面控制系统相统一的地下控制系统，这项测量工作叫竖井联系测量。一般的测量方法不能实现竖井联系测量，必须采用特殊的测量方法。竖井联系测量是地下工程测量所特有的测量方法。

（四）不同方向上有不同的测量精度要求

与坑道掘进方向垂直的水平方向（横向）和竖直方向（高程）的测量精度要求较高，因为这两个方向上的测量误差直接影响坑道贯通质量。而与掘进方向一致的方向（纵向）上的测量精度要求可以低一些，因为在此方向上的测量误差对贯通质量的影响很小。因此应根据贯通精度的要求想办法提高地面、地下控制网的横向精度和高程精度。

对于直线坑（隧）道或曲率半径较大的曲线坑（隧）道，其地下导线形状接近于直伸导线。对于直伸导线而言，坑（隧）的横向贯通精度主要取决于导线水平角的观测精度。对于曲率半径较小的曲线坑（隧）道，其横向贯通精度取决于地下导线的水平角观测精度和测边精度，但由于目前普遍采用红外测距，测距精度容易满足，相对而言，测角精度则不容易满足。因此，对于曲率半径较小的曲线坑（隧）道，其横向贯通精度依然取决于地下导线的水平角观测精度。

除此之外，地下工程测量还面临场地狭窄、环境嘈杂、施工干扰大等不利因素，给地下工程测量带来一定的困难。

第二节　坑　道　定　线

坑道定线是坑道测量的重要内容，也是一项经常性的测量工作，贯穿于坑道掘进的始终。坑道定线的主要内容是定出坑道的中线和腰线，据此来指导坑道的开挖。

一、地面控制测量和近井点的设置

坑道测量开始前，应首先完成地面控制测量，并要在距坑（井）口不超过 50m 的地方设置控制点，这种点称为近井点。

对于需要贯通的大型坑道，应根据贯通误差的允许值，在贯通测量的误差预计中决定地面控制测量所需达到的精度要求（预计的方法参见本章第五节）。地面控制网包括平面控制网和高程控制网两部分。地面的平面控制一般采用导线形式或GPS布设。布设等级一般应不低于二级导线的要求。地面的高程控制按照三、四等水准测量的精度施测。在一些较长的隧道中，地面控制测量的精度还要更高一些。例如，为6km以上的铁路隧道布设地面控制，若是采用导线测量，要求测角中误差小于±1.0″，量边相对误差小于1/5000～1/10000；此时高程控制，一般按照二、三等水准测量的精度施测。

近井点的作用是：①将平面控制网坐标传递到坑（隧）道内时作为定向点；②作为直接设置坑口位置点的控制点。近井点应设置在土质坚固的地方，并埋设标石或钢管等永久性标志。近井点可用GPS法、交会法或导线法测定。对于一般坑道，近井点的精度一般不得低于一级图根点的精度；对于隧道，近井点相对于高等级控制点的点位中误差不应超过±1cm，方位角中误差不超过±1.0″。同时，凡埋设位置符合近井点要求的三、四等和一级、二级导线点或GPS点均可作近井点。以下介绍GPS在布设隧道工程地面控制网方面的应用。

（一）隧道GPS网的一般设计

随着GPS技术的发展，GPS在隧道贯通及其他地下工程测量中的应用越来越普遍。GPS定位技术用于隧道地面控制测量具有许多的优越性，目前已有不少成功的先例，其广阔的发展前景可能使GPS控制测量成为隧道地面控制测量的主要方法。

GPS控制网可布设作为隧道工程的地面控制网，为隧道的施工提供方向控制和高程控制。一般隧道GPS施工控制网由洞口点群和洞口之间联系网组成。图4-2（*a*）为一种常用的GPS控制网的方案，图中两点间连线为基线向量，该方案每个点均有三条独立基线向量。在每个洞口有三个点，其中一个必须是位于隧道中线上的洞（坑）口点，另外两个作为进洞时的定向点（近井点）。因此要求洞（坑）口点和定向点（近井点）通视，另外两个定向点（近井点）之间则不必通视，两洞口点间也不必通视。洞（坑）口点和定向点（近井点）构成洞口点群。如隧道较长，两洞口点之间相距较远，则应在两洞口点之间加设GPS点，构成联系网，如图4-2（*b*）所示的秦岭隧道GPS网（平面）就是如此构网的。

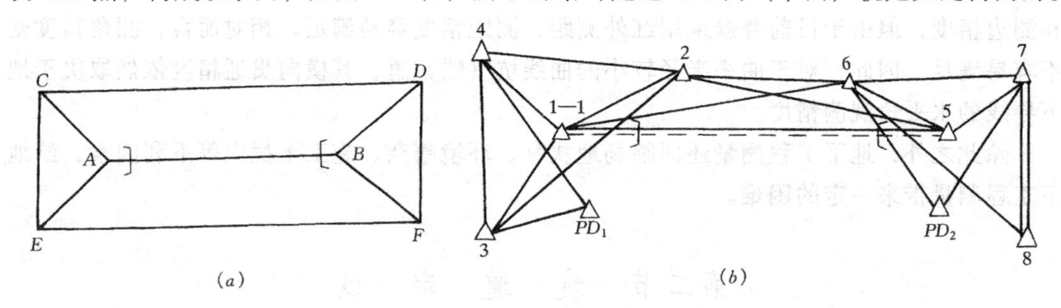

图4-2 隧道GPS网的布网方案

（*a*）常用GPS控制网；（*b*）秦岭隧道GPS网

从上面介绍可以看出，布设GPS网作为隧道施工地面控制网，具有布网灵活、布设点数少、工作量小、效率高的优点，这种布网方式较常规的控制网具有明显的优越性。

隧道控制网通常建立独立坐标系统。一般是以隧道轴线为*Y*轴，隧道起点（洞口点）为坐标原点，以隧道设计地面平均高程面为坐标系统投影面，测区平均子午线经度为投影带中央子午线经度，从而建立局部的高斯投影直角坐标系。GPS 网的直接观测成果是属于 WGS-84 坐标系下的，故需把隧道 GPS 网的成果转换成隧道局部坐标系中的成果。

（二）隧道 GPS 网的选点

GPS 网测站选取的一般原则是：

（1）GPS 网点应尽量选在交通方便的地方；

（2）GPS 网点应尽量在视野开阔地带，以利于以常规仪器加密，同时站点周围视场角应不低于 15°；

（3）GPS 网应避开强反射地面如水域、平滑地面及强反射环境如山谷、山坡等，以减少多路径效应的影响；

（4）GPS 网点应尽量避开高压输电线路、变电站、大功率无线电发射台等，以防止其对卫星信号产生干扰。当边长较长时，还应顾及周围的通讯设施如电报、电话等。

针对隧道控制网，还应考虑如下因素：

（1）两个洞口点必须布设 GPS 点，以便于将 WGS-84 坐标转换成隧道局部坐标；

（2）每一隧道洞口应至少布设含洞口点在内的三个控制点，至少有两个控制点与洞口点通视，以利于进洞关系推算及方向传递；

（3）为减少垂线偏差的影响（GPS 为法线系统，而常规仪器为垂线系统），各洞口的进洞方向点位应尽量在同一高程面上。

选点完成后，应做点之记，并埋设标石，标石式样按《全球定位系统（GPS）测量规范》执行。

隧道 GPS 控制网的观测方法与一般 GPS 观测方法相同。

二、坑口位置点的测量

坑口位置是指坑道掘进的起点，或是竖井的井口。坑（井）口位置既是将来坑内指导开挖的放样控制点，也是坑内导线的起点。坑口位置点的测量按初测和定测两个程序进行。

初测　是根据坑口位置的设计数据（坐标和高程）将其布设在实地，并在实地标定坑道掘进方向或是井下平巷（拉岔）的方向，同时要设置坑口位置点的复测校正桩，以便在开掘坑口断面或开拓坑口平台以后，对其进行校正测量或重新布设。

定测　坑道开挖后，初测坑口位置点将会被破坏，通过复测校正桩校正或重新布设后，重新测定其准确位置，并埋设永久性标志，这项测量工作称为定测。

定测方法可采用交会法、导线法或 GPS 法进行。对于大型隧道，其定测精度应不低于 5″导线之精度；对于一般矿山坑道，应以不低于一级图根点的精度测定。

竖井井口点在布设后即可定测。一般是定测井口的中心位置，并在井口断面外设置投点桩，以便在开挖中对井口中心进行检查。

三、定中线

在坑道开挖过程中，定中线是根据设计要求，将坑道水平投影的几何中心线（中线）标定出来，以便用于控制和检查坑道掘进方向。定中线的方法有三种：一是以地下导线点作为控制点，按坑道中线点的设计坐标，实地放出中线点的位置，从而显示出中线的方向；二是直接将中线方向引进坑道内，随着坑道的开挖，将中线向前延伸；三是激光准直仪法，在开挖后的洞口设置激光准直仪，用激光在开挖面上指示开挖方向。其中第二种方法虽然精度不高，但操作简便，在一些长度不长的贯通坑道或单向坑道中，多采用此法标定中线。其作业过程如下：

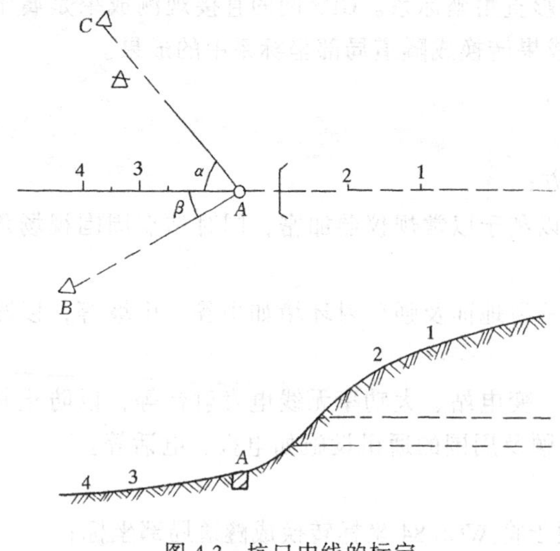

图 4-3 坑口中线的标定

如图 4-3，A 是坑口点，B、C 点是已知点（一般为近井点），按照坑道设计方位和 A、B、C 三点的坐标，可求出引进中线方向的测设数据 β、α。定线时，在坑口点安置经纬仪，用两个以上已知点（如 B、C）定向，转动相应水平角后，即可得到坑道的掘进方向。同时在地表中线方向上标定两个以上标志，如图 4-3 中的 1、2、3、4 点。

坑道开始掘进后，需将中线及时测至坑道内。一般当坑道每掘进 30m 左右，要在坑道顶板上标定显示中线方向的中线点三个（一组），一组内的各中线点间距不小于 1.0m。分别在三个中线点上悬挂垂球线，用眼睛瞄直的方法将中线延长至掘进工作面（又称掌子面）上，并标出工作面上的中线位置，以指导开挖工人合理布置炮眼，或检查施工的掘进方向是否偏移（如图 4-4）。

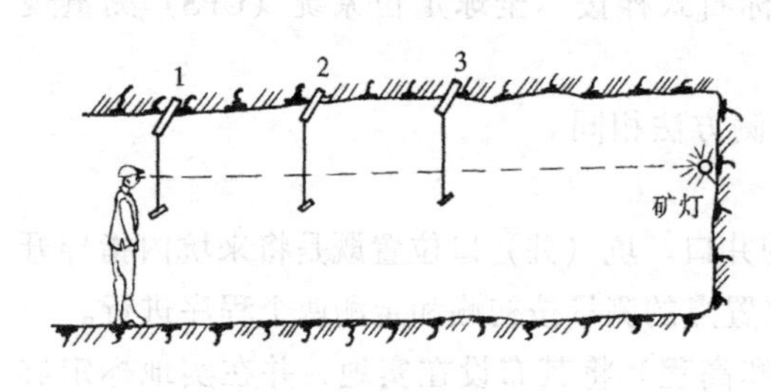

图 4-4 瞄直法给中线

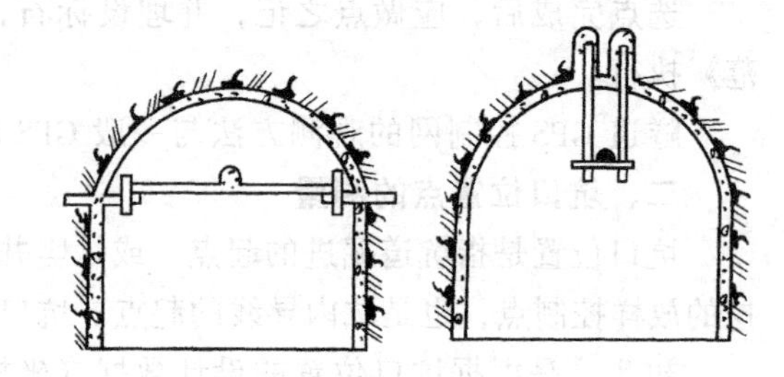
图 4-5 激光准直仪的安置方式

如果根据地下导线点来设置中线点，采用极坐标法来放样即可。如用全站仪进行放样将使放样工作变得更加便捷。此法多用在精度要求较高的坑（隧）道或曲线坑（隧）道中设置中线点。

随着激光技术的发展，各种坑道（隧道）施工中已普遍采用激光准直仪设置中线，用激光来指导直线坑道的掘进。由于激光具有良好的方向性、单色性和高亮度等优点，用来定向可增大测程。同时，因激光束是可见光，当按预定方向和坡度确定光束后能同时获得中线和腰线的空间位置。但激光准直仪只能应用于直线掘进的坑道中。

用激光准直仪来设置中线和腰线的关键是将激光准直仪安置于正确的位置上。激光准直仪应安置在距掘进工作面 70m 以外的地方，安装高度应以不妨碍坑内交通为原则（如图 4-5）。通常用经纬仪来指挥调装激光准直仪，调装原理如图 4-6 所示。

四、定腰线

坑道的腰线可以指示坑道在竖直面内的倾斜方向，定腰线就是在坑壁上标出坑道的设计坡度线。腰线一般设置在坑道的一侧或两壁上，离坑道底板 1.0m 或 1.2m（在同一坑道内应取同一数值）。对于斜巷按设计位置（上倾或下倾）标定，对于平巷则以不大于

0.7%的正坡度（即随掘进深度增加而增高）标定。标定在腰线上的测点称为腰线点，也是要求每三个一组，一组内的各腰线点间距不小于2.0m，各组的间距也不应大于30m。

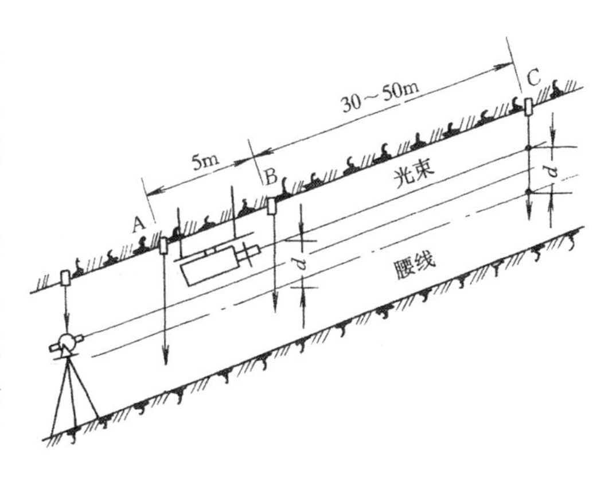

图 4-6　激光准直仪的调装

标定腰线点的方法应根据相应精度要求和坑道倾角的大小来定，有水准仪标定法、经纬仪标定法、全站仪标定法和激光准直仪标定法等。以下主要介绍水准仪标定法和全站仪标定法。

（一）用水准仪标定腰线点

在精度要求较高且倾角不大于8°的斜巷中标定腰线点时，大多采用水准仪标定法。标定的方法如图4-7所示，A 为已知高程的坑口点或水准点（其高程为 H_A），设 A 点的底板设计标高为 H'_A，各待定腰线点至 A 点的距离（沿坑道中线方向的水平距离）为 l_1、l_2、l_3。坑道底板的设计坡度为 i（或倾角 α），要求腰线高出设计底板1.0m。标定前，先按下列式子求出该组腰线点的设计标高（高程），即

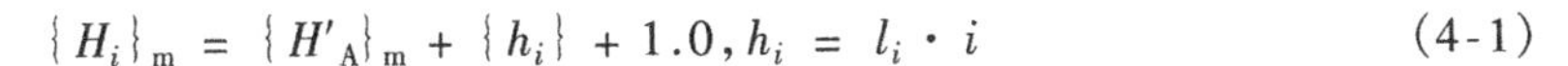

$$\{H_i\}_m = \{H'_A\}_m + \{h_i\} + 1.0, h_i = l_i \cdot i \tag{4-1}$$

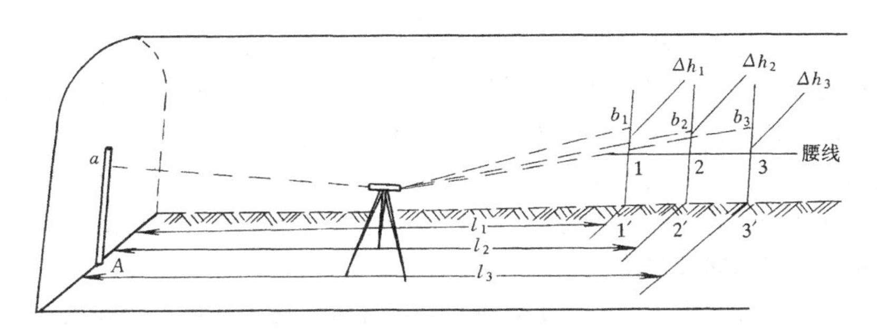

图 4-7　水准仪标定腰线

标定腰线的方法是：①如图4-7所示，用适当的方法将三个腰线待设点的平面位置1′、2′、3′找出；②分别将标尺置于1′、2′、3′处，用水准仪按放样高程的一般方法将三个腰线点的设计标高找出，用标志将其标定下来即为所设腰线点1、2、3。

腰线点位置标定后，用白漆或白石灰连接这三个腰线点即为腰线。将腰线引至掘进工作面，可指导掘进中的坑道按设计坡度开挖。

腰线点的标定可与标定中线点同时进行，每标定一组腰线点后，也应记录在定线通知书中，并注明该处底板高与设计标高的偏离值。

（二）全站仪标定腰线

如图4-8所示，A 点为坑内已知高程点，1′、2′、3′点为坑道侧壁上的腰线点平面位置，现用全站仪在1′、2′、3′点处的坑道侧壁上标定相应腰线点1、2、3。

放样方法如下：

1. 在 A 点架设全站仪，量取仪器高，在坐标测量模式下，将测站数据输入仪器（镜

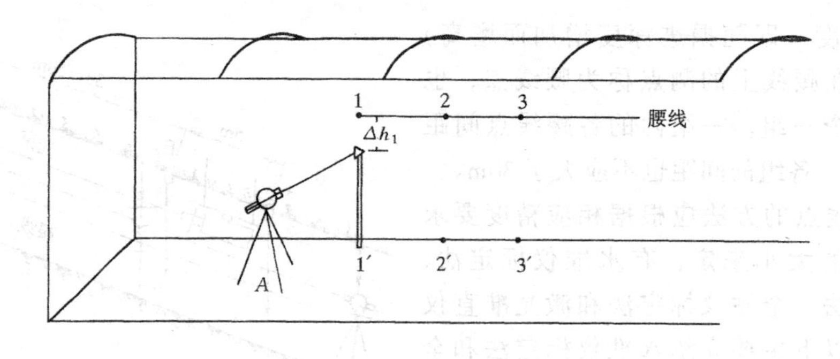

图 4-8　全站仪标定腰线

高输为 0)；

2. 将棱镜置于 1′点适当高处，测出棱镜中心高程为 H_1，与腰线点设计标高 H_0 作比较，如 $H_1 \neq H_0$ 则升降棱镜，直至 $H_1 = H_0$。此时，将棱镜移开，在望远镜十字丝中心处的坑道侧壁上作标志，此点即为所设腰线点 1。也可计算出 $\Delta h_1 = H - H_0$，用钢尺自棱镜中心垂直向上（向下）量取 Δh_1，即得腰线点 1。

同样的方法可设置另外两个腰线点 2、3。

第三节　坑道内的导线测量

布设坑道内的地下导线是建立地下平面控制的惟一方法，也是建立地下高程控制的重要手段。通过导线测量，不仅可获得导线点的平面坐标，还可同时获得导线点的高程。随着全站仪和测距仪的普及应用，使布设地下导线变得简单易行。

坑道内的导线测量和地面导线测量的原理是相同的，这里不再复述。因导线在坑内布设，与地面导线相比有一些自身的特点。现结合地下导线的特点介绍如下：

一、地下导线的布设方法

地下导线一般分两级布设：施工导线和基本导线。施工导线是边长较短（25～50m），精度较低的地下导线，主要作用是指导坑道的开挖。当坑道掘进至 100～200m 时，选择部分施工导线点构成边长较长（50～100m）、精度要求较高的基本导线（如图 4-9），用以控制施工导线的误差积累，保证坑道开挖方向的正确性。

在一些较长的坑（隧）道中，还应布设边长更长（150～800m）的主要导线。

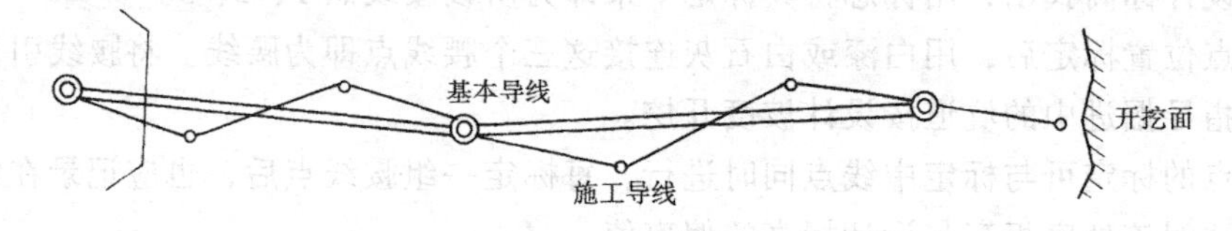

图 4-9　地下导线的布设层次

为了提高地下导线端点的点位精度和构成检核，避免产生任何错误，地下导线应尽可能避免布设成单导线，因而出现多种地下导线的布设形式。主副导线环就是一种应用广泛的地下导线布设形式，其原理如下：

如图 4-10 所示，主副导线环和一般导线环的形式完全相同，只不过主导线既量边又测角，而副导线只测角不量边。因为导线环经角度平差后对提高端点的横向精度很有利，并对角度测量构成检查，根据角度闭合差还可评定测角精度，因此这种地下导线形式在生产中应用很广。

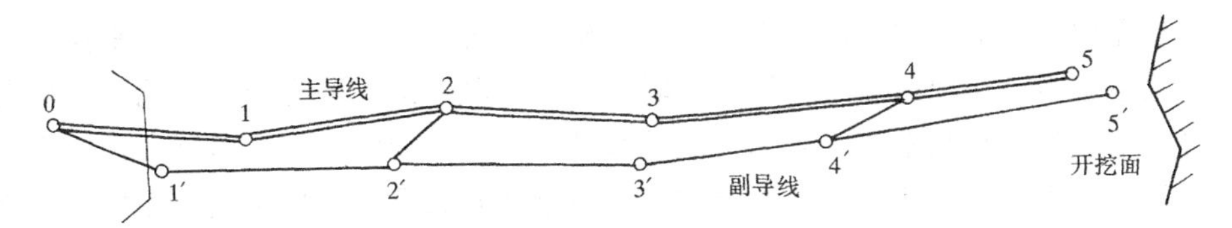

图 4-10 主副导线

二、布设地下导线应注意的几点

①导线点位置选择视具体工程而定，坑道中导线点常设在坑道顶部（顶板），在断面较大的隧道中常设在侧壁或底板上。标志的埋设如图 4-11 所示，（*a*）图为顶板标志；（*b*）图为底板标志。

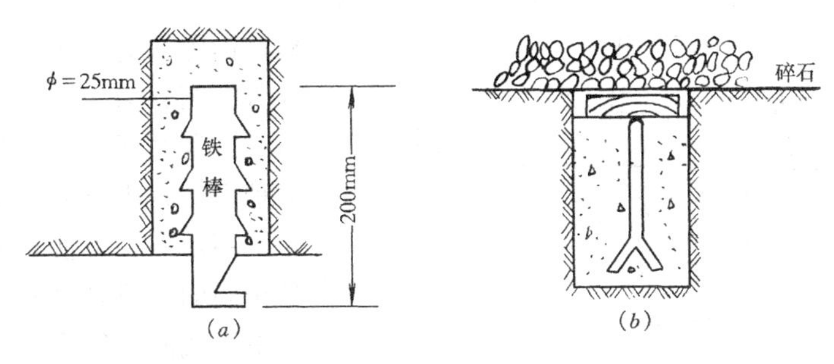

图 4-11 坑道内导线点标志的埋设

②坑道内使用的经纬仪、全站仪，应有“镜上中心”，以便与坑顶上导线点对中，而且必须对“镜上中心”进行检核后方能使用。

③当导线点设在坑道顶板上时，仪器高和觇标高均是从标志顶面向下量至仪器或棱镜（觇牌）中心（如图 4-12）。计算高差时，应将仪器高 i 和觇标高 t 变为负号，此时的高差计算公式应为（如图 4-12）：

$$h_{AB} = S_{AB} \cdot \sin\alpha_2 + (-i) - (-t) \tag{4-2}$$

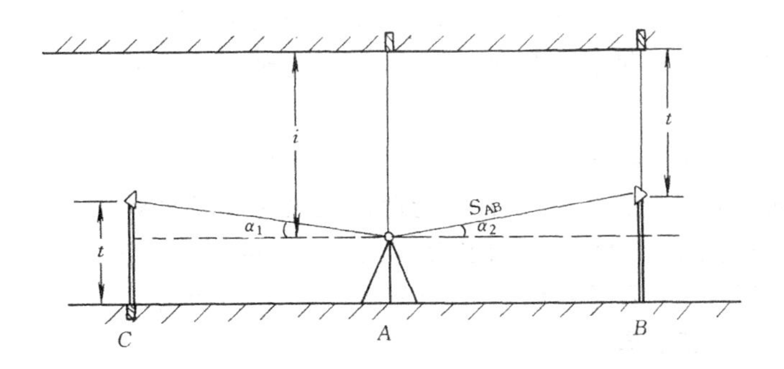

图 4-12 坑道内仪器高和觇标高的量取方法

第四节　竖井联系测量

为了建立地上地下一致的高程系统和平面坐标系统，必须将地面高程、平面坐标和方位角引入地下坑内，这项测量工作统称为联系测量。联系测量分为两种情况，当坑道与地面是通过平峒或斜井相联系时，采用一般的水准测量和导线测量方法即可实现地面与地下的联系测量，这里不再复述。当地面与坑道是通过竖井联系时，用常规的测量方法难以实现地面与地下的联系测量，必须用特殊的方法才能实现。这种将地面坐标、方位角和高程通过竖井导入地下坑道的特殊测量方法称为竖井联系测量。

竖井联系测量分为两部分，一是通过竖井导入高程，叫竖井高程传递；二是通过竖井导入平面坐标和方位角，称为竖井平面联系测量，以下就这两部分内容分别作介绍。

一、竖井高程传递

对于通过竖井开挖的坑道，其高程需设法从竖井导入，此项工作又称导入标高。导入标高的方法有两种，一种是通过钢尺导入标高，另一种是通过钢丝导入标高。当竖井深度小于钢尺长度时，用前种方法；当竖井深度大于钢尺长度时，用后一种方法。两种方法的原理是相同的，只是量取井上井下水准仪水平视线间的距离的方法不同，前者可从钢尺上直接读取，后者则是间接量取。在这里介绍用钢尺导入标高的方法。

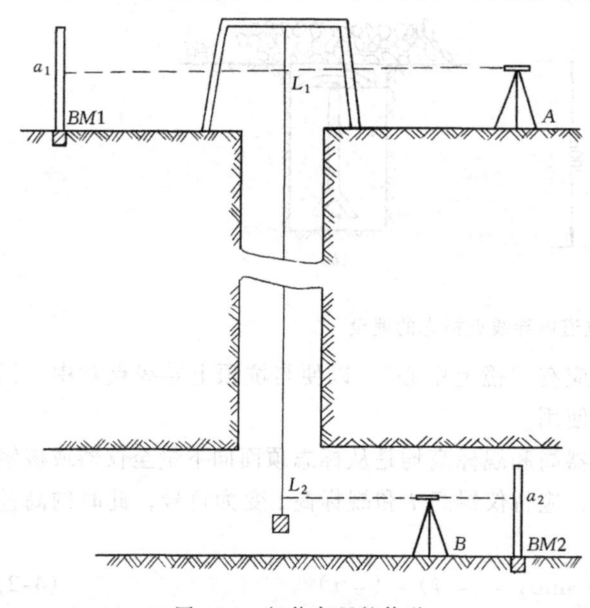

图 4-13　竖井高程的传递

如图 4-13，将钢尺自由悬挂在井筒内，零刻划一端固定在支架或绞盘上，下端放至井底并悬挂重锤（一般为 10kg）。分别在地面 A 点和地下 B 点设置水准仪，在地面已知水准点 BM_1 及地下待测水准点 BM_2 上竖立标尺。然后通过电话或其他联络信号，使地面和井下水准仪同时在钢尺上读出 L_1、L_2 两个读数，再分别在两只标尺上读取读数 a_1 及 a_2。此时，井下 BM_2 点的高程 H_2 可按下式计算：

$$H_2 = H_1 - (L_2 - L_1) - (a_2 - a_1) - \Delta L_\gamma - \Delta L_t \tag{4-3}$$

式中，H_1 为 BM_1 点的高程；（$L_2 - L_1$）为两水准仪视线间的钢尺长度；ΔL_γ 为钢尺长度（$L_2 - L_1$）的尺长改正数；ΔL_t 为钢尺长度（$L_2 - L_1$）的温度改正数；如果 BM_2 点设置在顶板上，标尺应倒立（标尺零点朝上），其标尺读数 a_2 以负值代入（4-3）式计算。

二、竖井平面联系测量

前已述及竖井平面联系测量是为了将地面控制网的坐标和方位角经由竖井传递到井下，从而在坑内建立与地面统一的平面坐标系统。竖井平面联系测量包括两项内容：

①投点（定中） 将地面一点向井下作垂直投影，以确定地下导线起始点的平面坐标。

②投向（定向） 确定地下导线的起始方位角。定向方法又可分为两大类，一类是按几何原理进行的所谓“几何定向”，它可以通过一个竖井定向（简称一井定向），也可通过两个竖井定向（简称两井定向）。两种方法都是为了解决地面两点间的方向投影的问题；另一类利用陀螺经纬仪直接测定地下导线的起始方位角。这里先介绍几何定向。

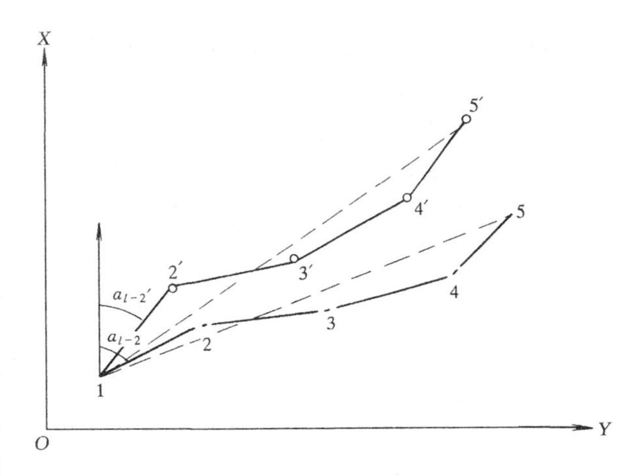

图 4-14 投向误差对地下导线精度的影响

在竖井联系测量中，定向是关键。因为投点工作较简单，同时投点误差（即坐标误差）对于地下导线各点的影响为一常量（各点均产生同一数量的位移）。而定向误差，将使地下导线各边方位角都偏扭同一个误差值，而且使地下导线终点的横向位移随导线的伸长而增大（如图 4-14）。例如，导线长 1000m，投向误差为 ± 3′，横向误差可达 ± 0.9m，而投点误差可保证在 ± 10mm 左右。所以说，定向误差是平面联系测量的关键。故而又常常将竖井平面联系测量称为竖井定向。

（一）一井定向

1. 一井定向的外业工作

一井定向的外业工作可分为投点和外业观测两部分。

(1) 投点

如图 4-15 所示，为了将地面控制测量测定的两垂球线起点 A、B 的坐标及其连线的坐标方位角传递到井下，必须在井筒内垂直地悬挂垂球线，作为井下观测的目标。在井筒内悬挂两根垂球线，称为竖井定向中的投点。投点工作的要求是：必须确保两垂球线平行且在同一铅垂面上。由于井筒一般较深，工作条件较差，要使定向达到一定的精度要求，必须采用适当的投点方法和相应设备，同时在投点时要十分仔细和耐心。

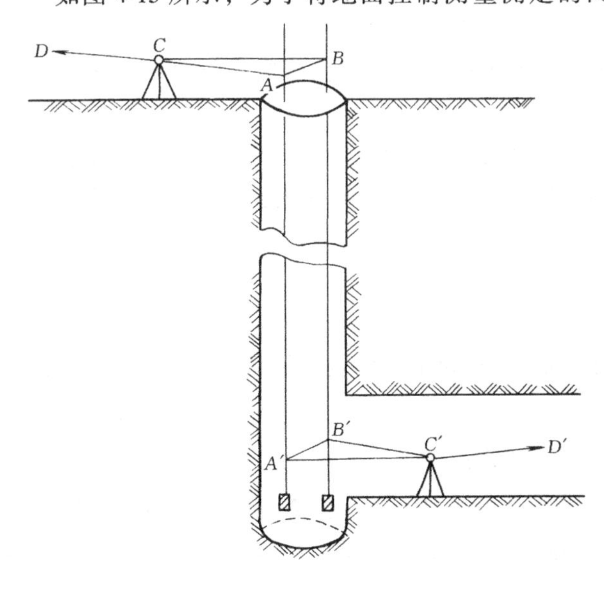

图 4-15 一井定向的原理

(2) 外业观测

通过投点，井筒内 A、B 两根锤线构成一个竖直面。为能使地上平面控制系统通过该竖直面传递到井下，还需在井下和井上各选一个连接点 C

和 C'，使之分别与垂线连接，从而在井上和井下形成两个以 AB 为公共边的三角形（图 4-16 中的 $\triangle ABC$ 和 $\triangle A'B'C'$），这两个三角形称为连接三角形，如将它们投影到同一平面上，其平面图如图 4-16 所示。图中 α、β、γ 和 α'、β'、γ' 分别是井上、井下连接三角形的内角；D 为地面近井点，D' 为地下导线起始点。

为了达到传递坐标和方位角的目的，必须进行的外业工作是：

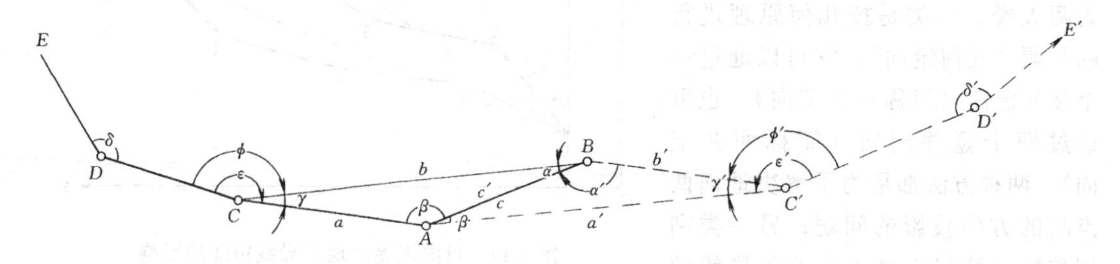

图 4-16 连接三角形法进行井上、井下连接测量

①在 C 和 C' 点分别设站，分别观测 γ、φ、ε 角和 γ'、φ'、ε' 角，技术要求可参照表 4-1 执行。

水平角观测技术要求 **表 4-1**

仪器级别	水平角观测方法	测回数	测角中误差	限差			
				各测回归零差	各测回互差	检查角与最终角之差	重新对中测回间互差
J_2	全圆方向观测法	3	±6″	12″	12″		60″
J_6	同上	6	±6″	30″	30″	40″	72″

②按地面、地下相应等级的导线测量技术要求，分别在 C、C' 点测出 γ、γ' 角，测定 CD 和 $C'D'$ 边长。

③用钢尺分别丈量边长 a、b、c 和 a'、b'、c'。

当边长 CD 小于 20m 时，在 C 点观测水平角的过程中，仪器应重新对中三次，每次对中需将基座转 120°。

丈量连接三角形的各边长时，应对钢尺施以比长时的拉力，记录测量时的温度。在垂线稳定的情况下，每条边需用钢尺的不同起点各丈量六次，同一边长的各次观测值互差不大于 ±2mm 时，取其中数作为丈量结果。

2. 内业计算

(1) 连接三角形的平差计算

设边长 c 的直接丈量结果为 $c_{测}$，而由 a、b 边及 γ 角的观测值又可求得 c 边的计算值为：

$$c_{计} = \sqrt{a^2 + b^2 - 2 \times a \cdot b \cdot \cos^2\gamma} \tag{4-4}$$

差值 $d = c_{测} - c_{计}$。同样，利用井下边长（a'、b'、c'）和角（γ'）观测值可计算得相应的差值 d。一般要求井上的差值 d 不超过 ±2mm，井下的差值 d 不超过 ±4mm。若不超出限差的规定，差值 d 按简易平差处理，即 a、c 边观测值分别加 $-\frac{d}{3}$，b 边加 $\frac{d}{3}$。井

下差值 d，也按同法配赋误差。

因连接三角形中 α、γ 和 α'、γ' 都接近于0°，通过误差分析可知 d 值的大小只能用来检查量边的正确，不能用于检核测角是否正确。

(2) α、β (α'、β') 角的计算

以 γ 角及边长 a、b、c 的平差值，按正弦定律可求出 α、β 角。即

$$\sin\alpha = \frac{a}{c}\sin\gamma \qquad \sin\beta = \frac{b}{c}\sin\gamma$$

α 和 β 分别为：

$$\alpha = \sin^{-1}\left(\frac{a}{c}\sin\gamma\right) \qquad \beta = \sin^{-1}\left(\frac{b}{c}\sin\gamma\right) \tag{4-5}$$

同理

$$\alpha' = \sin^{-1}\left(\frac{a'}{c'}\sin\gamma'\right) \qquad \beta' = \sin^{-1}\left(\frac{b'}{c'}\sin\gamma'\right) \tag{4-6}$$

上述计算的正确性可通过以下两式检核：

$$\alpha + \beta + \gamma = 180°, \qquad \alpha' + \beta' + \gamma' = 180° \tag{4-7}$$

(3) 计算 C' 点的坐标及 $C'D'$ 边方位角

井下导线点 C' 的坐标按一般导线计算方法求得。$C'D'$ 的方位角按最佳路线 $C—A—B—C'$ 求得。

$$\alpha_{C'D'} = \alpha_{DC} + \varphi - \alpha + \beta' + \varepsilon' \pm 4 \times 180° \tag{4-8}$$

3. 连接三角形的最有利形状

经过误差分析可知，用连接三角形进行连接测量时，连接三角形的形状对一井定向的精度有很大的影响。为保证一井定向的精度，对连接三角形的形状有以下要求：

①连接三角形应为伸展形状，图 4-16 中角度 γ 及 α 应接近于零，在任何情况下，γ 角都不能大于 3°。

②$\frac{a}{c}$的数值应大约等于 1.5。

③两吊锤之间的距离 c，应尽可能选择最大的数值。

④传递方向时应选择经过小角 α 为传递角的路线。

(二) 两井定向

当矿区有两个竖井，且两井之间在水平方向上有巷道相通并便于进行连接测量时，可进行两井定向。两井定向就是在两井筒中各挂一根垂球线，此两垂球线在井上、井下的连线的坐标方位角保持不变。如通过地面测量确定此两垂球线的坐标并计算其连线的坐标方位角后，再在井下巷道中用导线对两垂球线进行连接测量，并取一假定坐标系统来确定井下两垂球线间连线的假定方位角，然后将其与地面上确定的坐标方位角相比较，其差值便表明井下假定坐标系统和地面坐标系统的方位关系，这就可以确定井下导线边的坐标方位角，从而达到传递方位角的目的。

两井定向的优点在于，投点误差对投向精度的影响比一井定向大为减小。一井定向时投点是关键，两井定向时投点是次要因素，因而两井定向精度一般较一井定向高。所以规程规定：尽管已做过一井定向，当两井之间有平巷连通时必须进行两井定向。

1. 两井定向的外业测量工作

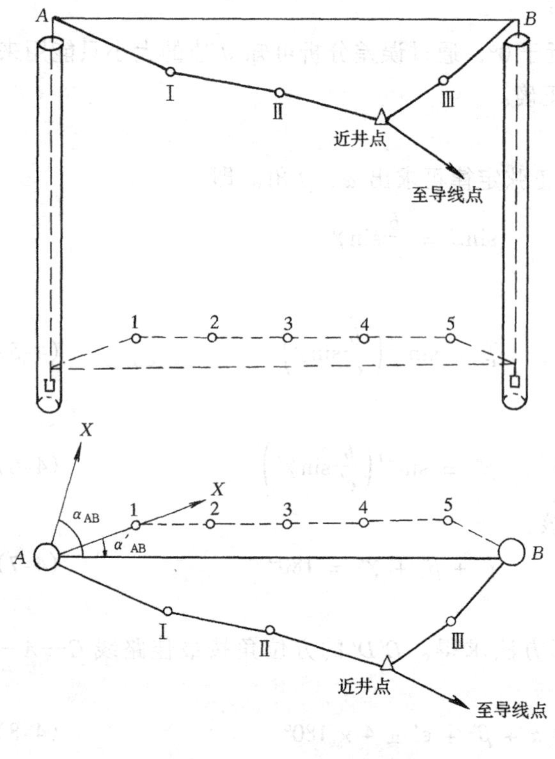

图 4-17　两井定向原理

①投点　每个竖井各悬挂一根垂球线，投点设备和要求与一井定向的相同。

②地面连接测量　目的在于测定 A、B 点坐标及 AB 方向的坐标方位角（如图 4-17）。连接导线的精度可选用 5″级导线或 10″级导线，导线的相对闭合差分别不超过 1/12000 和 1/8000。

③井下连接测量　在待定向的巷道内由垂球线 A 至垂球线 B 敷设井下导线 A—1—2……B（图 4-17）。此导线应沿两垂球线连线方向的巷道敷设，导线点数越少越好。井下连接导线按 10″级导线的精度要求布设。

2. 内业计算

综观两井定向的井上、井下连接图形，好像是一条导线，只是在两垂球处缺少两个观测角值，使地面到井下的导线不能直接推算。此时可用假定方位角法来计算。

（1）根据地面测量成果计算两垂球线 A、B 的坐标，再按坐标计算 AB 方向坐标方位角 α_{AB} 及水平距离 $AB = c$。即

$$\mathrm{tg}\alpha_{AB} = \frac{y_B - y_A}{x_B - x_A} = \frac{\Delta y_A^B}{\Delta x_A^B} \tag{4-9}$$

$$c = \frac{y_B - y_A}{\sin\alpha_{AB}} = \frac{x_B - x_A}{\cos\alpha_{AB}} = \sqrt{(\Delta y_A^B)^2 + (\Delta x_A^B)^2} \tag{4-10}$$

（2）根据假定坐标系统计算井下连接导线

①引进假定坐标系统，设 $y'_A = x'_A = 0$，$\alpha_{A-1} = 0°00'00''$（图 4-17），即以垂球线 A 为假定坐标系统的原点，以井下导线边 $A-1$ 为纵坐标轴。

②根据引进的假定坐标系统的起算数据与井下连接导线的测量数据进行计算，求得 B 垂球线的假定坐标 x'_B、y'_B。

③参照式（4-9）和式（4-10）计算假定方位角 α'_{AB} 和间距 c'。

④测量和计算正确性的检验：由井上、井下连接测量所算得的两垂球线间距离应是 $c = c' + c \times \frac{H}{R}$（$c \times \frac{H}{R}$ 是由于两垂球线向地心而产生的改正），但是由于测角量边误差的影响，上述两值不相等。规程规定：$\Delta c = c - c' - c \times \frac{H}{R}$ 不应超过井上、井下连接测量中误差的两倍。$\Delta c_{限}$ 的计算方法参照有关规程进行计算。

（3）根据地面坐标系统计算井下导线

①计算井下连接导线边的坐标方位角（图 4-17）：

第一边的坐标方位角 $\alpha_{A1} = \alpha_{AB} - \alpha'_{AB}$ （4-11）

其他边的坐标方位角 $\alpha_i = \alpha_{AB} - \alpha'_{AB} + \alpha'_i$ （4-12）

式中，α'_i 为该边在假定坐标系统中的假定方位角。

②根据起算数据 x_A、y_A、α_{A1}与井下测量数据重新计算井下导线，求得井下各连接导线点的坐标。

至此，地面坐标和方位角传递至地下，完成两井定向。

第五节　贯通测量及其误差预计

一、贯通测量的概念

为了加快坑道掘进速度，缩短通风距离，改善工人劳动条件，常在不同地点用几个工作面分段掘进同一巷道，使各分段巷道相通后，仍能满足设计要求，这种工程称为贯通。为了保证贯通而进行的测量方面的设计、计算和实测就称之为贯通测量。

贯通的情况有多种，有对向贯通、同向贯通、单向贯通等，以下就以比较常见的对向贯通为例介绍贯通测量的内容和方法。

二、贯通测量的工作步骤

1. 根据贯通的容许偏差选择合理的测量方案，包括确定①地上、地下导线测角中误差；②地上、地下量边相对中误差；③地上、地下高程测量中误差；④竖井一次定向中误差；⑤竖井一次导入标高的中误差。如无竖井联系测量，则不包含④、⑤两项内容。在这之前，应进行贯通误差预计。

2. 贯通坑道几何要素的计算和标定。

3. 进行经常性的坑道掘进检查，及时填图。当两个工作面在岩石坑道内掘进到相距 15～20m 时，测量人员应把这一情况以书面形式报告有关领导，一方停止作业，以免发生安全事故。

4. 巷道贯通后测量实际偏差值，必要时进行中、腰线的调整。

三、贯通测量几何要素的计算

贯通测量几何要素包括开切地点（坑口点）的位置，坑道中线的坐标方位角、倾角及贯通距离。开切地点的坐标由设计直接给定，其他几何要素用解析法算出。

如图 4-18，B、C 点为坑口位置点，A、D 为近井点，现在 B、C 点间进行坑（隧）道贯通。该坑（隧）道的贯通测量几何要素计算如下：

（1）计算 BC 边的坐标方位角 α_{BC}和水平距离 l_{BC}

$$\mathrm{tg}\alpha_{BC} = \frac{y_C - y_B}{x_C - x_B}, l_{BC} = \frac{y_C - y_B}{\sin\alpha_{BC}} = \frac{x_C - x_B}{\cos\alpha_{BC}} \tag{4-13}$$

（2）计算 B、C 间的坡度

$$\mathrm{tg}\delta = \frac{H_C - H_B}{l_{BC}} \tag{4-14}$$

式中，H_B、H_C、为 B、C 点的巷道底板设计标高。

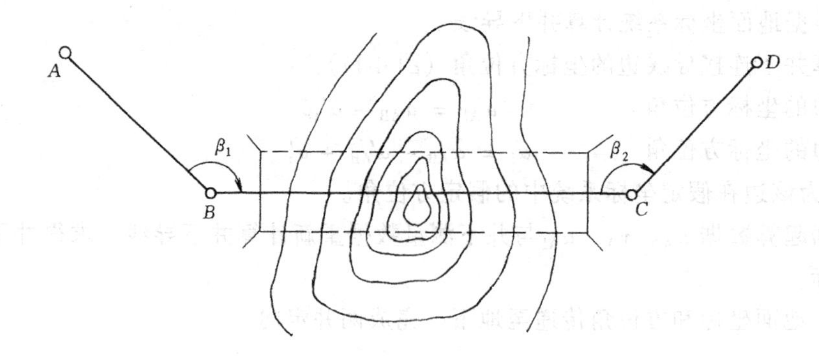

图 4-18　贯通测量原理

四、贯通误差及其容许值

由于地上地下控制测量、竖井联系测量的误差，使得贯通工程的中心线不能相互衔接，所产生的偏差即为贯通误差。这种偏差在施工中线方向上的投影长度称为纵向贯通误差，在水平面内垂直于施工中线方向上的投影长度称为横向贯通误差，在竖直方向上的投影长度称为高程贯通误差。纵向贯通误差仅影响巷道中线的长度，对巷道的质量没有影响。而横向贯通误差和高程贯通误差直接影响贯通工程的质量，如果超出一定的范围，会造成贯通工程的返工。所以在贯通测量中又把横向贯通误差和高程贯通误差称为重要方向上的误差，对其有具体的限差规定。贯通测量的误差预计主要是分析贯通点在重要方向上所产生误差的大小。

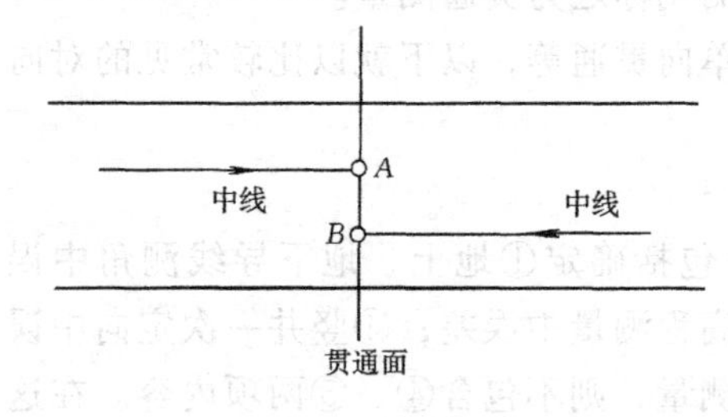

图 4-19　贯通误差

各种贯通工程的容许贯通误差视工程性质而定。例如，铁路隧道工程中规定 4km 以下的隧道横向贯通误差容许值为 ±0.1m，高程贯通误差容许值为 ±0.05m；矿山开采和地质勘探中的坑（巷）道横向贯通误差容许值为 ±0.3～0.5m，高程贯通误差容许值 ±0.2～0.3m。工程贯通后的实际横向偏差值可以采用中线法测定，即各自将中线延伸至贯通面，并分别在其中线上钉一临时桩，如图 4-19 中的 *A*、*B* 点，量取两临时桩间的距离，即为实际横向贯通误差。

对于实际高程贯通误差的测定，一般是从贯通面一侧有高程的腰线点上用水准仪连测到另一侧有高程的腰线点，其高程闭合差就是贯通巷道在竖向上的实际偏差。

五、贯通测量误差预计

图 4-20 是某矿山按贯通测量方案绘制的贯通平面图，由图可知：该工程要求分别自一号井下和二号井下开掘平巷至 *A*、*B*，并从 *A*、*B* 两点相向开掘平巷贯通，预定贯通点在 *K*。现欲预计贯通点 *K* 在垂直于 *AB* 中线方向上的误差（横向贯通误差）和高程贯通误差。为方便误差预计，取中线 *AB* 为假定坐标系中的 *Y* 轴，与其垂直过 *K* 点的方向为 *X* 轴，*K* 为坐标原点。地面将用支导线 C_1-Ⅰ-Ⅱ-Ⅲ-C_2 把两井连接到已知三角点 *E*（从 *E* 点到Ⅱ点的导线测量误差对贯通没有影响，在误差预计中可以不予考虑）。井下将分别敷设 C'_1-1-2-3-*A*-4-5 和 C'_2-*B*-6-7 两条导线，C_1、C'_1和 C_2、C'_2分别为竖井定向中的连结点。

（一）贯通点 *K* 在 *X* 方向上的误差预计

贯通点 *K* 在 *X* 方向上的误差，来源于井上、井下导线测量中的测角、量边误差以及竖井定向误差：

1. 由导线的测角误差引起 K 点在 X 方向上的误差 $M_{x(\beta)}$

$$M_{x(\beta)}^2 = \frac{m_{\beta上}^2}{\rho^2} \cdot \Sigma R_{yi}^2 + \frac{m_{\beta下}^2}{\rho^2} \cdot \Sigma R_{yi}^2 \tag{4-15}$$

式中，$m_{\beta上}$、$m_{\beta下}$分别为井上导线和井下导线的测角中误差；R_{yi}是相应导线点 i 和贯通点 K 的连线在 Y 轴上的投影长度（即该点至纵轴 X 的垂距），可直接在贯通平面图上量取，例如图 4-20 中 R_{yI}。

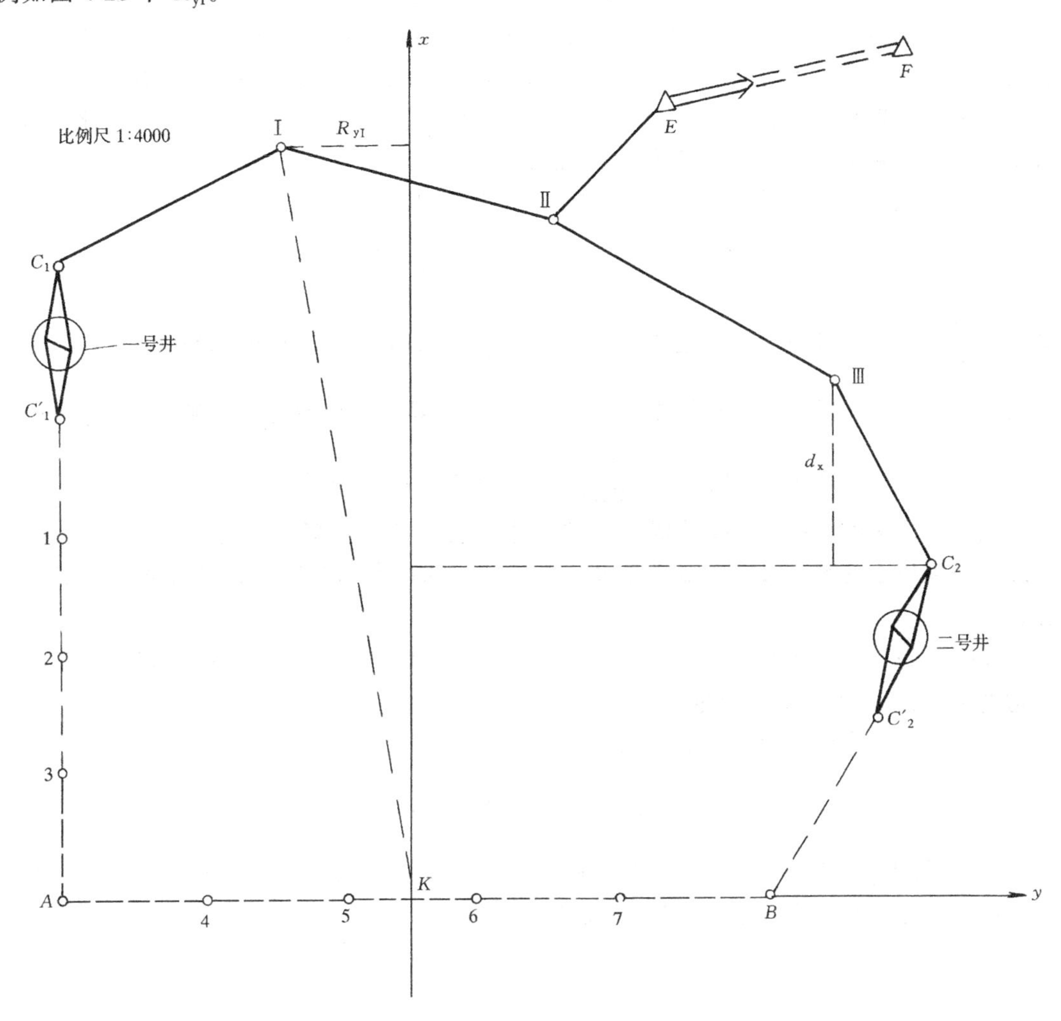

图 4-20　坑道贯通方案平面图

在连接点 C_1、C'_1和 C_2、C'_2上的测角误差，通常包括在竖井定向误差中，所以在式(4-15) 中不再考虑连接点上的测角误差。

井上、井下导线测角中误差 $m_{\beta上}$、$m_{\beta下}$可采用有关测量规范中的测角精度指标。由于井下导线的观测条件比井上导线差，因而井下导线的测角精度要求可适当低于井上导线。例如，井上布设四等导线，测角中误差取 $m_{\beta上} = \pm 2.5''$，则井下导线可按一级导线或二级导线的要求布设，如布设一级导线，取 $m_{\beta下} = \pm 5.0''$；如布设二级导线，取 $m_{\beta下} = \pm 8.0''$。

当 $m_{\beta上}$、$m_{\beta下}$确定后，将 $m_{\beta上}$、$m_{\beta下}$代入贯通误差预计公式，计算出预计贯通误差 $M_{X预}$，与横向贯通中误差的容许值 $M_{X容}$相比较，如 $M_{X预} \leqslant M_{X容}$，则说明选定的 $m_{\beta上}$、$m_{\beta下}$合理，测量方案可行。如 $M_{X预}$小于 $M_{X容}$很多，则还可适当降低井上、井下导线测角精度要求，但不可使 $M_{X预}$太接近或等于 $M_{X容}$，应留有安全系数。如 $M_{X预} > M_{X容}$，说明 $m_{\beta上}$、$m_{\beta下}$定得太大，应提高井上、井下导线的测角精度。例如将原定的井上四等导线调整为三等导线，原定的井下二级导线调整为一级导线，测角中误差分别取 $m_{\beta上} = \pm 1.8''$，$m_{\beta下} = \pm 5.0''$，并对原来的井上、井下导线布设方案作相应的调整。调整后再重新计算 $M_{X预}$，直至 $M_{X预} \leqslant M_{X容}$为止。当然，如果估算后出现 $M_{X预} > M_{X容}$，除了调整井上、井下导线测角精度外，还可调整量边精度和竖井定向精度，但这两方面精度改进的余地很有限，对大多数坑（隧）道来讲，地上、地下导线的测角误差是横向贯通误差的主要来源，因此，提高井上、井下的测角精度是有效降低横向贯通预计误差 $M_{X预}$的主要途径。

2. 由导线的量边误差引起 K 点 X 方面上的误差 $M_{X(L)}$

$$M_{X(L)}^2 = \left(\frac{m_l}{l}\right)^2 \cdot \Sigma d_X^2 \tag{4-16}$$

式中，$\frac{m_l}{l}$为井上、井下导线测边相对中误差。$\frac{m_l}{l}$可采用与井上导线等级相应的测距相对中误差。例如，根据《工程测量技术规范》，如井上导线为四等导线，则$\frac{m_l}{l} = \frac{1}{40000}$；如井上导线布设为三等导线，则$\frac{m_l}{l} = \frac{1}{70000}$。由于井下导线的等级一般比井上导线低，对井下导线来说，采用与井上导线等级相应的测边精度，其边长精度有剩余，但用（5mm + 5ppm）精度以上的测距仪或全站仪测边，很容易达到这个测距精度，不会增加太多的工作量。

Σd_X^2 为各导线边（包括地上、地下导线）在贯通面上投影长度 d_X 的平方总和，各导线边的 d_X 可从贯通平面图上量取。

3. 由竖井定向误差引起 K 点在 X 方向上的误差

$$M_{x(0)} = \frac{1}{\rho}\sqrt{m_1^2 \cdot R_{y1}^2 + m_2^2 \cdot R_{y2}^2} \tag{4-17}$$

式中，R_{y1}和 R_{y2}分别为两井至 X 轴的垂距；m_1 和 m_2 分别为两竖井的定向误差，一般要求两次独立定向的较差不应大于 3′，所以每个竖井一次定向中误差可取：

$$m_1 = m_2 = \pm \frac{3'}{2\sqrt{2}} = \pm 64''$$

不同专业规范对两次独立定向较差的规定不同，例如矿山测量规程规定较差不应大于 2′。

联系测量中的坐标传递误差对贯通的影响较小，在误差预计中可不予考虑。

综合上述，贯通点 K 在水平重要方向上的总误差为：

$$M_x = \sqrt{M_{x(\beta)}^2 + M_{x(L)}^2 + M_{x(0)}^2} \tag{4-18}$$

取两倍中误差作为极限误差，则贯通点 K 在 X 方向上的预计误差为：

$$M_{x预} = \pm 2M_x \tag{4-19}$$

若上述中的每项作业均独立测量了两次，则按式（4-18）求得的 M_x 尚需除以$\sqrt{2}$，然后再以两倍作为预计误差。

（二）贯通点 K 在竖直方向上的误差预计

贯通点 K 在 Z 方向上产生的误差，主要来自井上、井下高程测量误差和竖井导入高程误差，一般可按下式估计：

$$M_z = \sqrt{(M'_h)^2 + (M''_h)^2 + M_{01}^2 + M_{02}^2} \tag{4-20}$$

式中，M'_h 为地面水准测量引起的误差；M''_h 为井下水准测量（或高程导线测量）引起的误差；M_{01}和 M_{02}分别为两个竖井的高程导入误差，一般规定两次导入高程的较差为：

$$\{\Delta h\}_m = 0.01 + 0.0002 \times \{H\}_m \tag{4-21}$$

式中，H 为井深，所以一次导入高程的中误差为：

$$\{M_0\}_m = \frac{\{\Delta h\}_m}{2\sqrt{2}} \tag{4-22}$$

M'_h、M''_h可根据竖向贯通中误差的限差 $M_{z容}$和井上、井下水准测量路线的长度，分别确定井上、井下水准测量的等级，即确定井上、井下水准测量的每千米高差中数全中误差 $M_{h上}$、$M_{h下}$，再结合井上、井下水准路线的长度 $S_上$ 和$S_下$ 便可计算出M'_h、M''_h。例如，井上水准测量按四等要求施测，$M_{h上} = \pm 6\text{mm}$，井上水准路线设计长为 $S = 1500\text{m}$，井下水准测量按等外水准要求施测，$M_{h下} = \pm 15\text{mm}$，路线设计长 $S = 2500\text{m}$，则

$$M'_h = \pm 0.006 \times \sqrt{1.5} = \pm 0.007\text{m}$$

$$M''_h = \pm 0.015 \times \sqrt{2.5} = \pm 0.024\text{m}$$

将 M'_h、M''_h代入式（4-20）计算得 M_z，进而计算出 $M_{z预}$，如 $M_{z预} \leqslant M_{z容}$，则说明预定的井上、井下水准测量方案可行；如 $M_{z预} > M_{z容}$，则需提高井上、井下水准测量施测精度，重新确定 $M_{h上}$、$M_{h下}$，再计算 $M_{z预}$，直至 $M_{z预} \leqslant M_{z容}$。

同样，若上述各项作业均独立进行两次，按式（4-20）求得的 M_z 也应除以$\sqrt{2}$，然后按两倍作为 K 点在 Z 方向上的预计误差。

值得注意的是，在确定测量误差参数时，可以选择规范中规定的精度指标作为贯通测量误差预计的误差参数，但这不是惟一的确定误差参数的方法，也不是最好的方法。由于规范中规定的精度指标是极限误差，测量中出现这种误差的概率很小，实际测量误差一般只有极限误差的一半左右，因此采用规范中规定的精度指标作为误差预计的误差参数，往往会得到较为保守的预计结果，预计的贯通误差比实际贯通误差偏大，使设计的井上、井下控制网精度高于实际需要的精度，造成精度的浪费。例如某 J_2 经纬仪，根据对多个测区的实测统计资料的分析得知，如按四等导线的要求观测，其实际测角误差为 $m_\beta = \pm 1.4''$；如按一级导线的要求观测，其实际测角误差为 $m_\beta = \pm 3.0''$。现用该仪器观测某隧道地面导线。经预计计算，取 $m_\beta = \pm 2.6''$即能满足贯通误差的限差要求，如按规范上的测角精度进行贯通误差的预计，显然该地面导线应布设成四等导线，取 $m_\beta = \pm 2.5''$；如按仪器的实际精度预计，该地面导线布设一级导线即可，取 $m_\beta = \pm 3.0''$。因此，实际工作中，一般是根据现有的仪器设备，采用对以往工作积累资料加以分析后得出的实际数值作为误差预计时的误差参数，这样预计的结果更加接近实际情况，避免无谓的精度浪费。只有在缺乏足够的实际测量数据时，才采用规范中规定的精度指标作为误差预计的误差参

数。但无论如何，预计的结果一旦采用，进行这一预计时所采用的误差参数如测角、量边中误差等就成为设计井上、井下控制网的观测方案所应采用的精度指标，并按相应的等级来确定如测回数、测站限差等观测的技术要求。

第六节　陀螺经纬仪定向

陀螺经纬仪是一种用于直接测定方位角的仪器。自从20世纪50年代出现以来，陀螺经纬仪就被运用于工程测量中，尤其是在地下工程测量中有广泛的用途。早期的陀螺经纬仪体积大、定向精度不高，较高的定向精度也只能达到±20″（如国产DJ_6-T_{20}型陀螺经纬仪），在生产中的应用受到一定的局限。但随着技术的进步，新型的陀螺经纬仪无论是在体积、性能、自动化程度及定向精度等方面都有较大改进，已实现了操作、读数显示的自动化，作业效率大大提高。例如德国和匈牙利生产的精密自动陀螺经纬仪的定向精度可达±2″~3″。因此，陀螺经纬仪在坑道测量中的应用前景将会越来越广。

一、陀螺经纬仪的基本结构及其使用方法

（一）基本结构

陀螺经纬仪是将陀螺仪与经纬仪结合起来，利用高速旋转的悬吊式二自由度陀螺在重力作用下其转子轴能自动指向北方向的原理而设计出的一种能直接测定方位角的专用仪器。

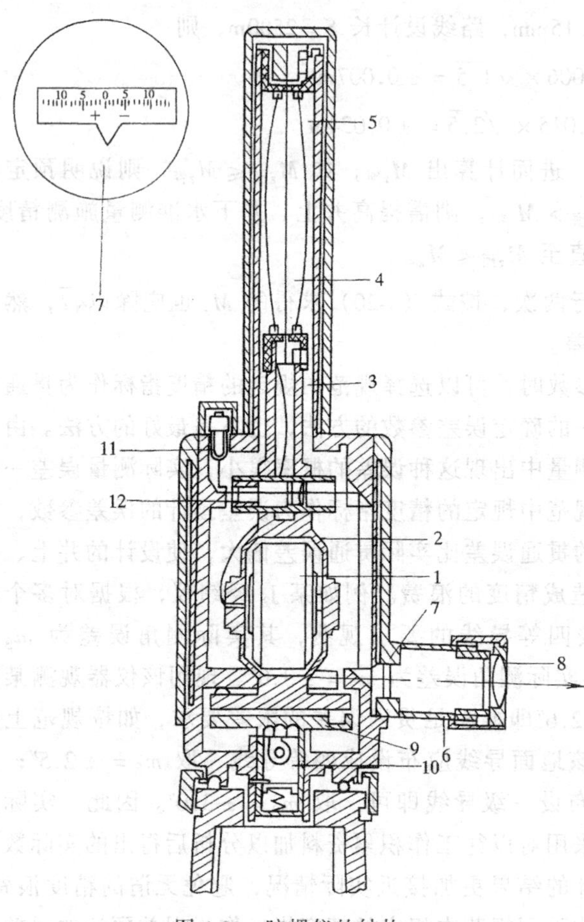

图4-21　陀螺仪的结构

图4-21是国产DJ_6-T_{60}型的陀螺经纬仪的结构图。在J_6经纬仪支架上通过定位连接装置可以安装陀螺仪系统。这个系统的主要部件是陀螺房及其中的转子。从图4-21可看出，陀螺马达1装在密封的陀螺房2里，并由悬挂柱3中的悬挂带4悬挂起来。图中5是给陀螺马达供电的三根导流丝，悬挂柱上还装着带有光标和物镜的镜管6。光标经照明后通过物镜成像在目镜分划板7上，从目镜8中可以看到如图左上角所示的视场，视场中有分划板和光标影像。陀螺转子轴摆动时，光标像在目镜视场内作相应的左右游动。图中9是锁紧限幅机构，拧动仪器外壳上的手轮，偏心轮10即带动锁紧机构升降，从而使陀螺灵敏部托起（锁紧）和释放（摆动）。照明灯11照亮带光标的小镜管12。仪器外

壳内壁上装有磁屏蔽罩，用于防止外界磁场的干扰。

经纬仪照准部旋转时陀螺系统的外壳、目镜及悬挂点一起转动，陀螺房与带着光标的小镜管 12 随转子一起摆动，而使反射出去的光标像偏转。因此转子相对于经纬仪水平度盘的运动可由光标相对于分划板的运动反映出来。

此外，还有电源箱，箱中一部分是蓄电池，另一部分为逆变器，后者可将蓄电池中的 18V 直流电变作驱动陀螺马达的 36V 400 周期的三相交流电。

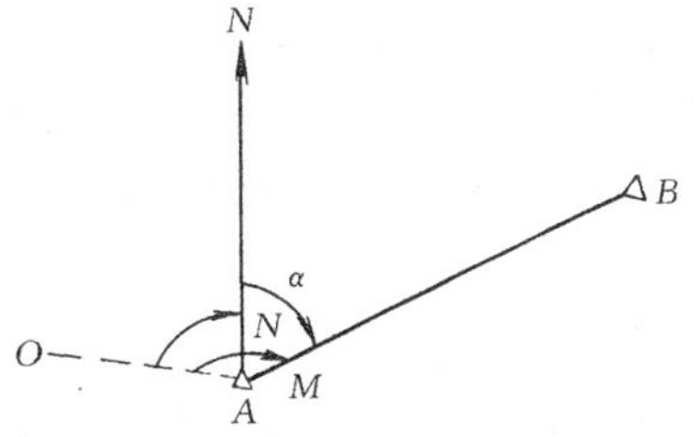

图 4-22 陀螺经纬仪定向原理

（二）陀螺经纬仪的使用方法

在 A 点安置好仪器后把望远镜照准 B 点（图 4-22）、读取水平度盘的读数 M，然后，接上电源。经纬仪望远镜大致指向北方。在托盘抬起、吊丝不受力的情况下起动转子，转子逐渐加速旋转，直到达到额定转速。接着缓慢又平稳地转动偏心轮，放下托盘让陀螺房悬挂在吊丝上。

接着设法（见后述逆转点法）测取陀螺旋转轴指向真北、同时光标与分划板零刻划线重合时水平度盘的读数 N。AB 边的方位角 α 为：

$$\alpha = M - N \tag{4-23}$$

之后旋转偏心轮，抬起托盘将陀螺房锁住，让吊丝处于不受力的放松状态。在此条件下把电源箱上的旋钮转到制动位置，电路把高速旋转的转子当作小型发电机的转子，让其动能转化为电能，点亮信号灯，待其能量消耗完，信号灯熄灭，转子也就静止了。然后切断电源。

要注意，为了保护吊丝不折断，起动和制动转子一定要在抬起托盘、吊丝不受力的条件下进行。

二、陀螺灵敏部悬带零位测定与校正

（一）悬带零位的概念

当陀螺灵敏部被释放后，陀螺房是由一根很薄的条状金属带悬挂着。由于悬带（包括导流丝）具有弹性，即便转子轴不旋转，陀螺房也要绕 Z 轴作往复扭摆。若不考虑扭摆中的空气阻尼，其左右摆幅应是对称相等的。如图 4-23，陀螺房的扭摆往复于 OA_1 和 OA_2 之间，当扭摆到最大摆幅 OA_1 或 OA_2 时，就改变其扭转方向，所以称 A_1 和 A_2 为扭摆中的“逆转点”。扭摆中光标也相应作左右移动，通过光标在分划板左、右两侧的读数，可以确定扭摆中的左、右逆转点位置。显然，扭摆过程中悬带是受扭的，但是在 OA_1 与 OA_2 中间，也就是在扭摆的平衡位置上，悬带是不受扭的。悬带不受扭时所对应分划板上的位置（读数）称为“悬带零位”，它可通过扭摆中的左、右逆转点读数来求得。

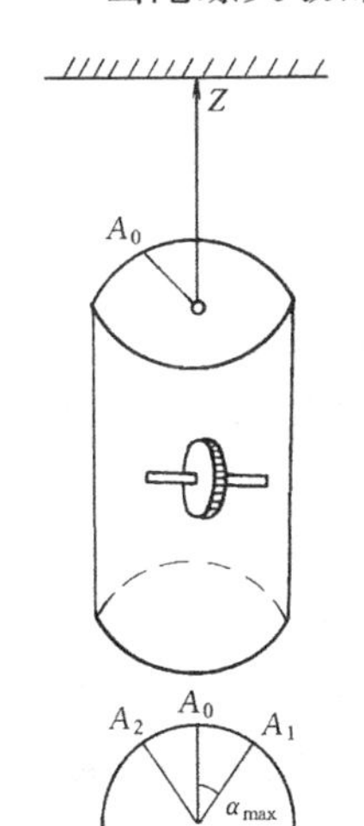

图 4-23 悬带零位

悬带零位应与分划板上“0”分划线重合，否则称为零位变动。悬带零位偏离“0”分划线的格数（即零位变动值）超过分划板上 1 格时，要进行零位校正，方法是通过改动悬带顶的校正螺丝，使悬带顶端扭转达到悬带零位与“0”分划重合。也可通过在观测值中加入零位改正值的方法来消除零位变动所产生的影响。

悬带零位的变动会影响定向精度，定向观测中必须要考虑悬带的零位问题。由于受陀螺运转中的振动和温度升降等因素的影响，悬带零位也常会发生变化。所以要求在陀螺定向之前（转子轴尚未转动）测定一次悬带零位（测前零位），定向之后（需等转子轴稳定）再测定一次（测后零位）。一般是取测前、测后零位的中数作为陀螺定向观测的悬带零位。

（二）悬带零位的测定方法

1. 置平仪器，拧紧经纬仪照准部固定螺旋。松开陀螺仪的锁紧装置，缓慢地释放灵敏部，待其完全放下时，从观测目镜中观测光标在分划板上的摆动情况。如果摆幅很大，需要“限幅”，即重新托起灵敏部，再慢慢释放。如此反复几次，直至光标线不跑出分划板的刻划范围。

2. 观测摆动中的逆转点在分划板上的读数。一般要连续读取五个逆转点（如图 4-24 所示）根据各逆转点的读数按下式计算悬带零位的平均值 A，即

$$A = (A_1 + A_2 + A_3)/n \tag{4-24}$$

式中

$$A_1 = \frac{1}{2}\left(\frac{a_1 + a_3}{2} + a_2\right)$$

$$A_2 = \frac{1}{2}\left(\frac{a_2 + a_4}{2} + a_3\right)$$

$$A_3 = \frac{1}{2}\left(\frac{a_3 + a_5}{2} + a_4\right)$$

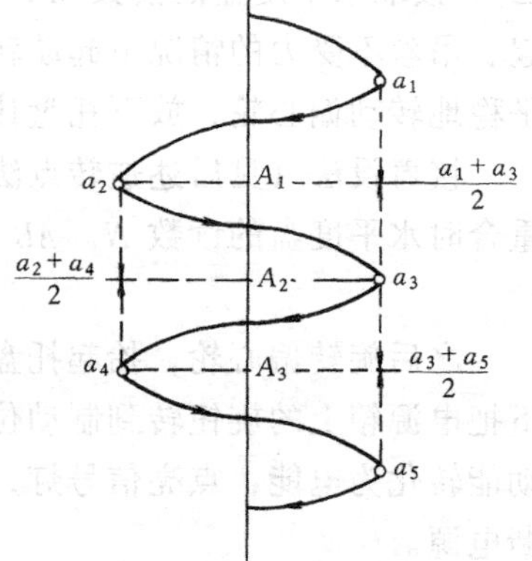

图 4-24　陀螺自摆曲线

设 $a_1 = -8.2$，$a_2 = +7.0$，$a_3 = -8.1$，$a_4 = +6.9$，$a_5 = -7.9$。代入上式得

$$A_1 = \frac{1}{2}\left[\frac{(-8.2)+(-8.1)}{2} + 7.0\right] = -0.58$$

$$A_2 = \frac{1}{2}\left[\frac{(+7.0)+(6.9)}{2} + (-8.1)\right] = -0.58$$

$$A_3 = \frac{1}{2}\left[\frac{(-8.1)+(-7.9)}{2} + 6.9\right] = -0.55$$

$$A = \frac{(-0.58)+(-0.58)+(-0.55)}{3} = -0.57(\text{格})$$

按上述方法求出的平均值又称为舒勒平均值，它考虑了扭摆过程中的衰减。

3. 观测完毕后，当光标摆动到“0”分划线附近时，将灵敏部托起且拧紧锁紧装置。托起灵敏部后，观测目镜中见到光标总是位于分划板的“0”分划线上。

（三）零位校正

在对 DJ_6-T_{60}型陀螺经纬仪作零位校正时，要将陀螺外壳上部圆筒取下，这时可以见到两组校正螺丝，上面一组是用来校正悬带的，下面一组用来校正导流丝。转动校正螺丝，悬带或导流丝的上端作相应偏转。校正之前，需首先松开顶部的两个固定螺丝。校正时，以校正悬带上端为主，其校正量为总校正量的 3/4，余下的 1/4 按同一方向校正导流丝。校正之后应重新测试，以防止校正方向反了。也可能因悬带和导流丝有对抗扭力存在，则应将悬带和导流丝作相反方向调整。经过反复几次调整，可以基本消除零位变动。

最后，拧紧顶板固定螺丝，并将外壳上部圆筒安置好。

三、陀螺经纬仪定向原理及其定向方法

（一）定向原理及方法

人们很早就发现，高速旋转的悬吊式二自由度陀螺在重力作用下其转子轴具有自动指向真北方向的特性，陀螺经纬仪就是利用了陀螺的这一特性来寻找真北方向，从而确定地上直线的方位角。

陀螺经纬仪定向的一般方法是：

1. 整置仪器　将仪器整平对中。

2. 粗略定向　将陀螺转子轴（望远镜的视准轴）近似地置于北方向上。

3. 精密定向　精确测定陀螺转子轴（子午线方向）在经纬仪水平度盘上的读数——子午线方向值 N。

4. 精确测定待测边方向值　用经纬仪望远镜照准待测方向，正、倒镜读数求得平均值作为测线方向值 M（如图 4-22 所示）。所求真方位角 $\alpha_{AB}=M-N$。根据 α_{AB}及 A 点的子午线收敛角 γ 即可求得 AB 方向的坐标方位角。

如果仪器没有误差，通过上述方法可测得待测边的方位角。但是由于仪器误差的影响，使得用陀螺经纬仪测出的方位角（称陀螺方位角 A'）与实际真方位角 A 存在一个差值，此差值称为仪器常数 Δ，即

$$\Delta = A - A' \tag{4-25}$$

仪器常数 Δ 一般可在已知边上测定，即用已知真方位角（坐标方位角加入子午线收敛角 γ 改正）与实测陀螺方位角比较后求得。下面介绍用陀螺经纬仪进行粗略定向和精密定向的方法。

（二）粗略定向

使用陀螺经纬仪定向时需知道近似北方向，近似北方向可用罗盘仪确定，也可用陀螺仪求取。用陀螺仪求取时，有两点逆转法和四分之一周期法两种，以下介绍两点逆转法。

陀螺转子轴摆动与时间关系见图 4-25。将经纬仪照准轴大致对准北方向，启动马达，至额定转速（交流电压上升到 36V）时放下灵敏部，松开经纬仪水平固定螺旋，用手转动照准部对陀螺仪光标进行跟踪。当光标的移动速度变慢，表明快接近逆转点，可将水平固定螺旋拧紧，用水平微动螺旋继续跟踪。跟踪到逆转点时（光标停顿片刻），在水平度盘上读出第一个逆转点的读数 u_1。松开水平固定螺旋，同法跟踪到另一个逆转点，读出水平度盘读数 u_2。测完后，托起并锁紧灵敏部，取两个读数的平均值 $N'=\frac{1}{2}(u_1+u_2)$，并将照准部旋转到水平度盘读数为 $N'+\Delta$ 的位置上，望远镜所指方向即为近似北方向。此法大约在 10 分钟内完成，精度一般可达到 $\pm 3'$。

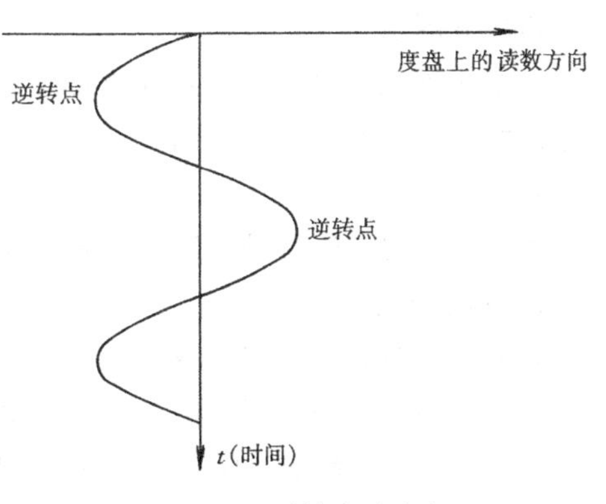

图 4-25　逆转点法定向

(三) 精密定向

精密定向的方法有逆转点法和中天法两种，这里以国产DJ_6-T_{60}型陀螺经纬仪为例介绍逆转点法。在已进行粗略定向的情况下，逆转点法的观测步骤如下：

1. 测前零位观测

测定方法同前述“悬带零位测定方法”。

2. 子午线方向观测

用逆转点法进行子午线观测的整个过程中，都必须使用水平微动螺旋进行跟踪，所以要求粗略定向精度至少达到±2°。如果经纬仪的水平微动螺旋活动范围较小，则要求粗略定向再精确一些。观测前，先将水平微动螺旋置于行程中间的位置，然后转动照准部，并使照准轴固定在近似北方向上。

①利用锁紧装置将陀螺锁紧；

②启动陀螺马达，待其达到额定转速。当逆变器面板上电压表指示的交流电压达到36V时，表示陀螺转速已达到额定转速；

③细心松开锁紧装置，慢慢放下陀螺灵敏部，并进行限幅，使摆幅不要超出水平微动螺旋的行程范围。待摆动稳定后再用水平微动螺旋跟踪。跟踪中要求平稳和连续，避免跟踪时落后或超前于光标线很多，否则将使悬带因受扭而影响观测结果的精度。一般最少要连续跟踪5个逆转点，相应在水平度盘上得到5个读数，设其为u_1、u_2……取它们的舒勒平均值，即

$$N_1 = \frac{1}{2}\left\{\frac{u_1 + u_3}{2} + u_2\right\}, N_2 = \frac{1}{2}\left\{\frac{u_2 + u_4}{2} + u_3\right\}, N_3 = \frac{1}{2}\left\{\frac{u_3 + u_5}{2} + u_4\right\} \quad (4\text{-}26)$$

若N_1、N_2、N_3的互差不超过30″，说明操作符合要求。取平均值$N = \frac{1}{3}(N_1 + N_2 + N_3)$作为陀螺子午线方向在水平度盘上的位置。

④观测完后，先用锁紧手轮将陀螺锁紧，制动陀螺。待指示灯熄灭后，表示陀螺停转，切断电源。

在作此项观测时，应特别注意加速与减速陀螺之前，必须牢记一定要把陀螺锁紧，以免悬带由于突然受力而被扭断。

3. 测后零位观测

观测方法同前述“悬带零位测定方法”。

4. 方向观测

通过子午线方向观测，我们只获得了北方向在经纬仪度盘上的读数值，为了确定测线的方位角，则需要观测测线的方向值，其方法与一般方向观测法相同。

如果零位变动超过±0.1格，需要在陀螺子午线方向值N上加零位改正值。用逆转点法定向时的零位改正公式为：

$$\Delta a = \frac{D_B}{D_K} \cdot \Delta\tau = \lambda_1 \cdot \Delta\tau \quad (4\text{-}27)$$

式中，D_B为悬带扭力矩系数；D_K为指向力矩系数；λ_1为这两个系数的比值；$\Delta\tau = m \cdot h$，m为零位变动值，h为分划板格值（DJ_6-T_{60}仪器的格值为10′）；式（4-27）中λ_1也可按下式求得：

$$\lambda_1 = \frac{T_1^2 - T_2^2}{T_2^2}$$

式中，T_1 是用光标进行跟踪过程中的转子轴摆动周期，T_2 是不进行跟踪时的转子轴摆动周期。

另外，在跟踪时除读取逆转点所相应的水平度盘读数外，还需用秒表记录跟踪摆动周期，通过其来反映陀螺工作是否正常，同时也可帮助判断转子轴是否已到达逆转点。

四、陀螺经纬仪定向观测与计算实例

某坑道经由竖井将地面控制点坐标传递到井下导线点上，起始边方位角利用陀螺经纬仪测定。如图 4-26 所示：基$_1$—基$_2$ 为地面某一已知边，P_1P_2 为井下待定边。为保证精度，务使定向边长（P_1P_2）大于 30m。定向步骤为：

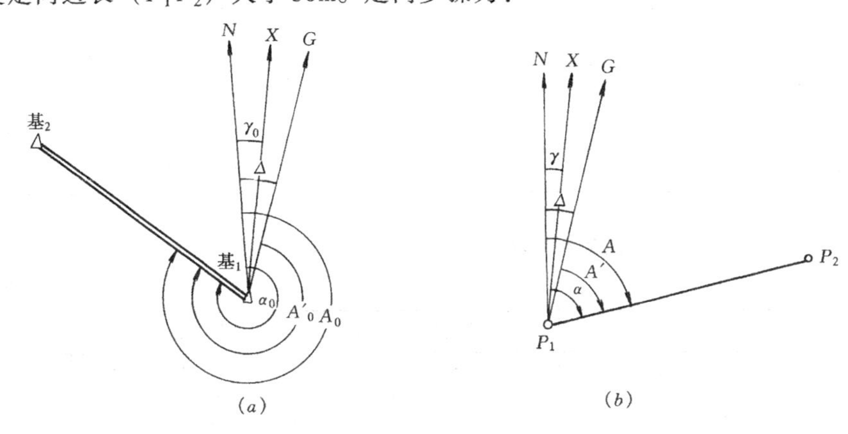

图 4-26　陀螺经纬仪仪器常数的测定和定向

①在已知边基$_1$—基$_2$ 上测定仪器常数，要求在下井之前，在已知边上测定仪器常数 3 次，各次之间的互差应小于 ±2′，每次停止陀螺运转 10～15min，经纬仪度盘位置变 180°/3。

②在井下待定边 P_1P_2 上测定陀螺方位角，一般要求测定两次，其互差不超过 ±2′。

③仪器上井后，重新在基$_1$—基$_2$ 边上测定仪器常数，并计算仪器常数平均值，观测要求和方法同①，计算方法见表 4-2。

④计算子午线收敛角，最后求得 P_1P_2 边的坐标方位角。计算方法见表 4-3。

表 4-2 是在已知边上测定仪器常数的观测记簿，表 4-3 是在待定边上的定向观测记簿。

陀螺经纬仪定向观测记簿（逆转点法）　　表 4-2

仪器号：DJ_6-T_{60}　75320　　测线：地面基$_1$—基$_2$

项目	左方读数	摆动中值	右方读数	周期	测线方向观测		
测前零位		（格）	−8.2	36.2s	项目	测前	测后
	+8.0	−0.1	（−8.2）		正镜	343° 57′ 48″	343° 57′ 42″
	（+8.0）	−0.1	−8.2		倒镜	163° 57′ 36″	163° 57′ 30″
	+8.0	−0.08	（−8.15）		中数	343° 57′ 42″	343° 57′ 36″
			−8.1		（343° 57′ 39″）		
	平均值	−0.09			计算		

续表

项目	左方读数	摆动中值	右方读数	周期	测线方向观测	
跟踪逆转点读数	359° 24′ 36″			8min 52s	已知坐标方位角 α_0	344° 00′ 44″
	(359° 25′ 09″)	0° 03′ 14″	0° 41′ 18″		子午线收敛角 γ_0	+00° 00′ 33″
	359° 25′ 42″	0° 03′ 20″	(0° 40′ 57″)		测线真方位角 $A_0=\alpha_0+\gamma_0$	344° 01′ 17″
	(359° 26′ 21″)	0° 03′ 28″	0° 40′ 36″		测线方向值 M	343° 57′ 39″
	359° 27′ 00″				零位改正值 $\Delta\alpha$	−00° 00′ 52″
	平均值 N'	0° 03′ 21″			陀螺北方向值 $N=N'+\Delta\alpha$	00° 02′ 29″
测后零位		(格)	−3.0	36.2s	陀螺方位角 $A'_0=M-N$	343° 55′ 10″
	+2.5	−0.25	(−3.0)		仪器常数 $\Delta=A_0-A'_0$	+00° 06′ 07″
	(+2.5)	−0.25	−3.0		附注	1. $\lambda_1=\dfrac{T_1^2-T_2^2}{T_2^2}=0.5165$ 2. 仪器常数共测 6 次，其平均值为 +6′36″
	+2.5	−0.25	(−3.0)			
			−3.0			
	平均值	−0.25				

陀螺经纬仪定向观测记簿（逆转点法） **表 4-3**

仪器号：DJ_6-T_{60} 75320　　　　测线：井下 P_1—P_2

项目	左方读数	摆动中值	右方读数	周期	测线方向观测		
测前零位		(格)	−2.2	37s	项目	测前	测后
	+2.2	0	(−2.2)		正镜	62° 58′ 54″	62° 58′ 48″
	(+2.15)	−0.02	−2.2		倒镜	242° 58′ 36″	242° 58′ 30″
	+2.1	−0.02	(−2.15)		中数	62° 58′ 45″	62° 58′ 39″
			−2.1		(62° 58′ 42″)		
	平均值	−0.01			计算		
跟踪逆转点读数	358° 24′ 48″			8min 55s	测线方向值 M	62° 58′ 42″	
	(358° 26′ 03″)	0° 44′ 44″	3° 03′ 24″		零位改正值 $\Delta\alpha$	−00° 00′ 23″	
	358° 27′ 18″	0° 44′ 46″	(3° 02′ 15″)		陀螺北方向值 $N=N'+\Delta\alpha$	00° 44′ 16″	
	(358° 27′ 51″)	0° 44′ 28″	3° 01′ 06″		陀螺方位角 $A'=M-N$	62° 14′ 26″	
	358° 28′ 24″				仪器常数 Δ	+00° 06′ 36″	
	平均值 N'	0° 44′ 39″			测线真方位角 $A=A'+\Delta$	62° 21′ 02″	
测后零位		(格)	−3.6	36.8s	子午线收敛角 γ	+00° 00′ 32″	
	+3.3	−0.15	(−3.6)		测线坐标方位角 $\alpha=A-\gamma$	62° 20′ 30″	
	(+3.3)	−0.15	−3.6		附注	1. $\lambda_1=0.5165$ 2. $\Delta=+6'36''$	
	+3.3	−0.12	(−3.55)				
			−3.5				
	平均值	−0.14					

习　　题

1. 地下工程测量的内容有哪些？各项工作的目的是什么？相互间是什么关系？

2. 在设计坡度 $i=2\%$ 的坑道内，已知底板上 A 点的高程 $H_A=-28.000$m，A 点较该处的底板设计高程低 0.100m，按下面两种情况，分别说明如何标出自 A 点向前延伸 50m 处的腰线点 B（腰线离设计底板高度为 1.0m）。

(1) 在 A 与待设点间安置水准仪，分别读得已知点 A 和待设点上的标尺读数 $a=1.600$m，$b=0.700$m。

(2) 在 A 点安置全站仪，测得待设点处棱镜中心的高程为 -27.350m。

3. 地下导线一般分几个层次布设？如何布设？分层次布设的目的是什么？

4. 用钢尺于竖井中导入高程，现测得井上钢尺读数为 5.236m，井上水准标尺读数为 1.436m；井下钢尺读数为 45.256m，井下标尺读数为 1.567m。观测时温度为 25℃，井上水准点高程为 1895.256m，井下水准点设于坑道顶板上，所用钢尺的尺长方程式为：

$$\{Lo\}_{m}=100-0.006+100\times1.25\times10^{-5}\times(\{t\}℃-20)$$

试计算井下水准点的高程。

5. 竖井平面联系测量的内容是什么？为什么把竖井平面联系测量又称为竖井定向？

6. 用陀螺经纬仪按逆转点法测定某边的方位角时，需观测和计算哪些数据？

7. 什么叫贯通误差？为什么要进行贯通误差的预计？

8. 为什么两井定向的投向精度比一井定向高？两井定向时需做哪些外业测量工作？

9. 某矿井进行一井定向时井上、井下连接情况如图 4-27 所示。已知数据和观测结果见下表。试计算井下导线点 C' 的坐标和 $C'D'$ 的方位角。

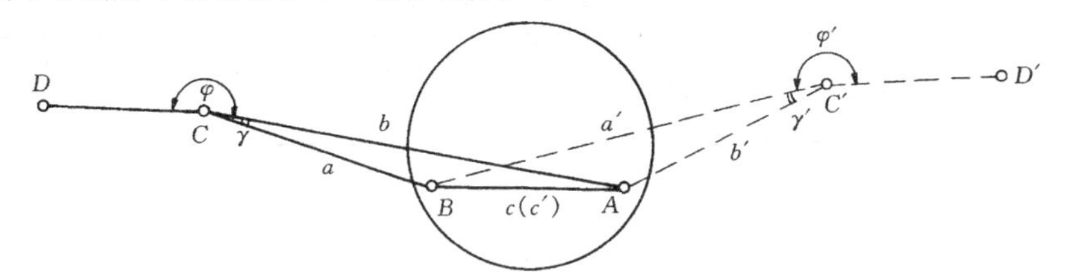

图 4-27

地面	a	b	c	γ	φ	$\alpha_{DC}=53°52'09''$ $x_c=2025.292$ $y_c=552.670$
	9.263	12.930	3.670	1°12′39.6″	185°28′43.2″	
井下	a'	b'	c'	γ'	φ'	
	13.792	10.117	3.671	0°10′25″	185°45′38″	

10. AB 边为地面已知边，其已知坐标方位角为 302°25′44″，P_1P_2 边为地下待定边。用某陀螺经纬仪对 AB 边、P_1P_2 边进行观测和计算，获得的观测值和相关数据列于下表中。

项　目 ＼ 观测边	AB			P_1P_2		
子午线收敛角	+00°	00′	35″	+00°	00′	33″
零位改正值	+00°	00′	50″	−00°	00′	23″
子午线方向观测值	00°	02′	58″	00°	32′	16″
测线方向值	300°	20′	20″	85°	40′	26″

试计算仪器常数和 P_1P_2 边的坐标方位角。

第五章 线 路 测 量

第一节 概 述

为铁路、公路、渠道、输电线路、管线及架空索道等线形工程所进行的测量工作，称为线路测量，线路测量贯穿于整个线路工程从规划、勘测设计、施工到营运管理各阶段。本章以公路、铁路为主分别阐述线路测量的有关内容和方法。

一、线路测量的主要内容

1. 根据规划设计要求，在选用中、小比例尺地形图上确定规划线路的走向及相应控制点位。

2. 根据图上的设计在实地标出线形工程的基本走向，沿着基本走向进行必要的控制测量（平面控制和高程控制）。

3. 结合线形工程的需要，沿着线形工程的基本走向进行带状地形图或平面图的测绘。比例尺按不同线形工程实际按表 5-1 的要求选定。

线形工程测图比例尺 **表 5-1**

线路工程类型	带状地形图	工点地形图	纵断面图		横断面图	
			水 平	垂 直	水 平	垂 直
铁 路	1:1000 1:2000 1:5000	1:200 1:200 1:500	1:1000 1:2000 1:10000	1:100 1:200 1:1000	1:100 1:200	1:100 1:200
公 路	1:2000 1:5000	1:200 1:500 1:1000	1:2000 1:5000	1:200 1:500	1:100 1:200	1:100 1:200
架空索道	1:2000 1:5000	1:200 1:500	1:2000 1:5000	1:200 1:500	—	—
自流管线	1:1000 1:2000	1:500	1:1000 1:2000	1:100 1:200	—	—
压力管线	1:2000 1:5000	1:500	1:2000 1:5000	1:200 1:500	—	—
架空送电线路	—	1:200 1:500	1:2000 1:5000	1:200 1:500	—	—

4. 根据规划设计的线路把线路点位测设到实地中。

5. 测量线形工程的基本走向的地面点位高程，绘制线路基本走向纵断面图。根据线形工程的需要测绘横断面图。比例尺按表 5-1 的要求选定。

6. 按线形工程的详细设计进行施工测量。

二、线路测量的基本过程

(一) 规划选线阶段

这是线路建设的初始设计工作，一般的工作内容：

1. 图上选线。根据有关主管部门提出的某一线路建设基本思想，利用中比例尺（1:5000 ~ 1:50000）的地形图，在图上选取线路方案。

一张现势性比较好的地形图作为规划选线的重要图件，为线路初始设计反映出线路走向的地形状态，提供有比较多的地质、水文、植被、居民点、原有交通网络以及经济建设等现状。图上选线，可以在这些资料基础上初步确定多种线路的走向，估计线路的距离、桥梁涵洞的座数、隧道长度等项目，测算各种图上选线方案的建设投资费用等。

2. 实地考察。根据图上选线的多种方案，进行野外实地视察、踏勘、调查、收集线路沿途的实际情况。其中注意搜集有关的控制点；了解沿途的工程地质情况；查清规划线路所经过的新建筑物及交叉位置；了解有关土石建筑材料情况。

3. 方案论证比较。根据图上选线和实地考察的全部资料，结合主管部门的意见进行方案论证，确定规划线路的基本方案。

(二) 勘测设计阶段

勘测设计是在规划线路上进行线路勘测与设计的整个过程。这个过程可分为二阶段和一阶段两种形式。

二阶段勘测设计的形式有初测和定测。

1. 初测　是指在所定的规划线路上进行的勘测工作。主要技术工作内容有：控制测量和带状地形图的测量，目的为线路工程提供完整的控制基准及详细的地形资料。初测得到规划线路的大比例尺带状图是图上定线设计最重要的基础图件。

2. 定测　主要的技术工作内容包括：将图上定线设计的公路中线（直线段及曲线）放样于实地；线路的纵、横断面测量。为线路竖向设计、路基路面设计提供详细高程资料。

图上定线设计和竖向设计、路基路面设计是伴随着初测和定测的二阶段设计实现的，故称为二阶段设计。一般的公路、铁路及大桥、隧道采用二阶段设计；修建任务紧急，方案明确，工程简易的低等级公路可采用一阶段设计的技术过程。一阶段设计，一般是一次性提供公路施工的整套设计方案，作为与之相配合的勘测工作量是一次性的定测，亦即上述的初测、定测的连续性测量过程。

(三) 线路工程的施工放样

根据设计的图纸及有关数据对公路、铁路等线路施工时的点位进行放样，它包括恢复线路中线、路基边坡放样、竖曲线的放样、桥梁轴线测定及桥梁墩、台放样。

三、线路测量与线路设计的关系

与其他工程的设计一样，线路设计的基础是对地形、地质、水文等客观条件有正确、充分的了解。但这样的了解必然是一个由粗到细、逐步深化的过程。线路勘测设计先在面上进行，然后到带，最后到线。与此相应，测量人员提供的资料越来越多，图的比例尺越来越大，数据越来越精确。

线路测量与线路设计确实是相互穿插、密切配合，一环扣一环地进行的。两者的关系可用下列框图表示，如图 5-1 所示。

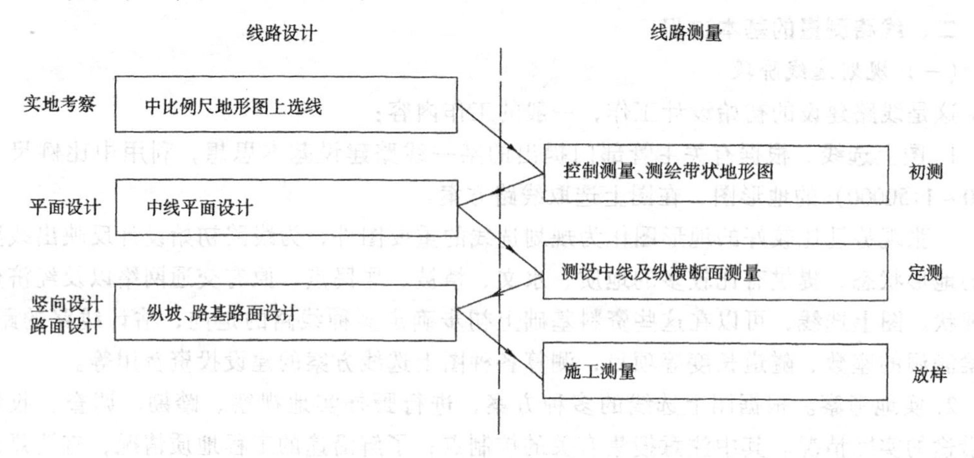

图 5-1　线路测量与线路设计的关系

第二节　线路平面线形及曲线要素

线路的中心线是一条空间曲线，这条空间曲线投影到水平面上就是线路平面曲线。因受地形、地物、水文、地质及其他因素的制约，而使平面线形要在适当的地方改变路线方向。在路线改变方向的转折处，为了使路线平顺且行车安全，而用一段曲线来进行过渡，这段曲线包括圆曲线、缓和曲线和由这两种曲线组成的其他形状的平面曲线（复曲线和回头曲线）。平面线形要素有：直线、圆曲线和缓和曲线，如图 5-2 所示，本节介绍圆曲线和缓和曲线及其要素。

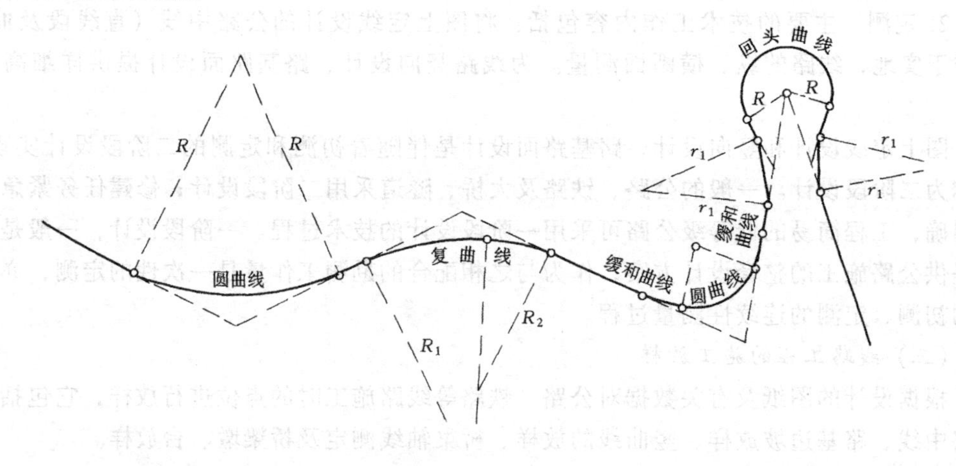

图 5-2　平曲线图

一、圆曲线及其元素

圆曲线是具有半径不变的圆弧线，它是线路中线从一个直线方向转向另一个直线方向的基本曲线。

（一）圆曲线要素及其计算

如图 5-3 所示，线路从直线方向 ZD_1—JD 转向直线方向 JD—ZD_2，中间必须经过一段半径为 R 的圆曲线。这段圆曲线的起点和终点分别称直圆（ZY）点和圆直（YZ）点，圆曲线的中点称曲中（QZ）点。这三点对圆曲线的位置起着控制作用，因此，被称为圆曲线的主点。线路在交点（JD）处的转向角 α、圆曲线的半径 R、切线长 T、曲线长 L、外矢距 E 以及切曲差 q，通称为圆曲线的元素。其中线路的转向角 α 是定测时在现场测得的，以线路前进方向为准，有左偏和右偏之分，并用 $\alpha_{左}$ 和 $\alpha_{右}$ 表示，如图 5-3 中 $\alpha_{右}$ 表示线路中线在 JD 点转向右侧；圆曲线的半径 R 是根据线路的等级和地形情况由设计人员决定的。其余元素可以用 α 和 R 为参数按下列公式计算：

$$
\begin{aligned}
T &= R \cdot \tan \frac{\alpha}{2} \\
L &= \frac{\pi R}{180^\circ} \cdot \alpha \\
E &= R\left(\sec \frac{\alpha}{2} - 1\right) \\
q &= 2T - L
\end{aligned}
\tag{5-1}
$$

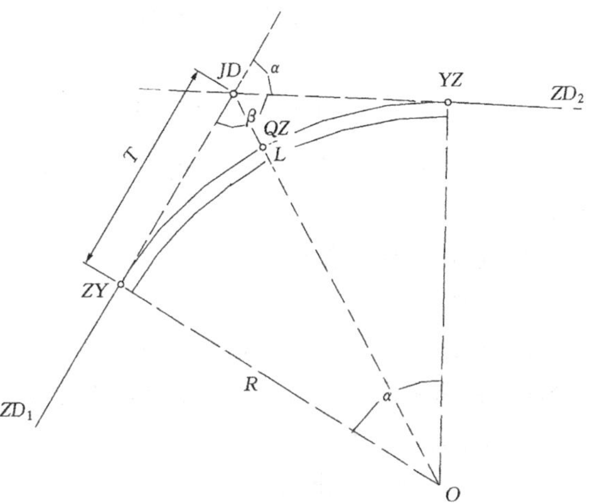

图 5-3　圆曲线主点及元素

切线长 T 是由直圆（ZY）点或圆直（YZ）点至交点（JD）的距离，曲线长 L 是由 ZY 点起沿圆曲线至圆直（YZ）点的曲线距离，外矢距 E 是由 JD 点至曲中（QZ）点的距离，切曲差 q 是由 ZY 点起分别沿切线至 YZ 点距离与沿圆曲线至 YZ 点的距离差，即 $q = 2T - L$，故称切曲差。切曲差在里程推算中起校核作用。

【例 5-1】　当 $\alpha = 16°45'10''$，$R = 500\text{m}$ 时，其余各元素按式（5-1）计算的结果如下：

$$
\begin{aligned}
T &= R \cdot \tan \frac{\alpha}{2} = 500 \times \tan \frac{16°45'10''}{2} = 73.62\text{m} \\
L &= \frac{\pi R}{180^\circ} \cdot \alpha = \frac{3.1416 \times 500 \times 16°45'10''}{180^\circ} = 146.20\text{m} \\
E &= R\left(\sec \frac{\alpha}{2} - 1\right) = 500\left(\sec \frac{16°45'10''}{2} - 1\right) = 5.39\text{m} \\
q &= 2T - L = 1.04\text{m}
\end{aligned}
$$

（二）圆曲线主点里程的计算

在圆曲线主点放样之前，必须将其里程计算出来，所谓“里程”，是指线路中线上任一点至线路起点的里程数，也表示该点的桩号。其计算方法如下：

$$
\begin{aligned}
&ZYK = JDK - T\ （直圆点里程等于交点里程减去切线长） \\
&YZK = ZYK + L\ （圆直点里程等于直圆点里程加上缓和曲线长） \\
&QZK = YZK - L/2\ （曲中点里程等于圆直点里程减去曲线长的一半）
\end{aligned}
\tag{5-2}
$$

曲线中点的里程可用下式进行校核：

$$JDK = QZK + q/2$$

同例5-1，若交点的里程为 $JDK12+295.86$，则各主点里程为

	检核计算
$JDK12+295.86$	$JDK12+295.86$
$-)T$ 73.62	$+)T$ 73.62
$ZYK12+222.24$	$K12+369.48$
$+)L$ 146.20	$-)q$ 1.04
$YZK12+368.44$	$YZK12+368.44$
$-)$ 73.10	
$QZK12+295.34$	

交点的里程与校核计算值是相符的，但有时会相差1cm，这是由计算中的凑整误差所引起的。

二、缓和曲线及其元素

（一）概念

缓和曲线是在直线与圆曲线、圆曲线与圆曲线之间设置的曲率半径连续渐变的曲线。在公路、铁路中设置缓和曲线主要有以下作用：

① 曲率逐渐缓和过渡；

② 离心加速度逐渐变化减少振荡；

③ 有利于超高和加宽的过渡；

④ 视觉条件好。

在互通立交匝道或山区高速公路线形中，缓和曲线用的比较多。如图5-4所示，HY_1（缓圆点）—YH_1（圆缓点）是半径为 R_1 的圆曲线，ZD_1—ZH_1（直缓点）、HZ_1（缓直点）—ZH_2 是直线段。在直线段与圆曲线段之间插入的 ZH_1—HY_1、YH_1—HZ_1 线段是缓和曲线。其中 ZH_1—HY_1 缓和曲线曲率半径由∞向 R_1 匀变，YH_1—HZ_1 缓和曲线曲率半径由 R_1 向∞匀变。

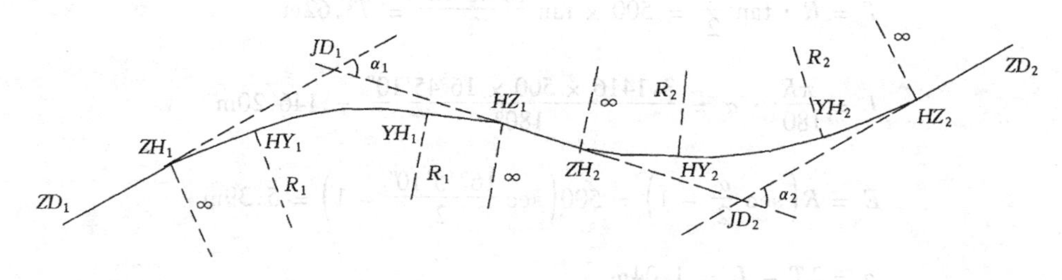

图5-4 缓和曲线主点及元素

（二）缓和曲线的特性

如图5-5所示，O 点为缓和曲线起点，即直缓点（ZH），其曲率半径为∞，缓圆点（HY）为缓和曲线终点，也是圆曲线的起点，其半径为 R，l_0 为缓和曲线长。设 P_i 是缓和曲线上任一点，至起点的弧长为 l，该点的曲率半径为 ρ，由于缓和曲线是半径与曲线长成反比的曲线，则 P_i 点处的曲率半径为：

$$\rho = \frac{c}{l} \text{ 或 } c = \rho \cdot l \tag{5-3}$$

在缓和曲线终点处，其半径应等于圆曲线半径 R，则上式可写成：

$$c = R \cdot l_0 \tag{5-4}$$

式中，c 为常数，称为缓和曲线变化率。

（三）缓和曲线局部坐标系下的缓和曲线上任意点的坐标计算

如图 5-5 所示，建立以 ZH 点为原点，切线方向为 Y' 轴，过 ZH 点垂直切线方向为 X' 轴的直角坐标系，这里称其为缓和曲线局部坐标系。在缓和曲线任意一点 P_i 处取一段微分弧长 $\mathrm{d}l$，它所对应的中心角为 $\mathrm{d}\beta$，根据弧长与半径的关系得：

$$\mathrm{d}\beta = \frac{\mathrm{d}l}{\rho} = \frac{l}{c}\mathrm{d}l = \frac{l}{Rl_0}\mathrm{d}l$$

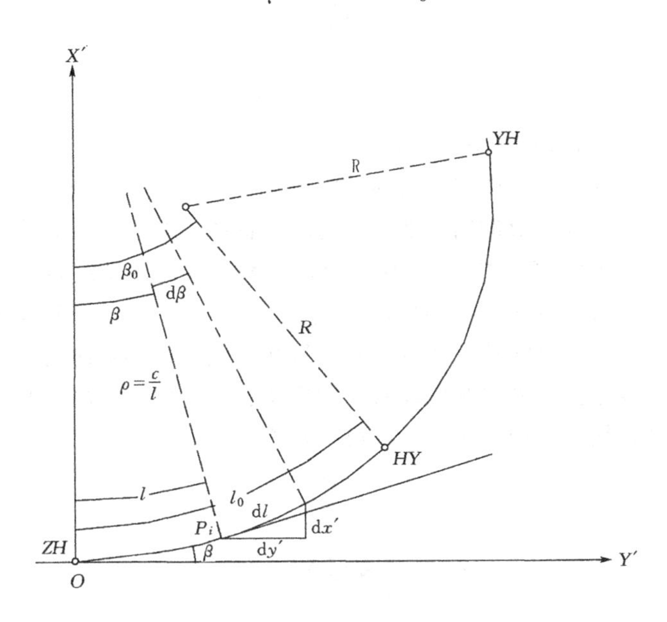

图 5-5　缓和曲线局部坐标系下的缓和曲线段坐标计算

积分得：

$$\beta = \int_0^l \frac{l}{Rl_0}\mathrm{d}l = \frac{l^2}{2Rl_0}$$

$$\beta_0 = \frac{l_0^2}{2Rl_0} = \frac{l_0}{2R} \tag{5-5}$$

从图 5-5 可知，P_i 点处坐标的微分量有下列关系式：

$$\mathrm{d}x' = \mathrm{d}l \cdot \sin\beta$$

$$\mathrm{d}y' = \mathrm{d}l \cdot \cos\beta$$

将 $\cos\beta$、$\sin\beta$ 按级数展开，代入上式，并考虑 $\beta = \dfrac{l^2}{2Rl_0}$，得缓和曲线任意一点的坐标计算式：

$$\left.\begin{aligned} x' &= \frac{l^3}{6Rl_0} - \frac{l^7}{336R^3 l_0^3} + \frac{l^{11}}{42240R^5 l_0^5} - \cdots\cdots \\ y' &= l - \frac{l^5}{40R^2 l_0^2} + \frac{l^9}{3456R^4 l_0^4}\cdots\cdots \end{aligned}\right\} \tag{5-6}$$

把高次项舍去便得实用计算公式：

$$\left.\begin{aligned} x' &= \frac{l^5}{6Rl_0} \\ y' &= \frac{l^5}{40R^2 l_0^2} \end{aligned}\right\} \tag{5-7}$$

在缓和曲线终点，即 $l = l_0$ 时，其坐标为：

$$\left.\begin{aligned} x'_0 &= \frac{l_0^2}{6R} \\ y'_0 &= l_0 - \frac{l_0^3}{40R^2} \end{aligned}\right\} \tag{5-8}$$

（四）有缓和曲线的圆曲线要素计算

下面就缓和曲线在直线与圆曲线之间的情况加以讨论：

由缓和曲线和圆曲线组成的曲线通常称为综合曲线，如图 5-6 所示。缓和曲线的两个起点分别称为直缓（*ZH*）点和缓直（*HZ*）点，缓和曲线的两个终点分别称为缓圆（*HY*）和圆缓（*YH*）点，圆曲线的中点称为曲中（*QZ*）点，这五个点起着对曲线的控制作用，称为综合曲线的主点，在直线和圆曲线之间设置缓和曲线，必须向内移动原来的曲线，才能使缓和曲线和直线连接。内移圆曲线有两种方法：一是保持圆曲线的半径不变，移动圆心；二是圆心不动，缩短半径，一般采用第一种方法。

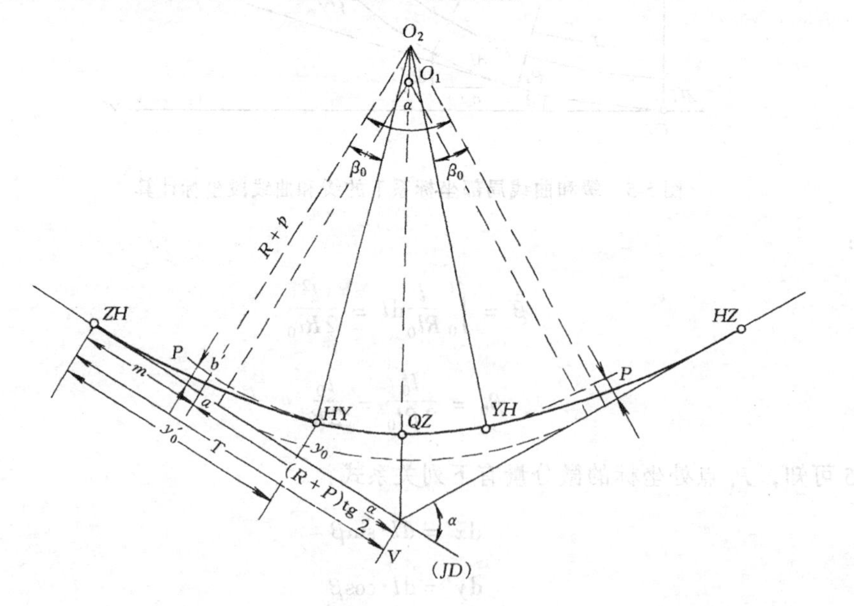

图 5-6　综合曲线

1. 缓和曲线常数的计算

缓和曲线角 $$\beta_0 = \frac{l_0}{2R} \tag{5-9}$$

切垂距离 $$m = y'_0 - b = y'_0 - R \cdot \sin\beta_0$$

$$y'_0 = l_0 - \frac{l_0^3}{40R^2}$$

因 $$\beta_0 = \frac{l_0}{2R}$$

故 $$m = l_0 - \frac{l_0^3}{40R_2} - R \cdot \sin\left(\frac{l_0}{2R}\right)$$

用级数展开 $\sin\left(\frac{l_0}{2R}\right)$ 并略去高次项，得：

$$m = \frac{l_0}{2} - \frac{l_0^3}{240R^2}$$

内移距离 $$P = R\cos\beta_0 + x'_0 - R = R(\cos\beta_0 - 1) + x'_0 \tag{5-10}$$

因 $x'_0 = \frac{l_0^2}{6R}$，用级数展开 $\cos\beta$，并略去高次项，整理后可得：

$$P = \frac{l_0^2}{24R} \tag{5-11}$$

2. 综合曲线要素的计算

$$\begin{aligned} T &= m + (R + P) \cdot \mathrm{tg}\frac{\alpha}{2} \\ L &= \frac{\pi R}{180^\circ}(\alpha - 2\beta_0) + 2l_0 \\ E &= (R + P) \cdot \sec\frac{\alpha}{2} - R \\ q &= 2T - L \end{aligned} \tag{5-12}$$

式中，T 为切线长；L 为曲线长；E 为外矢距；q 为切曲差；m、R、P、β_0、α 的意义同上。

3. 主点里程计算

根据交点里程和曲线要素，即可按以下算式计算主点里程：

$ZHK = JDK - T$（直缓点里程等于交点里程减去切线长）

$HYK = ZHK + l_0$（缓圆点里程等于直缓点里程加上缓和曲线长）

$QZK = ZHK + L/2$（曲中点里程等于直缓点里程加上曲线长的一半）

$HZK = ZHK + L$（缓直点里程等于直缓点里程加上曲线长）

$HZK = JDK + T - q$（检核）

【例 5-2】 已知交点的里程为 $K6 + 486.75$，偏角 $\alpha = 36°40'24''$，圆曲线半径 $R = 500$m，缓和曲线长 $l_0 = 70$m，求曲线要素及主点里程。

【解】

① 计算 β_0、m、P

$$\beta_0 = \frac{l_0}{2R} \cdot \frac{180^\circ}{\pi} = \frac{70}{2 \times 500} \times \frac{180^\circ}{\pi} = 4°00'39''$$

$$m = \frac{l_0}{2} - \frac{l_0^3}{240R^2} = \frac{70}{2} - \frac{70^3}{240 \times 500^2} = 34.994\ (\text{m})$$

$$P = \frac{l_0^2}{24R} = \frac{70^2}{24 \times 500} = 0.408\ (\text{m})$$

② 计算综合曲线元素 T、L、E、q

$$T = m + (R + P) \cdot \text{tg}\frac{\alpha}{2}$$
$$= 34.994 + (500 + 0.408) \times \tan\frac{36°40'24''}{2}$$
$$= 200.84(\text{m})$$

$$L = \frac{\pi R}{180°}(\alpha - 2\beta_0) + 2l_0$$
$$= \frac{\pi}{180°}(36°40'24'' - 2 \times 4°00'39'') \times 500 + 2 \times 70$$
$$= 390.04\ (\text{m})$$

$$E = (R + P) \cdot \sec\frac{\alpha}{2} - R$$
$$= (500 + 0.408) \times \sec\frac{36°40'24''}{2} - 500$$
$$= 27.18\ (\text{m})$$

$$q = 2T - L = 11.65\ (\text{m})$$

③ 计算主点里程：

		检核计算
*JDK*6 + 486.75	*ZHK*6 + 285.91	*JDK*6 + 486.75
−) T 200.84	+) $L/2$ 195.02	+) T 200.84
*ZHK*6 + 285.91	*QZK*6 + 480.93	*K*6 + 687.59
+) l_0 70	+) $L/2$ 195.02	−) q 11.65
*HYK*6 + 355.91	*HZK*6 + 675.95	*HZK*6 + 675.94
	−) l_0 70	
	*YHK*6 + 605.95	

第三节　直线段任意点的直角坐标数学模型

测设直线的方法很多，随着全站仪的广泛应用，目前生产中多采用直角坐标法。若求得须放样点的坐标后，就可按第二章第五节中介绍的直角坐标法测设。测设方法这里就不再赘述了。以下根据两种不同的直角坐标系统分别介绍直线段的两种直角坐标法的数学模型。

一、局部直角坐标系下直线段任意点的直角坐标数学模型

（一）直线局部直角坐标系的建立

如图 5-7 所示，以交点 JD_1 点为坐标原点，JD_1 至 JD_2 方向为 Y' 轴，过 JD_1 点的垂线

方向作 X' 轴，建立的直角坐标系，这里称其为直线局部坐标系。

（二）直线上任意点 P_i 的坐标计算

如图 5-7 所示，切线长为 T，缓直点 HZ 桩号为 HZK，直线段任意点 P_i 的桩号为 P_iK。则 P_i 点的坐标可以由下列公式计算：

$$x'_i = 0$$
$$y'_i = |P_iK - HZK| + T \tag{5-13}$$

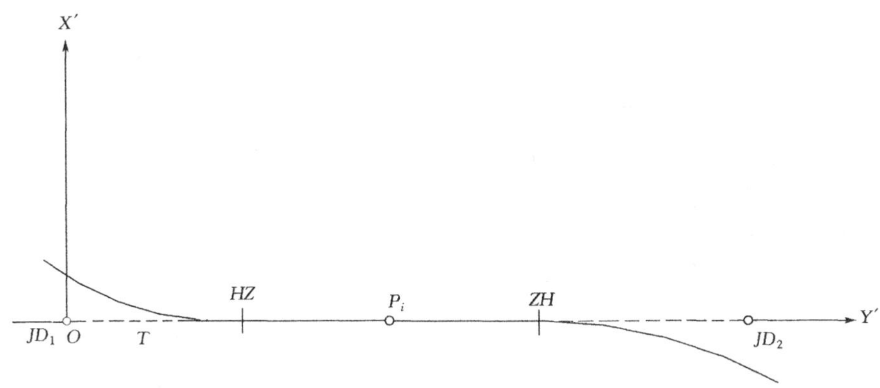

图 5-7　直线局部坐标系下的直线段坐标计算

二、在平面控制网坐标系统下直线段任意点的直角坐标数学模型

局部直角坐标系下的直角坐标法的优点是算法清晰、简单。但这样利用曲线元素计算的坐标对各个曲线段是分立的，存在各个曲线上的数据相互分立和数据互不通用，更无整体性和完整性可言；计算工作量大，易出错；误差容易积累，精度低；且放样测量受施工场地制约、通视条件限制（因交点、曲线的主点一般在路基范围内，施工中不易保存）。在全站仪和计算机、计算器已高度普及的今天，使整条线路建立在统一的平面控制网坐标

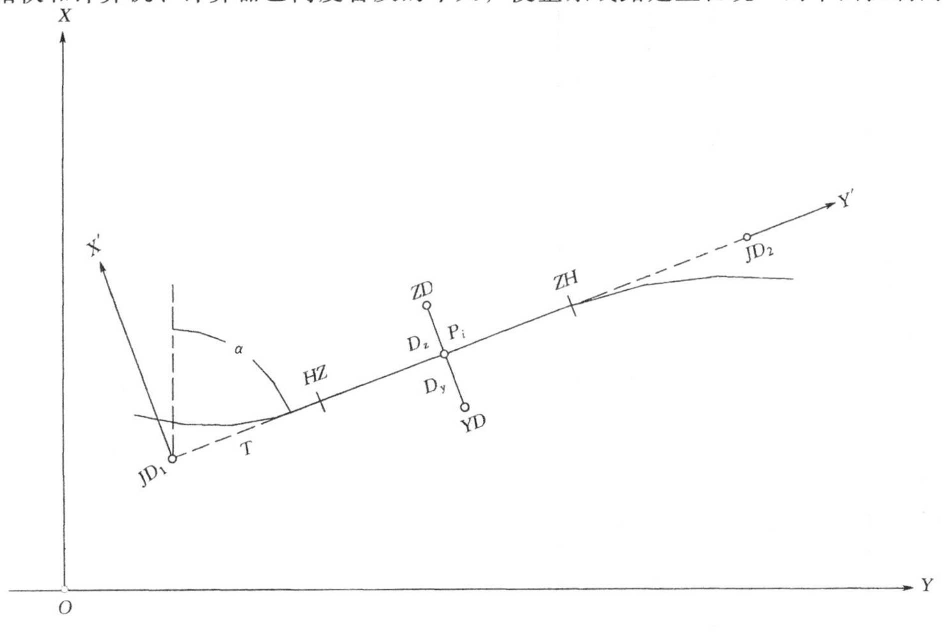

图 5-8　在平面控制网坐标系统下的直线段的坐标计算

路线元素及交点坐标 **表 5-2**

交点 JD	转角值 左	转角值 右	半径	缓和曲线长度	切线长	ZH	HY	QZ	YH	HZ	X	Y	交点间	方位角
…														
JD_1	4°10′09″		429.80	160.00	250.924				K8 + 656.74	K8 + 816.74	2813434.90	545683.79		
													609.670	312°08′52″
JD_2		31°08′24″	450.00	100.00	175.626	K8 + 999.86	K9 + 99.86	K9 + 172.15	K9 + 244.43	K9 + 344.43	2813844.01	545231.77		
													420.770	343°17′18″
JD_3	55°24′33″		370.55	100.00	245.141	K9 + 344.43	K9 + 444.43				2814247.01	545110.77		
													423.449	287°52′43″
…														

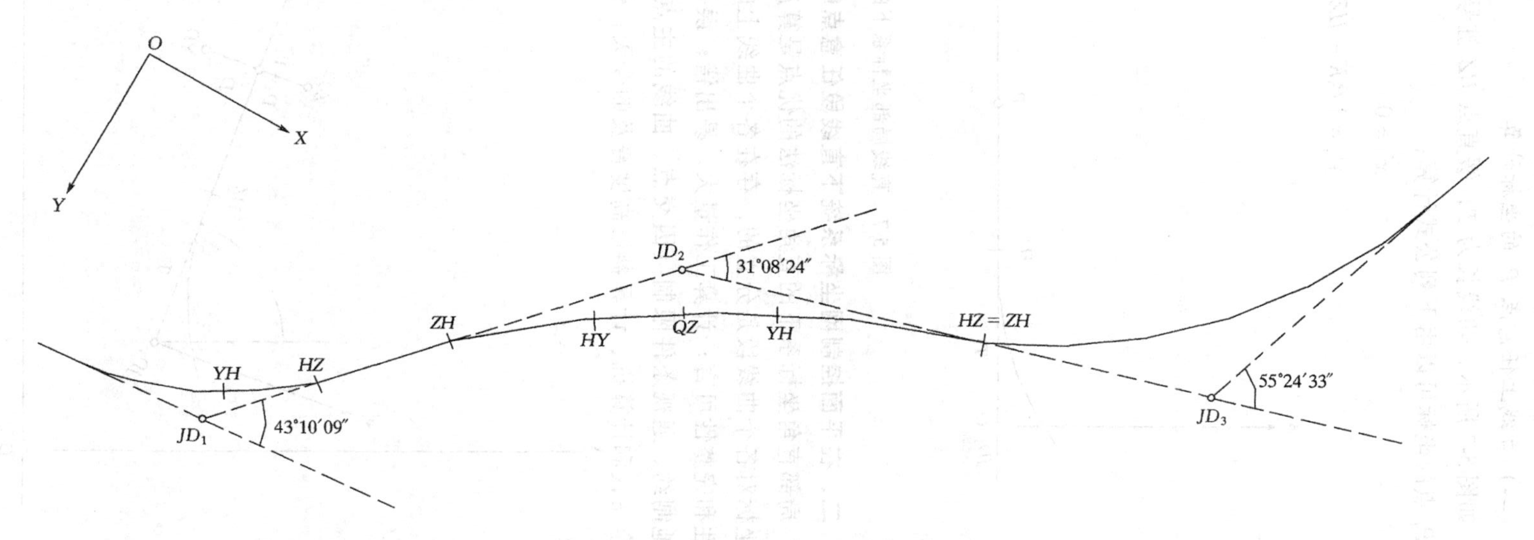

图 5-9 在平面控制网坐标系统下的平曲线的坐标计算算例

系统下，求取曲线上各里程桩的桩点坐标已成为可能，这使得过去野外放样数据重复计算变为室内一次计算完成，减少野外设站的次数和对设站点点位的限制，从而既提高了放样精度，又提高了放样效率。下面主要介绍在平面控制网坐标系统下的直角坐标法的数学模型，具体有了各曲线上的直角坐标后，参照第二章第五节中介绍的点位放样中按坐标放样的方法即可。

（一）直线上任意点的直角坐标计算

如图 5-8 所示，已知交点 JD_1 至 JD_2 间的方位角为 α，交点 JD_1 的坐标为 x_{JD}、y_{JD}，切线长为 T，缓直点 HZ 桩号为 HZK，直线段任意点 P_i 的桩号为 P_iK。则 P_i 点的坐标可以由下列公式计算：

$$x_p = x_{JD} + D \times \cos\alpha$$

$$y_p = y_{JD} + D \times \sin\alpha \qquad (5\text{-}14)$$

其中，$D = |P_iK - HZK| + T$。

（二）由直线上任意点坐标推算其边桩坐标

从设计上可知道左、右边桩离中桩的垂直距离分别为 D_z、D_y，如图 5-8 所示，则左边桩（ZD）、右边桩（YD）的坐标可以由下式计算：

$$x_z = x_P + D_z \times \cos(\alpha - 90°)$$

$$y_z = y_P + D_z \times \sin(\alpha - 90°) \qquad (5\text{-}15)$$

$$x_Y = x_p + D_y \times \cos(\alpha + 90°)$$

$$y_Y = y_P + D_y \times \sin(\alpha + 90°) \qquad (5\text{-}16)$$

注意：以上计算公式是以沿路线方向推算为前提的，如果逆向计算时，应将左、右边桩位置对调。

【例 5-3】 如图 5-9 所示，为某高速公路在 $K8+656.74$ 至 $K9+444.43$ 段的平曲线图，表 5-2 为与其对应的路线曲线元素及交点坐标表，表 5-3 所示为各桩号的左、右边桩距中线的垂直距离。求各桩号中桩、左、右边桩的直角坐标。

表 5-3

桩号		左边桩垂距 D_z（m）	右边桩垂距 D_y（m）
待求点	$K8+816.74$（HZ 点）	15.25	11.25
	$K8+866.00$	15.00	15.00
	$K8+999.86$（ZH 点）	20.00	32.50

【解】 由于表 5-3 中的各桩号均落在 $K8+816.74$（HZ 点）至 $K8+999.86$（ZH 点）的直线段上，则各桩号中桩、左、右边桩的直角坐标可以根据式（5-14）、（5-15）、（5-16）计算，在实际工作中，由于这样的计算工作量是比较大的，故一般按照以上数学模型在计算机或计算器（如 casio fx4800P）上编制相应计算程序。通过计算可得表 5-4 的结果。

待求点中桩/左边桩/右边桩的坐标　　**表 5-4**

桩　号	中桩坐标（m）		左边桩坐标（m）		右边桩坐标（m）	
	X	Y	X	Y	X	Y
K8+816.74	2813603.28	545497.75	2813591.98	545487.52	2813611.62	545505.30
K8+866.00	2813636.34	545461.23	2813625.22	545451.16	2813647.46	545471.29
K8+999.86	2813726.16	545361.98	2813711.34	545348.56	2813750.26	545383.79

第四节　缓和曲线段任意点的直角坐标数学模型

一、局部直角坐标系下缓和曲线段任意点直角坐标数学模型

如本章第二节中图 5-5 所示，已经导出了缓和曲线局部坐标系下的缓和曲线段任意点直角坐标计算的数学模型，即缓和曲线上任意一点 P_i 的坐标计算式为：

$$\begin{aligned} x' &= \frac{l^3}{6Rl_0} - \frac{l^7}{336R^3l_0^3} + \frac{l^{11}}{42240R^5l_0^5} - \cdots\cdots \\ y' &= l - \frac{l^5}{40R^2l_0^2} + \frac{l^9}{3456R^4l_0^4} - \cdots\cdots \end{aligned} \tag{5-6}$$

把高次项舍去便得实用计算公式

$$\begin{aligned} x' &= \frac{l^3}{6Rl_0} \\ y' &= l - \frac{l^5}{40R^2l_0^2} \end{aligned} \tag{5-7}$$

式中，l_0 为缓和曲线长，l 为 P_i 点至起点的弧长，R 为圆曲线半径。

二、在平面控制网坐标系统下缓和曲线任意点的直角坐标数学模型

（一）缓和曲线上任意点的直角坐标计算

如图 5-10 所示，在平面控制网坐标系统下，缓和曲线局部坐标系 Y' 轴方向的方位角为 α，起算点 ZH 点或 HZ 点的坐标为 x_{ZH}、y_{ZH} 或 x_{HZ}、y_{HZ}，缓和曲线长为 l_0，则 ZH 或 HZ 点至缓和曲线上任意点 P_i 弦偏角 E_i 可以由以下公式计算：

$$E_i = \frac{30}{R\pi} \cdot \frac{l_i^2}{l_0} \tag{5-17}$$

式中，R 为圆曲线的曲率半径；若 ZH 点及 P_i 的里程桩号分别为 ZHK、P_iK，则 P_i 点至 ZH 点的曲线长度 $l_i = P_iK - ZHK$。

则 ZH 或 HZ 点至点 P_i 的弦方位角 α_i 为：

$$\alpha_i = \alpha \pm E_i \tag{5-18}$$

式中，若前进方向转向向右，E_i 前取正号；若前进方向转向向左，E_i 前取负号。

根据式（5-6）可得弦长 D_i 为：

$$D_i = l_i - \frac{l_i^5}{90R^2l_0^2} \tag{5-19}$$

则 P_i 点的坐标可以由下列公式计算：

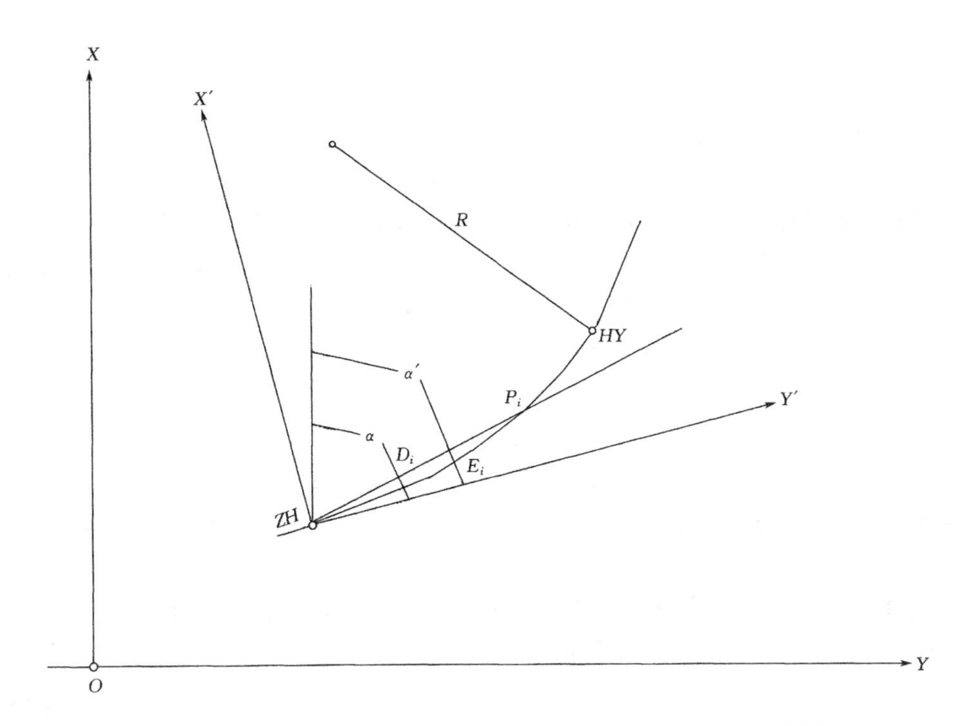

图 5-10　在平面控制网坐标系统下缓和曲线段的坐标计算

$$
\begin{aligned} x_P &= x_{ZH} + D_i \times \cos\alpha_i \\ y_P &= y_{ZH} + D_i \times \sin\alpha_i \end{aligned}
\quad \text{或} \quad
\begin{aligned} x_P &= x_{HZ} + D_i \times \cos\alpha_i \\ y_P &= y_{HZ} + D_i \times \sin\alpha_i \end{aligned}
\tag{5-20}
$$

（二）由缓和曲线上任意点坐标推算其边桩坐标

如图 5-11 所示，求过点 P_i 切线偏角 δ_i 为：

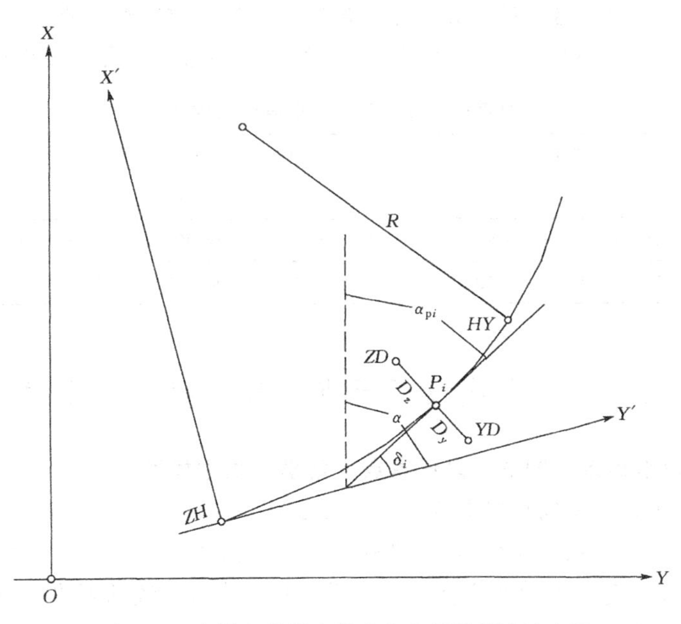

图 5-11　由缓和曲线上任意点坐标推算边桩坐标

$$\delta_i = \frac{90}{R\pi} \cdot \frac{l_i^2}{l_0} \tag{5-21}$$

求过点 P_i 切线方位角 α_{Pi} 为：

$$\alpha_{Pi} = \alpha \pm \delta_i \tag{5-22}$$

式中，若前进方向转向向右，δ_i 前取正号；若前进方向转向向左，δ_i 前取负号。

从设计上可知道左、右边桩离中桩的垂直距离分别为 D_z、D_y，如图 5-11 所示，则左边桩（*ZD*）、右边桩（*YD*）的坐标分别可以由下式计算：

$$\begin{aligned} x_z &= x_P + D_z \times \cos(\alpha_{Pi} - 90°) \\ y_z &= y_P + D_z \times \sin(\alpha_{Pi} - 90°) \end{aligned} \tag{5-23}$$

$$\begin{aligned} x_y &= x_P + D_y \times \cos(\alpha_{Pi} + 90°) \\ y_y &= y_P + D_y \times \sin(\alpha_{Pi} + 90°) \end{aligned} \tag{5-24}$$

注意，以上计算公式是以沿路线方向推算为前提的，如果逆向计算时，应将左、右边桩位置对调。

【例 5-4】 在【例 5-3】中，如表 5-5 所示，是各桩号的左、右边桩距中线的垂直距离，求各桩号中桩、左、右边桩的直角坐标。

表 5-5

桩号		左边桩垂距 D_z（m）	右边桩垂距 D_y（m）
待求点	K9 + 060.00	13.00	11.25
	K9 + 099.86（HY）	10.00	12.00

【解】 由于表 5-5 中的各桩号均落在 K8 + 999.86 至 K9 + 099.86（HY 点）缓和曲线段上，缓和曲线长度 l_0 = 100m，圆曲线半径 R = 450m，ZH 点的坐标已在【例 5-3】中获得，见表 5-4，则各桩号中桩、左、右边桩的直角坐标可以根据式（5-17）至式（5-24）计算，在实际工作中，由于这样的计算工作量是比较大的，故一般按照以上数学模型在计算机或计算器（如 casio fx4800P）上编制相应计算程序。通过计算可得表 5-6 的结果。

待求点中桩/左边桩/右边桩的坐标　　表 5-6

桩号	中桩坐标（m）		左边桩坐标（m）		右边桩坐标（m）	
	X	Y	X	Y	X	Y
K9 + 060.00	2813767.11	545317.94	2813757.83	545308.84	2813775.14	545325.82
K9 + 099.86	2813795.93	545290.42	2813789.30	545282.92	2813803.88	545299.41

第五节　圆曲线段任意点的直角坐标数学模型

一、局部直角坐标系下圆曲线段任意点直角坐标数学模型

（一）衔接直线的圆曲线局部直角坐标系的建立

如图 5-12 所示，以 ZY（YZ）点为坐标原点，切线方向为 Y′轴，过 ZY（或 YZ）点的垂线方向作 X′轴，建立的直角坐标系，这里称其为衔接直线的圆曲线局部直角坐标系。

（二）圆曲线上任意一点 P_i 的坐标可按下式计算

$$x'_i = R \cdot (1 - \cos\phi_i)$$
$$y'_i = R \cdot \sin\phi_i \quad (5\text{-}25)$$

式中，ϕ_i 为该点至曲线起（终）点间圆弧所对之圆心角；R 为圆曲线半径。

若以 $\phi_i = \frac{l_i}{R}$ 代入式（5-25）并用级数展开式，取前三项则可得到曲线上 P_i 点的坐标的另一表达式：

$$x'_i = \frac{l_i^2}{2R} - \frac{l_i^4}{24R^3} + \frac{l_i^6}{720R^5}$$
$$y'_i = l_i - \frac{l_i^4}{6R^2} + \frac{l_i^5}{120R^4} \quad (5\text{-}26)$$

式中，l_i 为圆曲线上任意一点 P_i 距 ZY（或 YZ）点的弧长。

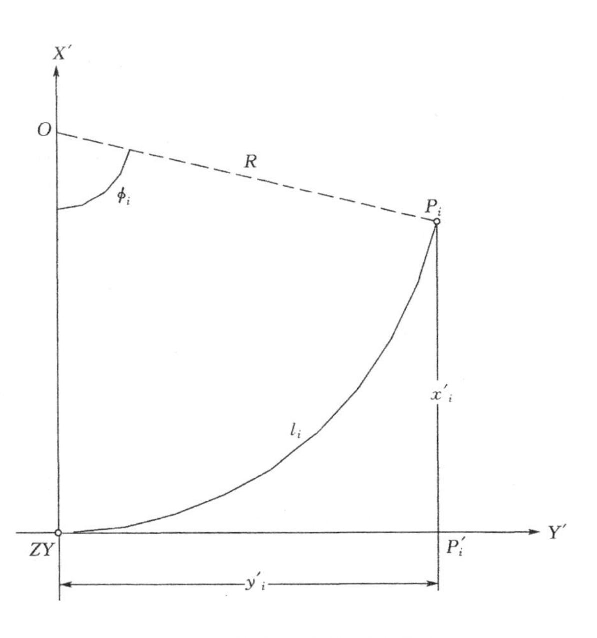

图 5-12 圆曲线局部坐标系下的圆曲线坐标计算

（三）圆曲线 P_i 点的里程桩号 P_iK

$$P_iK = ZYK + l_i \quad (5\text{-}27)$$

为了工作方便，常在圆曲线放样之前编制出曲线上各点的里程及直角坐标表。同【例 5-1】，$\alpha = 16°45'10''$，$R = 500$m，$JDK12 + 295.86$，圆曲线 ZY 点至 QZ 点之间各曲线点的里程及直角坐标表如表 5-7 所示。

圆曲线各点里程及坐标表 **表 5-7**

点 名	曲 线 长	里 程	X′	Y′	曲 线 元 素
ZY	0	K12 + 222.24	0.00	0.00	$\alpha = 16°45'10''$ $R = 500$m $T = 73.62$m $L = 146.20$m $E = 5.39$m $q = 1.04$m
1	10	+ 232.24	0.10	10.00	
2	20	+ 242.24	0.40	19.99	
3	30	+ 252.24	0.90	29.98	
4	40	+ 262.24	1.60	39.96	
5	50	+ 272.24	2.50	49.92	
6	60	+ 282.24	3.60	59.86	
7	70	+ 292.24	4.89	69.77	
QZ	73.10	+ 295.34	5.33	72.84	

二、在平面控制网坐标系统下圆曲线段任意点的直角坐标数学模型

（一）衔接直线的圆曲线段任意点直角坐标数学模型

1. 圆曲线上任意点的直角坐标计算

如图 5-13 所示，A-ZY 为直线段，其方位角为 α_0，圆曲线局部坐标系 Y'轴在平面控制网坐标系 XOY 下的方位角为α，$\alpha = \alpha_0$，设 ZY 点与 P_i 点的里程为 ZYK、P_iK，令 ZY 至 P_i 的方位角 α_i，则圆弧长 l_i 为：

$$l_i = P_iK - ZYK \tag{5-28}$$

圆心角 ϕ_i 为：

$$\phi_i = \frac{l_i}{R} \cdot \frac{180}{\pi} \tag{5-29}$$

弦切角 ρ_i 为：

$$\rho_i = \frac{\phi_i}{2} = 90 \cdot \frac{l_i}{R\pi} \tag{5-30}$$

ZY 点至点 P_i 的弦长 D_i 及方位角 α_i 分别为：

$$D_i = 2R \cdot \sin\rho_i \tag{5-31}$$

$$\alpha_i = \alpha \pm \rho_i \tag{5-32}$$

式（5-32）中，若前进方向转向向右，则 ρ_i 前取正号，若前进方向转向向左，则 ρ_i 前取负号。由此可得 P_i 点的坐标：

$$\left.\begin{aligned} x_P &= x_{ZY} + D_i \times \cos\alpha_i \\ y_P &= y_{ZY} + D_i \times \sin\alpha_i \end{aligned}\right\} \tag{5-33}$$

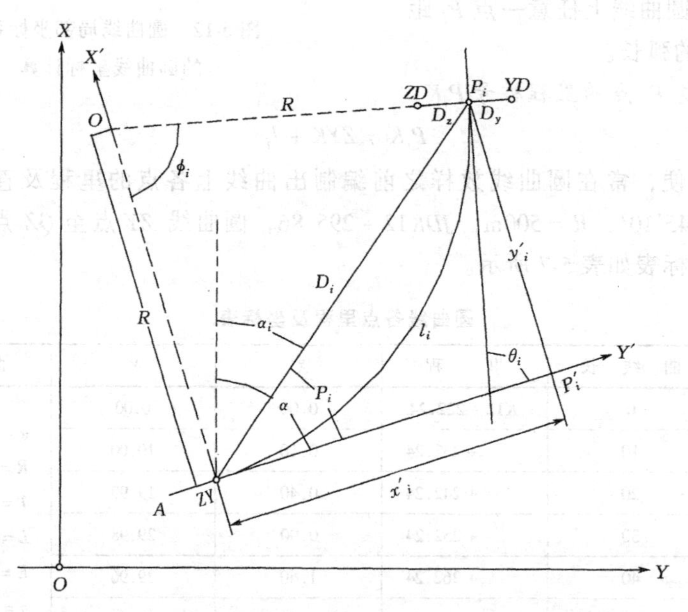

图 5-13　在平面控制坐标系下的衔接直线的圆曲线坐标计算

2. 由圆曲线上任意点坐标推算其边桩坐标

如图 5-13 所示，过求点 P_i 切线偏角 θ_i 为：

$$\theta_i = \frac{180}{\pi} \cdot \frac{l_i}{R} \tag{5-34}$$

其中，l_i 为 P_i 至 ZY 点的圆弧长，R 为圆曲线半径。

待求点 P_i 切线方位角 α_{Pi} 为：

$$\alpha_{Pi} = \alpha \pm \theta_i \tag{5-35}$$

式中，若前进方向转向向右，则 θ_i 前取正号，若前进方向转向向左，则 θ_i 前取负号。

根据左、右边桩离中桩的垂直距离分别为 D_z、D_y，则左（ZD）、右边桩（YD）的坐标可以由式（5-23）、（5-24）计算。

（二）衔接缓和曲线的圆曲线段任意点直角坐标数学模型

1. 衔接缓和曲线的圆曲线局部直角坐标系的建立

如图 5-14 所示，以 *ZH* 点至 *JD* 点直线为过 *ZH* 点的切线，以 *HY* 点为坐标原点，切线方向为 *Y′* 轴，过 *HY* 点的垂线方向作 *X′* 轴，建立的直角坐标系，这里称其为衔接缓和曲线的圆曲线局部直角坐标系。

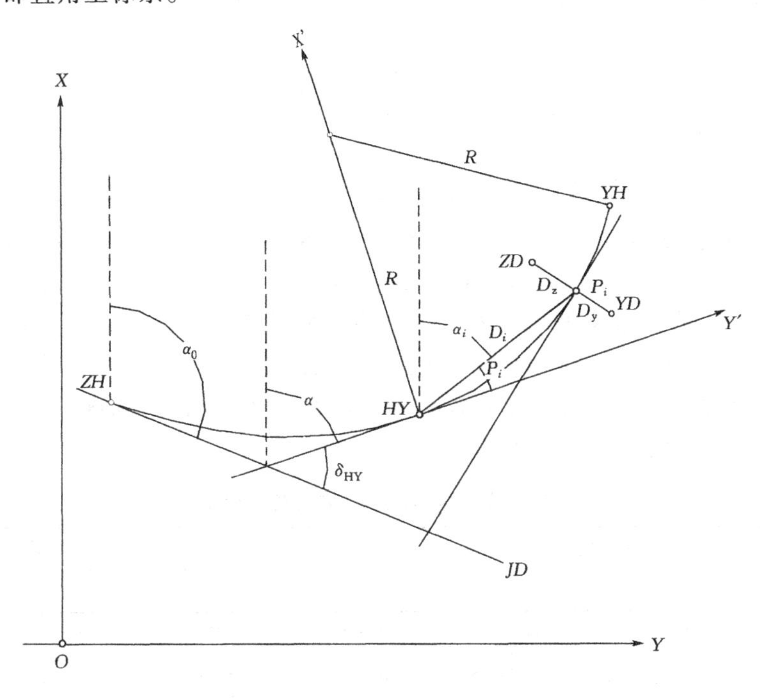

图 5-14　在平面控制坐标系下的衔接缓和曲线的圆曲线坐标计算

2. 圆曲线上任意点的直角坐标计算

由式（5-21）可得缓和曲线螺旋角 δ_{HY}为：

$$\delta_{HY}=\frac{90\cdot l_0}{R\pi} \tag{5-36}$$

式中　l_0——缓和曲线长；

　　　R——圆曲线曲率半径。

于是，过 *HY* 点切线（*Y′* 轴）的方位角 α 为：

$$\alpha=\alpha_0\pm\delta_{HY} \tag{5-37}$$

设 *HY* 点与 P_i 点的里程桩号为 *HYK*、P_iK，则圆弧长 l_i 为：

$$l_i=P_iK-HYK \tag{5-38}$$

再根据式（5-30）、（5-31）、（5-32）可以分别计算得 ρ_i、D_i、α_i 的值，则 P_i 点的坐标可以由下列公式计算：

$$\begin{aligned}x_P&=x_{HY}+D_i\times\cos\alpha_i\\ y_P&=y_{HY}+D_i\times\sin\alpha_i\end{aligned} \tag{5-39}$$

3．由圆曲线上任意点坐标推算其边桩坐标

如图 5-14 所示，待求点 P_i 切线偏角 θ_i 及切线方位角 α_{P_i} 可以分别按式（5-34）、（5-35）计算得到，若左、右边桩离中桩的垂直距离分别为 D_z、D_y，则左（ZD）、右边桩（YD）的坐标可以根据式（5-23）、（5-24）计算。

【例 5-5】在【例 5-3】、【例 5-4】中，如表 5-8 所示，是各桩号的左、右边桩距中线的垂直距离，求各桩号中桩、左、右边桩的直角坐标。

表 5-8

桩号		左边桩垂距 D_z（m）	右边桩垂距 D_y（m）
待求点	$K9+172.15$（QZ）	14.00	9.75
	$K9+244.43$（YH）	5.00	10.00

【解】 由于表 5-8 中的各桩号均落在 $K9+099.86$（HY 点）至 $K9+244.43$（YH 点）圆曲线段上，而缓和曲线长度 $l_0=100$m，圆曲线半径 $R=450$m，HY 点的坐标已在【例 5-4】中获得，见表 5-6，则各桩号中桩、左、右边桩的直角坐标可以根据式（5-36）、（5-37）、（5-38）、（5-39）、（5-23）、（5-24）计算，在实际工作中，由于这样的计算工作量是比较大的，故一般按照以上数学模型在计算机或计算器（如 casio fx4800P）上编制相应计算程序。通过计算可得表 5-9 的结果。

待求点中桩/左边桩/右边桩的坐标 **表 5-9**

桩号	中桩坐标（m）		左边桩坐标（m）		右边桩坐标（m）	
	X	Y	X	Y	X	Y
$K9+172.15$	2813853.69	545247.07	2813846.21	545235.24	2813858.90	545255.32
$K9+244.43$	2813917.63	545213.53	2813915.67	545208.93	2813921.55	545222.73

第六节　匝道上回旋线段任意点直角坐标数学模型

高等级公路设置立交，可以提高道路交叉口的通行能力，减缓或消除交通阻塞，改善立交口的交通安全。匝道是组成立交的基本单元，是指在立交处连接上、下道路而设置的单车道的转弯道路。

回旋线曲率半径增大方向有两种情况：与路线的前进方向相反，或者相同，如图5-15所示。KK、P_iK 分别为起算点 K、待求点 P_i 的里程，相应的曲率半径为 ρ_K、ρ_{P_i}。

当 $\rho_K>\rho_{P_i}$时，P_i 点至回旋线起点 Q（$\rho=\infty$）的曲线长度

$$l = l_K + (P_iK - KK) \tag{5-40}$$

当 $\rho_K<\rho_{P_i}$时，则

$$l = l_K - (P_iK - KK) \tag{5-41}$$

式中，l_K 可按式（5-3）、（5-4）计算。

方位角

$$\alpha = \alpha_K + \beta \tag{5-42}$$

式中，β 是经回旋线曲率长度（$P_iK - KK$）后转变路线方向的角度，其值

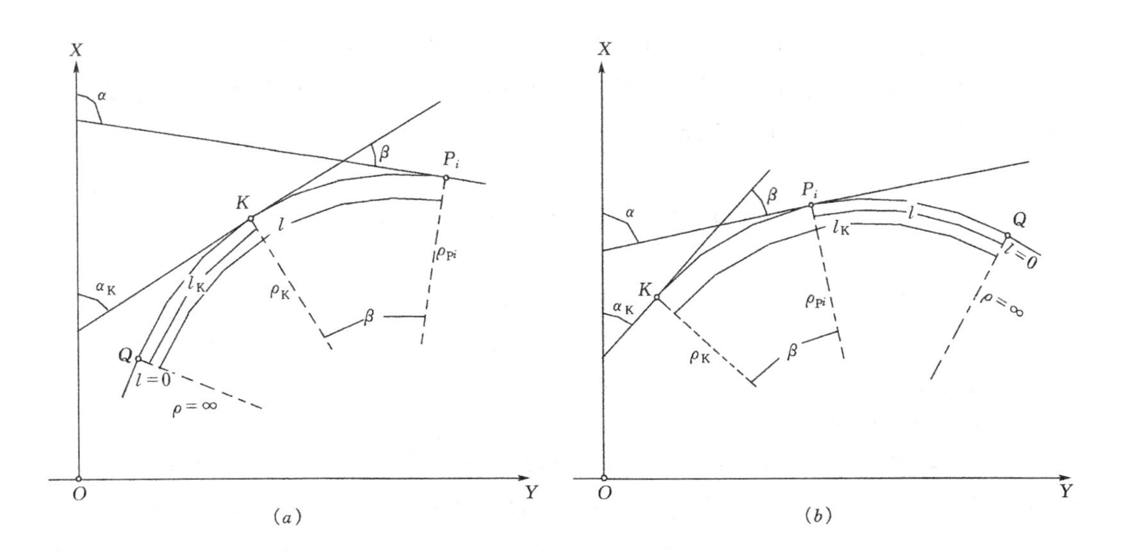

图 5-15　匝道上回旋线段任意点直角坐标数学模型

$$\beta = \frac{P_iK - KK}{2R_e} \cdot \frac{180}{\pi} \tag{5-43}$$

式中，R_e 称为回旋线的换算半径，其值

$$R_e = \frac{\rho_k \cdot \rho_{Pi}}{\rho_k + \rho_{Pi}} \tag{5-44}$$

对于圆曲线，则有 $\rho_K = \rho_{Pi} = R$。于是

$$R_e = \frac{R}{2} \tag{5-45}$$

将其代入式（5-43）即得式（5-29）。

因此，当 β 是经回旋线曲线长度后转变路线方向的角度时，应按式（5-43）计算；当 β 是经圆曲线圆弧长后转变路线方向的角度时，应按式（5-29）计算。

同时，由于方位角是按顺时针方向计算的，所以当路线右转，β 为正；路线左转，β 为负。因此，当路线右转时，曲率半径取正值；左转时，取负值。

回旋线段 P_i 点的坐标由下式计算：

$$\begin{aligned} x_P &= x_K + V \cdot A\cos T - B\sin T \\ y_P &= y_K + V \cdot A\sin T + B\cos T \end{aligned} \tag{5-46}$$

式中

$$A = l - l_K - \frac{l^5 - l_K^5}{40C^2} + \frac{l^9 - l_K^9}{3456C^4} - \cdots\cdots$$

$$B = \frac{l^3 - l_K^3}{6C} - \frac{l^7 - l_K^7}{336C^3} + \frac{l^{11} - l_K^{11}}{42240C^5} - \cdots\cdots$$

$$T = \alpha_K - V \cdot \frac{l_K^2}{C} \cdot \frac{90}{\pi}$$

式（5-46）中，$V = \mathrm{SGN}(\rho_K - \rho_{Pi})$，为符号函数，在计算时无需知道其具体数值，只要能判断 ρ_K 是否大于 ρ_{Pi} 即可。在判断时必须注意曲率半径自身的符号，路线右转为正、左转为负。若 $\rho_K > \rho_{Pi}$，则 $(l - l_K) > 0$，取 V 为正号；反之，取 V 为负号。

匝道上圆曲线段任意点直角坐标数学模型可以看做是上面的一种特例，当 ρ_K 或 ρ_{Pi} 为 ∞ 时，式（5-43）可简化为式（5-36）。

第七节　线路的初测

线路初测是线路勘测设计的一个特定的勘测阶段，是对几条或一条主要的线路进行实地勘测，通常由选线人员、测量人员等组成勘测队的形式来开展工作。初测阶段的测量工作有平面控制测量、高程控制测量和地形测量。

一、平面控制测量

布设平面控制网既是测绘带状地形图的依据，也是线路定测中的平面控制基础。因此，所布设的平面控制网应贯通全线，并应尽可能符合或接近于将来线路的位置。平面控制网的建立，传统上一般采用导线测量，目前主要有两种情况，一种是应用 GPS 定位技术替代导线测量；一种是应用 GPS 定位技术加密国家控制点或建立首级控制网，在此基础上，再用导线测量加密。在实际生产中较多的用了后者。

（一）线路 GPS 控制网的建立

交通部《公路勘测规范》、铁道部《铁路测量技术规程》分别规定，公路线路符合导线全长不得大于 10km，铁路线路符合导线全长不得大于 30km。公路、铁路 GPS 线路控制网布设应满足以下几条：

① 作为导线起闭点的 GPS 应成对出现；

② 每对点必须通视，间隔以 1km 为宜（不宜短于 200m）；

③ 每对点与相邻一对点的间隔公路不得大于 10km（对铁路不得大于 30km）；具体间隔视作业条件和整个控制测量工作计划而定，这些点均沿设计线路布设，其图形类似线形锁。

线路 GPS 网布设选点时还应遵守以下原则：

① 点位应设在易于安装接收设备、视野开阔的较高点上。

② 点位目标要显著，视场周围高度角 15°以上不应有障碍物，以减小 GPS 信号被遮挡或被障碍物吸收。

③ 点位应远离大功率无线电发射源（如电视台、微波站等），其距离不小于 200m；远离高压输电线，其距离不得小于 50m，以避免电磁场对 GPS 信号的干扰。

④ 点位附近不应有大面积水域或不应有强烈干扰卫星信号接收的物体，以减弱多路径效应的影响。

⑤ 点位应选在交通方便，有利于其他观测手段扩展与联测的地方。

⑥ 地面基础稳定，易于点的保存。

⑦ 为了提高勘测精度和便于日后勘测工作的开展，在线路勘测起迄处、线路重大方案起迄处、线路重大工程（如隧道、特大桥、枢纽等）地段、航摄测段重叠处应布设 GPS 点对。

如图 5-16 所示是西安—南京线西安到南阳段 GPS 控制网布设网形实例。

西安—南京线中西安至南阳段线路长度 450km，勘测设计工作由铁道部第一勘测设计

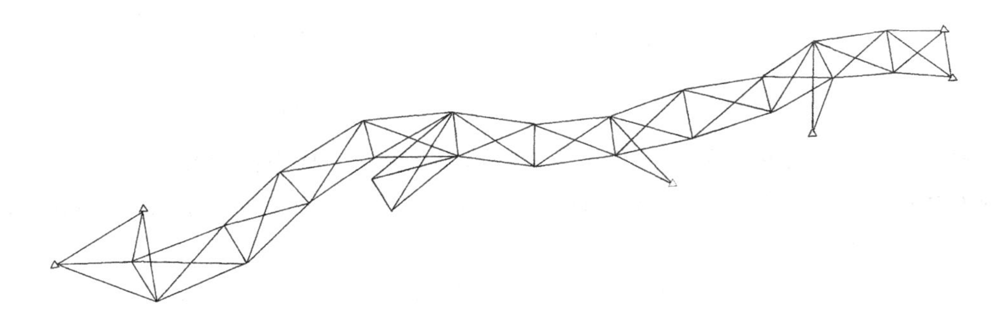

图 5-16　西安—南阳段 GPS 控制网示意图

院承担。线路通过秦岭山脉东段和豫西山区。GPS 定位测量是为初测导线提供起闭点。GPS 网由 13 个大地四边形和 2 个三角形组成。待定点（GPS 控制点）24 点为 12 个点对，相邻点对间平均距离 18km。联测了六个国家控制点。选用其中五个点作为已知点参与平差。

（二）导线测量

导线点的位置应满足以下几项要求：

① 尽量接近线路通过的位置；

② 在大桥及复杂中型桥梁和隧道的附近、严重地质不良地段以及越岭垭口地点，均应设点；

③ 点间的距离不宜大于 400m 小于 50m；

④ 点位稳固，便于测绘及保存；

⑤ 当导线边较长时，应在导线点间加测转点，以便测图。

导线点及转点应钉设控制桩和标志桩，控制桩面与地面齐平，其上钉小钉，表示点位；标志桩距离控制桩 30 ~ 50cm，向着控制桩的一面，其上书写导线点（或转点）的里程及统一编号。

线路导线水平角观测，可用 J_2 或 J_6 级经纬仪，以测回法观测右角一测回。上、下两个半测回之间变动度盘位置，角度较差在 $\pm 20''$（J_2）或 $\pm 30''$（J_6）以内时，取平均数作为观测结果。

导线边长宜尽量采用光电测距测定，当采用钢尺丈量时，需往返丈量两次，公路和铁路勘测中，要求边长相对中误差不应大于 1/1000 和 1/2000。

在线路测量中，为控制测量误差的积累，导线起、终点，以及中间每隔一定距离的导线点，应尽可能与国家或其他部门不低于四等的平面控制点进行联测。

需要指出，利用已知控制点进行联测时，要注意所用的控制点与被检核导线的起算点是否处于同一投影带内，若在不同带时应先进行换带计算，然后再进行检核计算。

当导线与已知控制点边联测后，先检核方位角精度。公路和铁路勘测中分别要求方位角闭合差应小于 $\pm 60''\sqrt{n}$ 和 $\pm 40''\sqrt{n}$（n 为折角的个数）。在进行坐标检核时，首先要调整角度闭合差，根据改正后的角度和边长计算导线的坐标增量。由于已知控制点的坐标一般都是在高斯投影面上的坐标，对于较长的导线来说，需把用地面测定的边长所算得的坐标增量改化至高斯投影面上。这项改化分为两步：

① 将坐标增量总和 $\Sigma\Delta x$、$\Sigma\Delta y$ 改化至参考椭球面上，计算公式为：

$$\Sigma\Delta x_0 = \Sigma\Delta x - H_m/R \cdot \Sigma\Delta x = \Sigma\Delta x \cdot (1 - H_m/R)$$
$$\Sigma\Delta y_0 = \Sigma\Delta y - H_m/R \cdot \Sigma\Delta y = \Sigma\Delta y \cdot (1 - H_m/R) \tag{5-47}$$

式中，$\Sigma\Delta x_0$、$\Sigma\Delta y_0$ 分别为改化至参考椭球面上的纵、横坐标增量总和；$\Sigma\Delta x$、$\Sigma\Delta y$ 分别为根据边长和平差后角度计算的纵、横坐标增量总和；H_m 为导线点的平均高程；R 为地球的平均曲率半径。

② 将参考椭球面上的坐标增量总和化算至高斯投影面上，计算公式为：

$$\Sigma\Delta x = \Sigma\Delta x_0 + \frac{y_m^2}{2R^2} \cdot \Sigma\Delta x_0$$
$$\Sigma\Delta y = \Sigma\Delta y_0 + \frac{y_m^2}{2R^2} \cdot \Sigma\Delta y_0 \tag{5-48}$$

式中，$\Sigma\Delta x$、$\Sigma\Delta y$ 分别为高斯投影面上的纵、横坐标增量的总和；y_m 为该导线两端点的横坐标平均值。

以改化后的坐标增量总和计算坐标闭合差及导线相对精度 。要求导线全长相对闭合差不应大于 1/1000。当相对闭合差不大于 1/1000 时，可调整闭合差。导线点虽经调整，但对已测好的带状地形图可以不进行改动。

二、高程控制测量

公路与铁路高程控制测量的高程系统，宜采用 1985 国家高程基准。同一条公路或铁路应采用同一个高程系统，不能采用同一系统时，应给定高程系统的转换关系。独立工程或三级以下公路联测有困难时，可采用假定高程。

公路与铁路高程控制测量主要采用水准测量。在进行水准测量确有困难的山岭地带以及沼泽、水网地区，四、五等水准测量可用光电测距三角高程测量。

各级公路及构造物的水准测量等级应按表 5-10 选定。

公路及构造物水准测量等级 **表 5-10**

测 量 项 目	等 级	水准路线最大长度 (km)
4000m 以上特长隧道、2000m 以上特大桥	三等	50
高速公路、一级公路、1000 ~ 2000m 特大桥、2000 ~ 4000m 长隧道	四等	16
二级及二级以下公路、1000m 以下桥梁、2000m 以下隧道	五等	10

水准测量的精度应符合表 5-11 的规定。

水准路线应沿公路路线布设，水准点宜设于公路中心线两侧 50 ~ 300m 范围之内。在路线工程建设专业称路线高程控制测量为基平测量。在基平测量的基础上，即以这些水准点为依据，再去测定导线点及各加桩点的高程的工作，叫中平测量。

初测阶段，一般地段每隔 1 ~ 1.5km 设立一个水准点，山岭和工程地质复杂地段每隔 0.5 ~ 1.0km 设一个。桥址两岸、隧道口及其他大型构筑物附近均需增设水准点。水准点应设在未被风化的基岩或稳固的建筑物上；水准点的标志一般为混凝土桩或条石等，水准点用“BM”标注，并注明脚标编号，如“BM_2”。

水准测量的精度 **表 5-11**

等 级	每千米高差中数中误差(mm)		往返较差、附合或环线闭合差(mm)		检测已测测段高差之差(mm)
	偶然中误差 M_Δ	全中误差 M_m	平原微丘区	山岭重丘区	
三 等	±3	±6	$\pm 12\sqrt{L}$	$\pm 3.5\sqrt{n}$或$\pm 15\sqrt{L}$	$\pm 20\sqrt{L_i}$
四 等	±5	±10	$\pm 20\sqrt{L}$	$\pm 6.0\sqrt{n}$或$\pm 25\sqrt{L}$	$\pm 30\sqrt{L_i}$
五 等	±8	±16	$\pm 30\sqrt{L}$	$\pm 45\sqrt{L}$	$\pm 40\sqrt{L_i}$

注：计算往返较差时，L 为水准点间的路线长度（km）；计算附合或环线闭合差时，L 为附合或环线的路线长度（km）。n 为测站数。L_i 为检测测段长度（km）。

基平测量采用精度不低于 DS_3 级的水准仪和双面水准尺，中丝法进行往返测量；或两个组各测一个单程。读数至毫米，基平测量应与国家水准点或相当于国家等级的水准点联测。当线路距上述水准点在 5km 以内时，应不远于 30km 联测一次，形成附合路线，联测允许闭合差为 $\pm 30\sqrt{k}$mm（k 为附合水准路线长，以千米计）

中平测量一般采用单程水准测量，水准路线应起闭于基平测量所设置的水准点上。高差闭合差原容许值为 $\pm 50\sqrt{k}$mm（k 为附合水准路线长，以千米计）。在困难地段，中桩高程也可用三角高程测量的方法测定。三角高程路线应起闭于基平测量中测定过高程的导线点上，其路线长度一般不宜大于 2km。

三、地形测量

地形测量主要是测绘沿线带状地形图和工点地形图（供站场、隧道口、桥涵等设计使用）。地形测图尽量以初测导线作为测站，测图比例尺视工程、地形而异，参见表 5-1。传统地形测量方法有经纬仪测绘、平板测图等，现代方法是数字化地形测图；测绘宽度，公路为 200 ~ 400m，铁路为 400 ~ 600m；地形点的分布及密度应能反映地形、地貌的真实情况，满足内插等高线的要求。在图上地形点的间距一般不大于 15 ~ 20mm。

第八节 线 路 的 定 测

定测的主要任务是将初测后经技术、经济比较选定的图上设计的线路测设于实地，结合现场的实际情况，调整局部方案，并对线路进行纵、横断面测量，为技术设计和施工设计搜集资料。

定测阶段的具体测量工作有：路线放线、中线测量、纵断面测量、横断面测量。

一、路线放线

（一）放线（交点的测设）

根据初测控制点，将初步设计图上所定的线路中线在实地的相应位置标定出来的工作，称为放线。如图 5-17 所示，C_1、C_2、C_3、C_4 为初测控制点，JD_1、JD_2、JD_3 为设计线路中线的交点，为在实地上放样出 JD_1、JD_2、JD_3 等交点，传统的放线方法有穿线放线法和拨角放线法。目前由于线路设计一般均在计算机上进行，在计算机设计图中量取各种放样数据（距离、水平角或直角坐标等）将变得相当方便，初步设计可直接提供设计线路中线的交点坐标，由于全站仪的广泛应用，目前常采用全站仪直角坐标法放样或极坐标法放样。具体放样方法参见第二章第五节，这里就不再赘述了。

（二）转角的测定

转角或称偏角，是指路线由一个方向偏向另一个方向时，偏转后的方向与原方向的水平夹角。高速公路、一级公路应使用精度不低于 J_6 经纬仪，采用全圆测回法测量右测角，观测一测回。两半测回间应变动度盘位置，角值相差的限差在 ±20″以内取平均值，取位至 1″；二级及二级以下公路角值相差的限差在 ±60″以内取平均值，取位至 30″（即 10″舍去，20″、30″、40″取为 30″，50″进为 1′）。若测右角，则偏角（或转向角）可用下式计算：

$$\alpha_{左} = 180° - \beta_{右}(\beta_{右} < 180°)$$

$$\alpha_{右} = \beta_{右} - 180°(\beta_{右} > 180°) \tag{5-49}$$

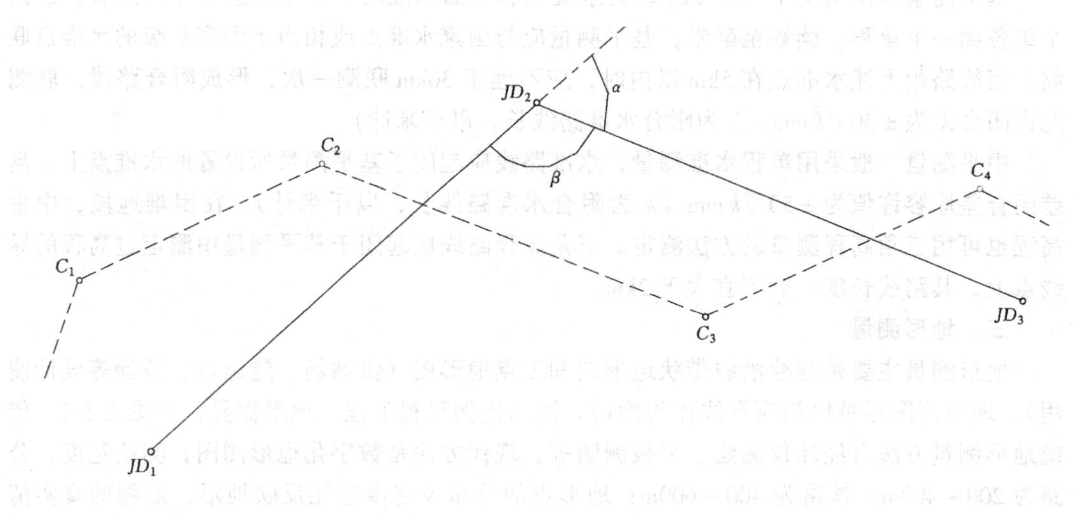

图 5-17　线路中线交点与初测控制点关系图

二、中线测量

中线测量是沿定出的线路中线丈量距离，并设置里程桩和加桩（统称为中桩）。中桩间的距离应满足表 5-12 的规定，但是在下列位置应设置加桩：

① 路线纵、横向地形变化处；
② 路线交叉处；
③ 拆迁建筑物处；
④ 桥梁、涵洞、隧道等构造物处；
⑤ 土质变化及不良地质地段起、终点处；
⑥ 省、地（市）、县级行政区划分界处；
⑦ 改建公路变坡点、构造物和路面面层类型变化处。

加桩应取位至 1m，特殊情况可取位至 0.1m。标志中桩点位的木桩上可以不钉中心钉，但对于 500m 整数倍的桩（即半、整千米桩），应以大木桩上的中心钉标志其点位。

中　桩　间　距　　表 5-12

直　线（m）		曲　线（m）			
平原微丘区	山岭重丘区	不设超高的曲线	$R>60$	$30\leqslant R\leqslant 60$	$R<30$
≤50	≤25	25	20	10	5

注：表中 R 为曲线半径，以“m”为单位。

中桩测量是按规定的中桩间距或地形、地物情况，依次设置里程桩和加桩。现在一般均采用光电测距仪或全站仪，按照本章第三节至第六节介绍的数学模型计算直角坐标，再按第二章第五节介绍的放样方法进行测设。中线量距精度和中桩桩位限差，不得超过表 5-13 的规定。

中桩量距精度和中桩桩位限差　　**表 5-13**

公路等级	距离限差	桩位纵向误差（m）		桩位横向误差（cm）	
		平原微丘区	山岭重丘区	平原微丘区	山岭重丘区
高速公路、一级公路	1/2000	$S/2000+0.05$	$S/2000+0.1$	5	10
二级公路	1/1000	$S/1000+0.10$	$S/1000+0.10$	10	15

注：表中 S 为交点至桩位的距离，以“m”为单位。

所有中桩都是以线路起点到该点的中线长度作为其桩号，也就是前面提到的里程桩号。整条线路上的里程桩号应当是连续的。但是当出现局部改线，或是在事后发现距离测量中有错误，就会造成里程的不连续，这在线路中称为“断链”。出现断链后，要在测量成果和有关设计文件中注明断链情况，并要在现场设置断链桩。断链桩要设置在直线段中的 10m 整倍数桩上，桩上要注明前后里程的关系及长（或短）多少距离。例如，在 $K7+550$ 桩至 $K7+650$ 之间出现断链，所设置的断链为“$K7+581.8=K7+600$（短 18.2m）”，即：等号前面的桩号为来向里程，等号后面的桩号为去向里程。表明断链桩与 $K7+550$ 桩间的距离为 31.8m，而到 $K7+650$ 桩的距离是 50m。

中线测量结束后，要及时进行成果整理，以供后续工序使用，首先要对所有原始记录进行检查，然后根据工程需要编制中线成果表和线路示意图，中线成果表中主要包括中桩点表和曲线测设表等。线路示意图的内容应包括线路走向、定线关系及中线上主要控制点的里程等。

三、纵断面测量

（一）概念

定测阶段线路的纵断面测量的首要任务是根据基平测量中设置的水准点，施测中线上所有中桩点的地面高程，此项工作又称中平测量；然后按测得的中桩点和其里程（桩号）绘制纵断面图。纵断面图反映沿中线的地面起伏情况，这是设计路面高程、坡度和计算土方量的重要依据。

纵断面测量既可以用水准测量的方法，又可以用光电三角高程测量的方法。

进行纵断面测量前，先要对初测阶段设置的水准点逐一进行检测，其允许误差：高速公路、一级公路为 $\pm 30\sqrt{L}$mm（L 为相邻点间的路线长度，以千米计）；二级及二级以下公路为 $\pm 50\sqrt{L}$mm；中桩高程可观测一次，读数取位至厘米。

中桩高程检测限差：高速公路、一级公路为 ±5cm；二级及二级以下公路为 ±10cm。

（二）以水准测量方法进行中平测量

在高差起伏不大的平坦地区，采用以水准测量方法进行中平测量比较适宜，如图 5-18 所示，第Ⅰ测站安置水准仪，以水准点 BM_1 为后视点，以高程转点 ZD 为前视点，该测站射向里程桩号的 5 条虚线是插入的视线，称为中视。图上多条视线形成似扇形，故称这种测站观测法为扇形法。同理，在第Ⅱ测站以后的各连续测站均以此法观测。

中平测量的一测站前、后视距最长可达 150m，中视距可适当放长。在观测中每尺一次读数，前、后视读数取位至 1mm，中视读数取位至 1cm。中平测量应在两个已知水准点之间进行。

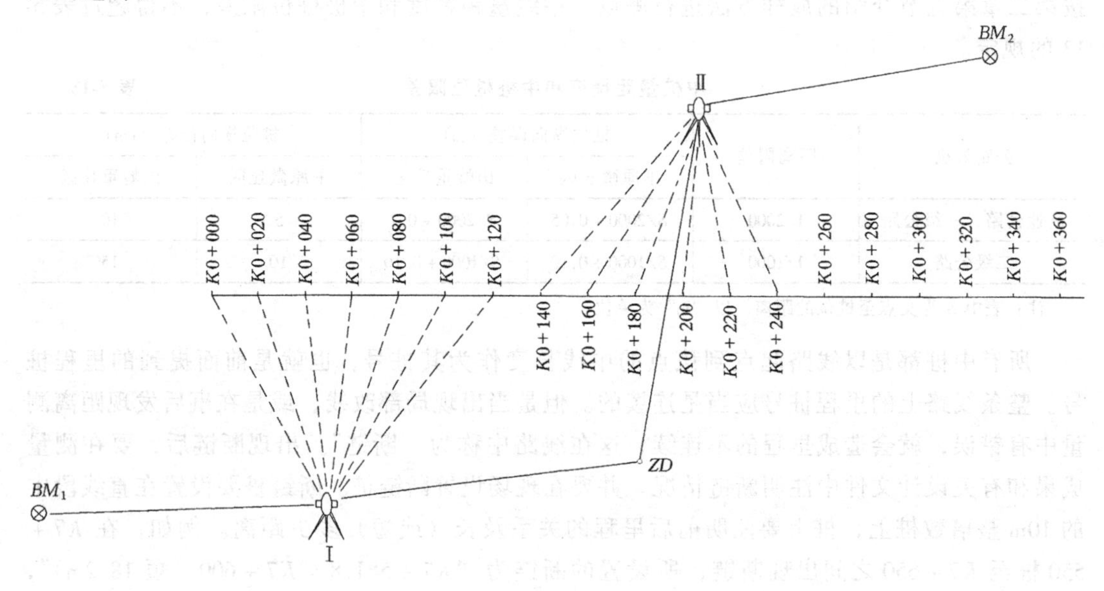

图 5-18　以水准测量方法进行中平测量

（三）以光电三角高程测量方法进行中平测量

在高差起伏较大的地区，采用以光电三角高程测量方法进行中平测量比较适宜，如图 5-19 所示，在已知高程为 H_A 的点位上安置全站仪，以光电三角高程测量方法可得到地面点 P 的高程 H_P 为：

$$H_P = H_A + h_{AP} = H_A + D \times \sin\alpha + (1 + k)\frac{D^2}{2R} + i - l \tag{5-50}$$

式中，D 是光电测距边长；α 是观测的垂直角；i 是测站的仪器高度；l 是观测垂直角时反射镜中心的高度；k 是大气折光系数。

在实际工作中，中平测量和中线测量可联合在全站测量的过程中进行。

（四）纵断面图的绘制

在纵断面测量中，当线路穿过架空线路或跨越涵管时，除了要测出中线与它们相交处（一般都已设置了加桩）的地面高程外，还应测出架空线路至地面的最小净空和涵管内径等，这些数据还需要注到纵断面图上。线路跨越河流时，应进行水深和水位高程测量以便在纵断面图上反映河床的断面形状及水位高。

纵断面图是表示线路中线方向地面高低起伏形状和纵坡变化的剖面图，这是根据中桩高程测量成果绘制而成。在铁路、公路设计中，纵断面图是主要的资料。如图 5-20 所示，

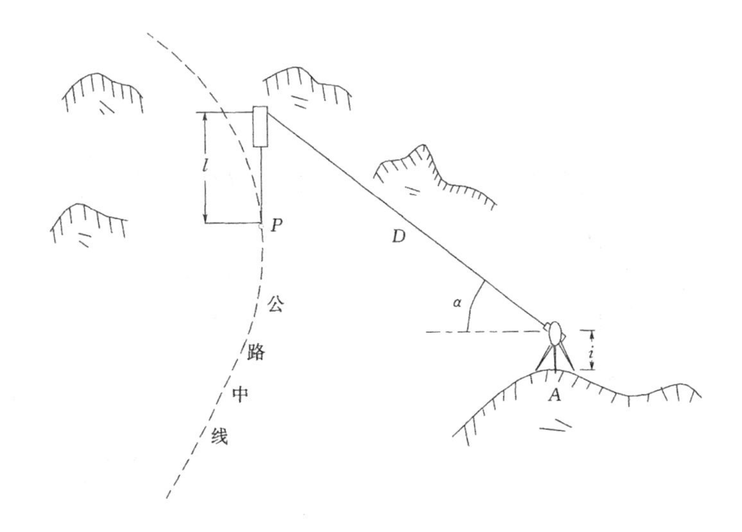

图 5-19　以光电三角高程测量方法进行中平测量

为线路纵断面图。一般地，图的高程（竖直）比例尺通常比里程（水平）比例尺大 10 倍，如水平比例尺为 1/2000，则竖直比例尺应为 1/200。

纵断面图包括两部分，上半部绘制断面线，进行有关注记；下半部填写资料数据表。在图 5-20 的上半部，从左至右绘有两条贯穿全图的线，一条点划线表示线路中线地面起伏；另一条粗实线，表示线路纵向坡度的设计线。此外，还要注记有关线路的资料，如水准点位置、编号及高程；桥涵里程、形状及其曲线要素；土壤质地和钻孔资料；施工时的填挖高度等。在图的下半部为五格横栏数据表，填写的内容为：

（1）坡度与坡长从左至右向上斜者为上坡，向下斜者为下坡，水平表示平坡；线上注记的百分数（铁路线路断面图为千分数）为坡度，线下注记坡长。

（2）设计高程按中线设计坡度计算的路基高程。

（3）地面高程按中桩高程测量成果填写的各里程桩的地面高程。

（4）里程桩与里程按中桩高程测量成果，根据水平比例尺标里程桩号。为使纵断面图清晰，一般只标注百米桩，为了减少书写，百米桩的里程只写 1 ~ 9，公里桩则用符号，并说明公里数。

（5）直线和曲线为线路中线的平面示意图，按中线测量资料绘制。直线部分用居中直线表示，曲线部分用凸出的矩形表示，上凸者表示线路右弯，下凸者表示左弯，并在凸出的矩形内注明交点编号和曲线半径。

四、横断面测量

（一）概念

垂直线路中心线方向的断面称为横断面，它反映垂直线路中线方向上自然地面的坡度变化。在地形复杂地段时，特别是傍山坡通过的线路，为了研究合理的线路位置，均需测绘横断面，以便确定线路通过的位置。此外，在进行路基设计、路基边坡设计、路基排水设计、土石方数量计算以及桥涵和挡土墙设计时，都需要有横断面图。

横段面测量应逐桩施测，横断面施测的宽度应满足路基及排水设计的要求；横断面测量应反映地形、地物、地质的变化，并标注相关水位、建筑物、土石分界等位置。施测中

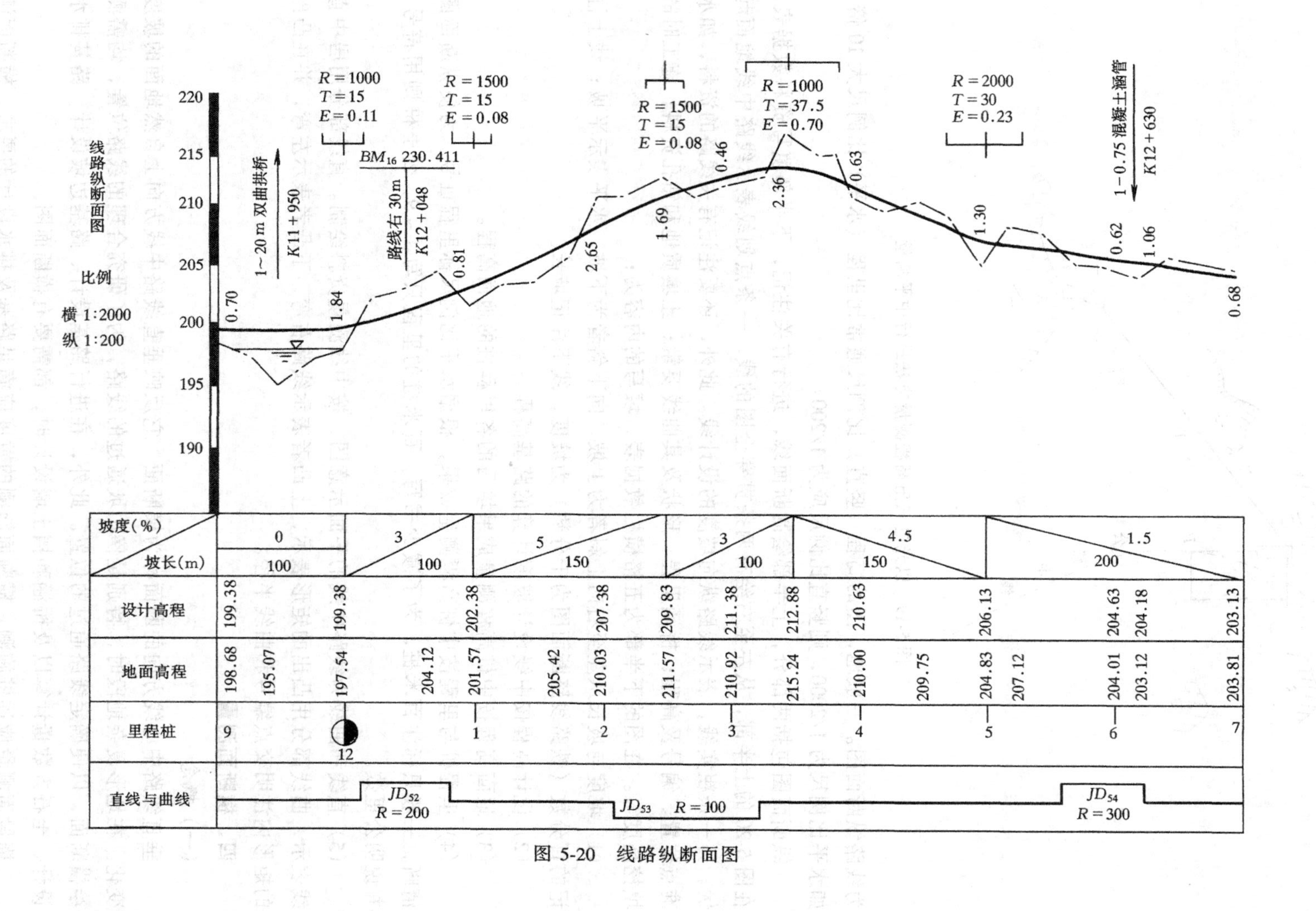

线路纵断面图
比例
横 1:2000
纵 1:200
220
215
210
205
200
195
190
R = 1000
T = 15
E = 0.11
R = 1500
T = 15
E = 0.08
R = 1500
T = 15
E = 0.08
R = 1000
T = 37.5
E = 0.70
R = 2000
T = 30
E = 0.23
1~20 m 双曲拱桥
K11 + 950
BM16 230.411
路线右 30 m
K12 + 048
1-0.75 混凝土涵管
K12 + 630
0.70
1.84
0.81
2.65
1.69
0.46
2.36
0.63
1.30
0.62
1.06
0.68
坡度(%)
坡长(m)
0
100
3
100
5
150
3
100
4.5
150
1.5
200
设计高程
199.38
199.38
202.38
207.38
209.83
211.38
212.88
210.63
206.13
204.63
204.18
203.13
地面高程
198.68
195.07
197.54
204.12
201.57
205.42
210.03
211.57
210.92
215.24
210.00
209.75
204.83
207.12
204.01
203.12
203.81
里程桩
9
12
1
2
3
4
5
6
7
直线与曲线
JD52
R = 200
JD53
R = 100
JD54
R = 300

图 5-20　线路纵断面图

高程及距离的读数取位至0.1m，检测限差应符合表5-14的规定。

横断面检测限差 **表5-14**

路　线	距　离	高　程
高速公路、一级公路	$\pm(L/100+0.1)$	$\pm(h/100+L/200+0.1)$
二级及以下公路	$\pm(L/50+0.1)$	$\pm(h/50+L/100+0.1)$

注：L 为测点至中桩的水平距离（m）；h 为测点至中桩的高差（m）。

（二）横断面方向的标定

1. 在直线段上，横断面的方向与线路中心线垂直，标定方向通常用十字架，如图5-21所示，将方向架的竖杆立于欲测横断面的中心桩 A 点上，以方向架对角线的两个小钉，瞄准线路中心线的标桩 JD 点，并固定十字架，这时方向架另外两个小钉的连线 AC 方向即为横断面方向。

2. 在圆曲线上，横断面的方向与该点处曲线的切线方向相垂直，如图5-22所示。首先在曲线上选取 C、A 两面点，且使 $AB=BC$，然后将方向架置于 B 点，分别以 A 点和 C 点作为后视点，放出 BA 方向和 BC 方向的垂直方向 Bd 和 Be，且使 $Bd=Be$，d 点和 e 点求出后，丈量 de 的距离，求出其中点位置 f。Bf 方向即为 B 点的横断面方向。

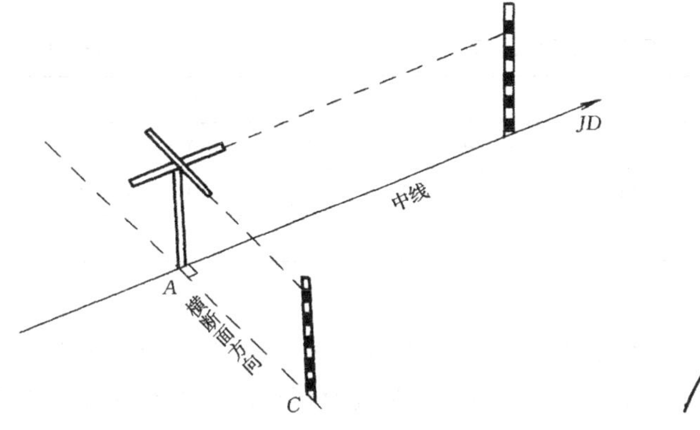

图5-21　直线段横断面方向

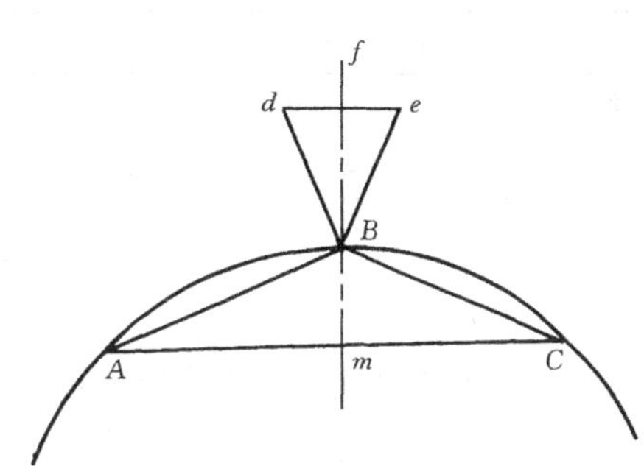

图5-22　圆曲线段横断面方向

3. 在缓和曲线上，可在方向架的竖杆套一个简易的木质水平度盘，以便能使其根据偏角关系来标定横断面方向。标定方法如图5-23所示：偏角 δ_a 可按式（5-17）求得，$\delta_z=2\delta_a$，故在标定前先将度盘上的指标从方向架的某一横轴起拨角 δ_z，然后用指标对准

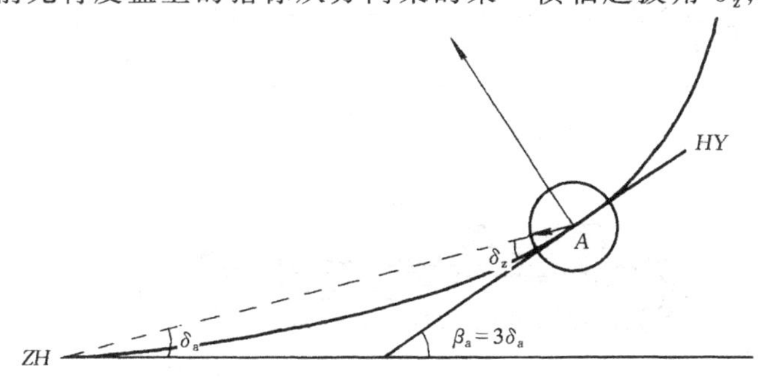

图5-23　缓和曲线段横断面方向

ZH 点，则方向架上另一个横轴的方向即为横断面方向。

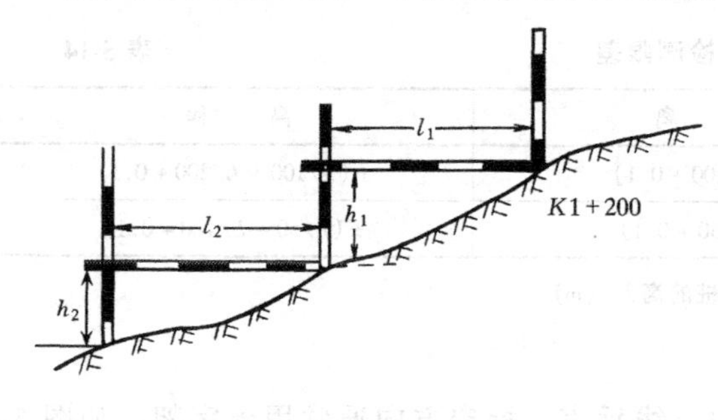

图 5-24 标杆比抬法

（三）施测横断面

横断面测量的目的是测定线路两侧变坡点的平距与高差，视线路的等级和地形情况，可以采用不同的方法。对于铁路、高速公路和一级公路应采用水准仪法或不低于经纬仪视距的方法测量，对于二级及二级以下公路的断面可采用水准皮尺法或标杆比抬法测量。

1. 标杆比抬法

如图 5-24 所示，用两根标杆，一根竖立在变坡点上，另一根水平横放，使横放的标杆端点置于另一变坡点上，另一端靠住竖立的标杆，由两根标杆交叉处，即读出两点间的平距与高差。由中桩向两侧依次逐点施测，直至需要的宽度为止。

当坡度比较平缓时，也可用皮尺量出平距，拉平比量高差。此法简便，但精度低，常用于山区公路测量。其记录如表 5-15 所示。表中按线路前进方向左右两侧，每测一点，记一分数，分母记平距，分子记高差，上坡为正，下坡为负，自中桩点由近及远逐段记录。

横断面测量记录表　　表 5-15

左　　侧	桩　　号	右　　侧
平　−0.8/2.5　−2.0/4.0　−1.5/4.0	0+140.00	+0.6/2.5　+1.0/3.0　+1.0/3.5 平
平　−0.6/2.0　−0.4/2.2　−1.4/2.0	0+120.00	+0.4/2.0　+1.0/2.2　+1.1/3.0　+0.9/3.2 同坡
……	……	……

2. 手水准法

手水准是测量高差的简便工具，如图 5-25 所示，有带角水准（a）和一般手水准（b）之分。其主要构造是在镜筒上装一水准器，通过下面的 45°棱镜折射时，可在镜筒内一侧看到气泡的影像，当气泡影像正被读数横丝平分时，则视线水平。带角手水准有一半圆形

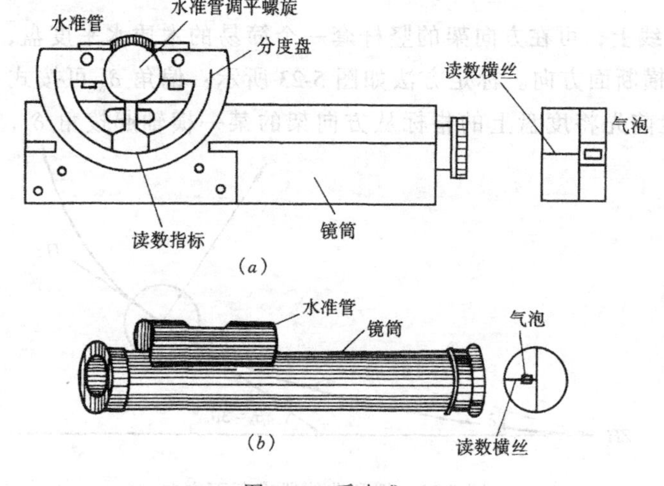

图 5-25 手水准

竖直度盘刻划，读数指标与水准管相连，当视线倾斜时，旋转调平螺旋使水准管气泡居中，这时竖盘读数即视线的倾角（即竖直角）。测量时，可将一标杆插在中桩上，将手水准贴近标杆，照准横向地形变化点 B 处的水准尺读数，如图 5-26 所示，两点高差为 $h = i - b$，用皮尺丈量平距，然后移手水准至 B 点继续往下施测。

3. 经纬仪视距法

在地形复杂、横坡较陡的地区，可以置经纬仪于中桩上，用视距法测出两侧地面变化点的平距和高差。

4. 水准仪法

当视线开阔、横坡不大、对横断面精度要求较高时，可用水准仪施测高差，配合卷尺丈量距离。测量方法与纵断面水准测量一样（采用视线高程法），即后视中桩后，求得视线高程，减去所有断面点的中视读数，即得各点高程。

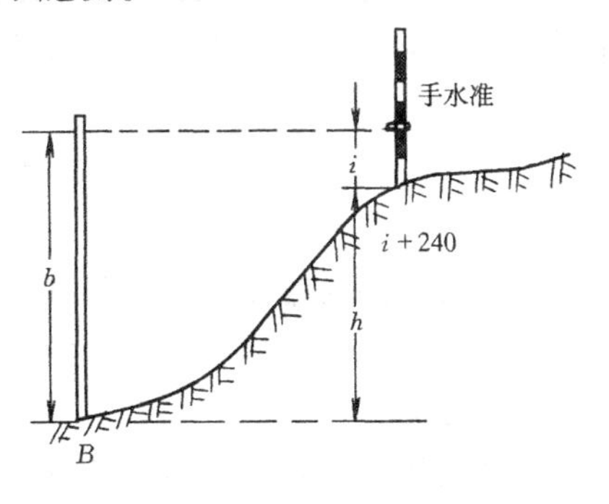

图 5-26　手水准法测高差

（四）横断面的绘制

横断面图是路基设计的依据资料，绘图的比例尺一般取 1:200 为宜。考虑到要根据横断面图计算断面面积，故在横断面图上纵向和横向取相同的比例尺。如图 5-27 所示，图标栏的尺寸均为毫米，其绘图方法如下：

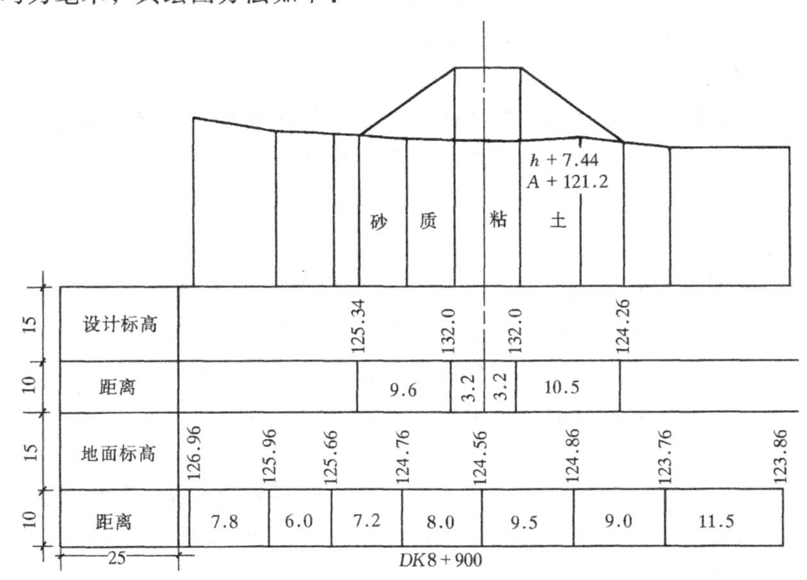

图 5-27　线路横断面图

1. 根据外业测量的资料，计算出各测点至线路中线桩的平距的高程。

2. 在厘米方格纸上根据横断面的宽度，在距离栏内定出中线桩的位置，并在它的正下方写明中桩的里程，然后，由中桩向左、右两侧绘出各测点，相邻两点间的距离取位至 0.1m。

3. 在地面高程栏内填写各测点的高程。

4. 根据中桩高程，填写挖高度和断面情况选定初始高程。为了便于绘图，一般使方格纸上的粗线高程为整米。由各测点的相应位置绘制高程坐标线，各顶点的连线即为横断线，如图 5-27 所示的细实线。

5. 地面线绘出后，设计人员依据路基设计高程和有关资料进行路基设计，并在图上注明填（+h）、挖（-h）高度和横断面面积（A）。

第九节 施 工 测 量

公路或铁路线路在定测的基础上，由设计人员进行施工设计，经国家主管部门批准后即可施工。现以公路施工测量为例，介绍道路施工测量的主要内容。

一、复测

复测是指复核测量工作，其目的主要是检查个别点有无大的变位。

（一）导线复测

导线复测的任务是进行距离复测、角度复测、成果复算和对比。将导线复测理解为再进行一次导线测量，笼统地以新成果取代原测成果，是对导线复测的一种误解。

导线点的坐标与公路的线形相关。复核测量是检核点位的变化，只需将个别点位变化大的和错误的剔除。因此，为了有利于保持公路设计线形，凡复测值与原测值之较差在限差以内，宜一律采用坐标的原测值。若超限，则应先提高检测等级，扩大检测范围。只有仍然超限时，才考虑采用新测成果，并履行申报程序。

（二）水准路线复测

水准路线是公路施工的高程控制基础，在施工前必须对水准路线进行复测。如有水准点遭破坏应进行恢复。为了施工引测高程方便，应适度加设临时水准点。加密的水准点应尽量设在桥涵和其他构筑物附近、易于保存、使用方便的地方。

二、恢复中线

从勘测结束到施工前这段时间里，在定测阶段设置的中桩点常常有部分被碰动或丢失。所以在施工前应对原中桩点进行复核，并将丢失或碰动过的交点桩、里程桩等恢复和校正好。恢复时，可按照定测资料配合仪器先在现场寻找、复核交点桩，然后再补齐百米桩等主要中桩点。中线上各点的直角坐标计算的方法与线路定测时相同，均可采用本章第三节至第六节的数学模型计算。

对于部分改线地段，要重新定线并测绘其纵、横断面图。在恢复中线的过程中还要将附属构筑物（如涵洞、挡土墙等）的位置一并标定到实地。

三、设置施工控制桩

由于所有中桩点在施工中都要被填挖掉，为了在施工过程中控制中线的位置，需要在不受施工干扰、便于引用的地方设置施工控制桩。施工控制桩通常采用平行线法设置。即在路边线以外，至中线等距离的地方测设两排平行于中线的控制桩，如图 5-28 所示。为给施工提供方便，控制桩间距取 10~30m 为宜。另外，为了能利用其控制路面高程，还要在桩上标出路面设计高程线。一般用红铅笔在控制桩侧面画线作为高程的标志，在标定前应对线路中的水准点进行检测。对于曲线部分，施工控制桩可采用延长线法或其他方法来设置。

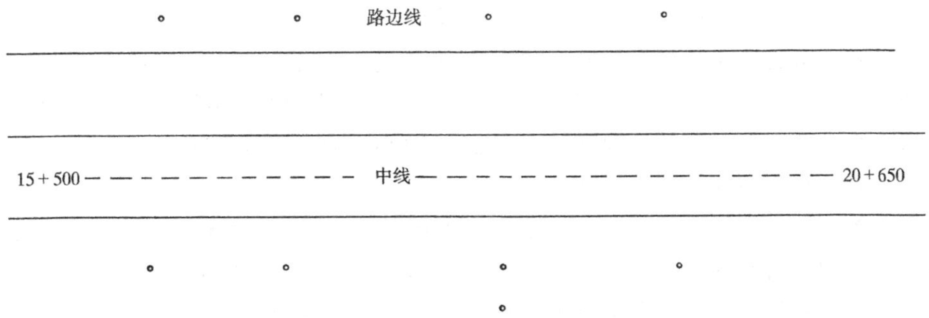

路边线

15+500 — — — — — — — — — — — — — 中线 — — — — — — — — — — — — — — — — 20+650

图 5-28　施工控制桩的设置

◦ —施工控制桩

四、路基放样

路基形式主要分路堤（图 5-29）和路堑（图 5-31）两种。路基放样是根据断面设计图和该点的填、挖高度（h），测设其坡脚（A、P）、坡顶（C、D）和路中心（O）等，以构成路基轮廓，作为填土或挖土时的依据。路堤和路堑的放样方法分述如下：

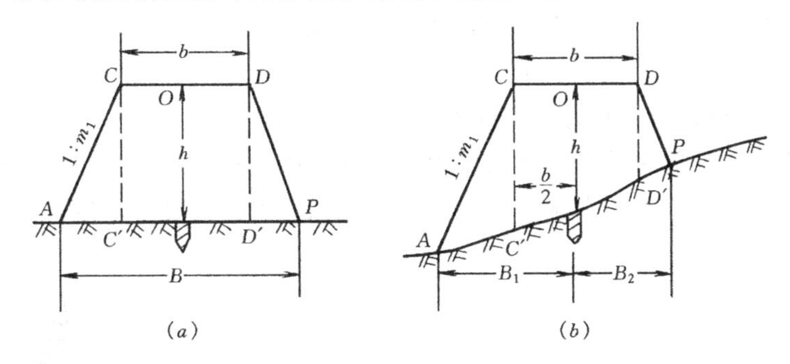

图 5-29　路堤的形式

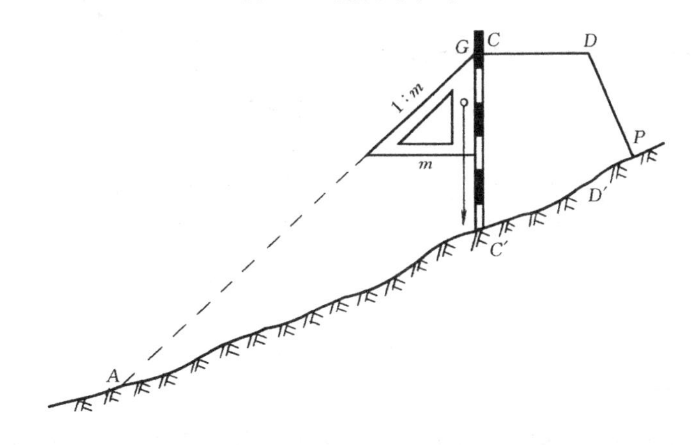

图 5-30　坡度尺测设坡脚

（一）路堤放样

在平坦地面放样路堤的情况如图 5-29(a)，路堤上口宽 b 和边坡坡度 $1:m_1$ 均为设计值，而填土高度 h 可在纵断面设计图上查到。从图中可以看出，路堤下口宽度为坡脚 A、P 的间距 B，即

$$B = b + 2 \cdot m_1 \cdot h \tag{5-51}$$

测设时，可自路中心桩沿横断面方向两侧各量 $B/2$ 长度钉桩，即得坡脚 A 和 P。然后分别在中心桩及在中心桩两侧各 $b/2$ 处（C'、D'）立竹杆，用水准仪在杆上标出路面设计高程线，即可分别得到坡顶 C、D 及路面中心点 O。用线绳将 A、C、O、D 及 P 点连起来，便可绘出路堤的断面形状。

图 5-29（b）是在斜面坡上放样路堤。由于此时两侧坡脚不对称，各自到中心桩的距离 B_1 和 B_2 可以在横断面设计图上用图解的方法求取。也可利用坡度尺从坡顶直接定出坡脚点，但先要利用上面的方法定出坡顶 C 和 D 在地面线上的投影 C'、D'。

用坡度尺测设坡脚的方法如图 5-30 所示，坡度尺可预先按设计边坡的坡度制作，测设时将坡度尺顶点对在坡顶 C（或 D）上，并使垂球线平行坡度尺的直立边，用线绳子顺着坡度斜面延长至地面，即可得到坡脚点 A(或 P)。

（二）路堑放样

图 5-31（a）、（b）分别是在平地和斜坡上放样路堑。测设原理与路堤放样基本相同，但在做法上有两点区别：

一是计算坡顶宽度 B 时，应考虑排水边沟的宽度 b_0，即

$$B = b + 2(b_0 + m_2 \cdot h) \tag{5-52}$$

式中，m_2 为边坡设计值；h 为挖土深度。

二是因路堑放样的目的在于定出坡顶后指导开挖边坡，所以当挖掘的边坡较深时，需在边坡顶设置坡度板，以便在施工过程中随时提供边坡的坡度。坡度板形式如图 5-31（b）中所示。

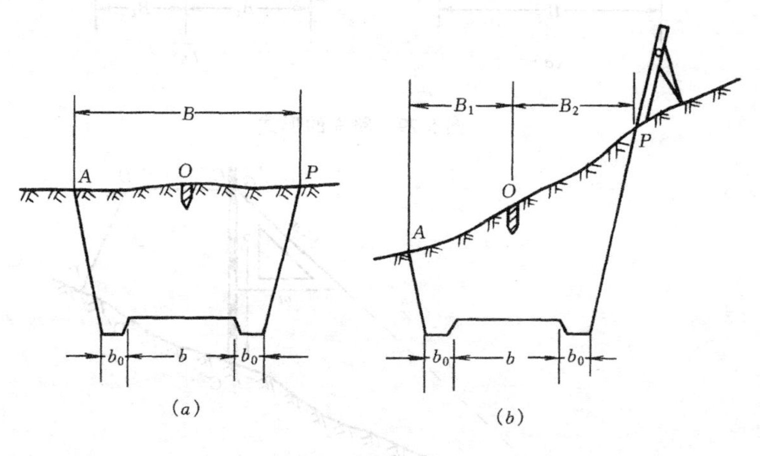

图 5-31　路堑的形式

五、路面边桩放样

路面施工是公路施工的最后一个环节，也是最重要而关键的一个环节。因此，对施工放样的精度要求比路基施工阶段高。为了保证精度、便于测量，通常在路面施工之前，将线路两侧的导线点和水准点引到路基上，一般设置在桥梁、通道的桥台上或涵洞的压顶石上，不易被破坏。引测的导线点和水准点，要进行附合或闭合，精度要满足一、二级导线和五等水准的要求。

路面边桩放样传统的方法是先放出中线桩，再根据中线的位置和横断面用钢尺（或皮

尺）丈量来放出边桩。但目前放样的方法，可不放中桩而直接根据边桩的直角坐标采用全站仪放出边桩，边桩的直角坐标计算数学模型为式（5-23）和式（5-24）。

六、竖曲线测设

在铁路或公路中，不可避免地要设置上坡、下坡和平坡。两相邻坡度段的交点称为变坡点。为了行车安全平稳地通过变坡点，当相邻坡度的代数差超过一定数值时，必须以竖曲线连接，使坡度逐渐改变。竖曲线按顶点的位置可分为凸形竖曲线和凹形竖曲线；按性质又分为圆曲线形竖曲线和抛物线形竖曲线，如图 5-32 所示，以下介绍圆曲线形竖曲线：

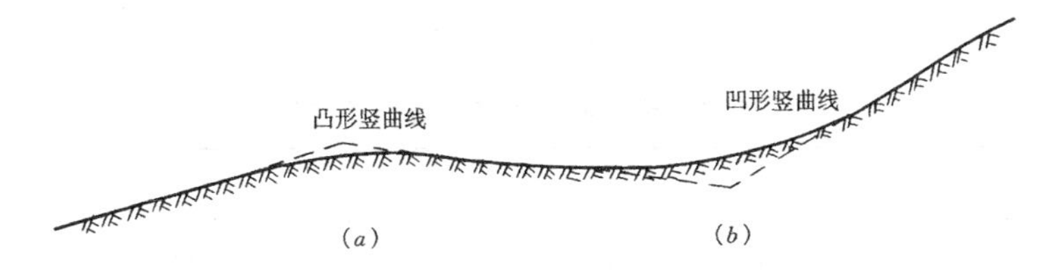

图 5-32　竖曲线

（一）竖曲线要素的计算

1. 变坡角 ω 的计算

在图 5-33 中，设 O 为变坡点，相邻的前后纵坡分别为 i_1 和 i_2。由于线路的纵坡一般较小，纵断面上的变坡角 ω 为：

$$\omega = \Delta i = i_1 - i_2 \tag{5-53}$$

若规定上坡为正，下坡为负，当 $\Delta i = i_1 - i_2 > 0$ 时，该处为凸形竖曲线；反之为凹形竖曲线。

2. 竖曲线半径的确定

竖曲线半径与线路等级有关，表 5-16 为各级公路竖曲线半径和竖曲线最小长度。在不过分增加工程量的情况下，竖曲线应尽量采用较大的半径，以改善线路的行车条件。此外，当前后相邻坡度的代数差 Δi 很小时，也应采用较大的半径。

3. 切线长度 T 的计算

从图 5-33 可知，切线长

$$T = R \cdot \tan(\omega/2)$$

由于 ω 很小，可认为

$$\mathrm{tg}\omega/2 = \omega/2 = 1/2(i_1 - i_2)$$

故

$$T = 1/2R(i_1 - i_2) = 1/2R \cdot \Delta i \tag{5-54}$$

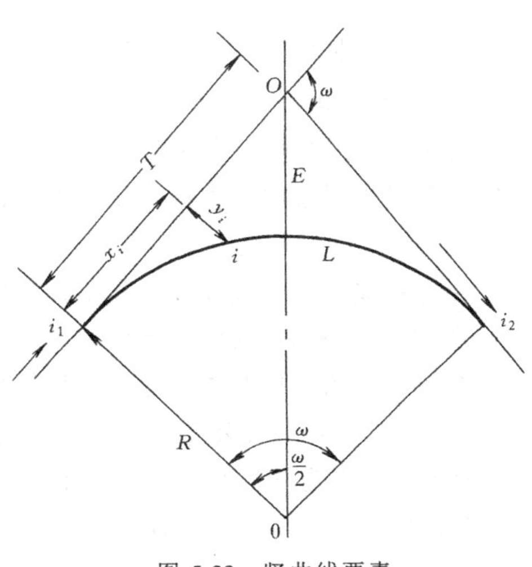

图 5-33　竖曲线要素

4. 曲线长 L 的计算

因变坡角 ω 很小

所以　$L = 2T$

5. 外矢距 E 的计算

以竖曲线的起点（或终点）为直角坐标系的原点，坡段的方向（切线方向）为 x 轴，通过起（终）点的圆心方向为 y 轴。由

于 ω 很小，可以认为曲线上各点的 y 坐标方向与半径方向一致，而且把 y 值当作坡段与曲线的高差。由图 5-33 可近似得：

$$(R+y)^2 = R^2 + x^2$$

因 y^2 与 x^2 相比较，y^2 的值很小，略去 y^2

则 $$2Ry = x^2$$

即 $$y = x^2/(2R) \tag{5-55}$$

当 $x = T$ 时，y 值最大，而 y_{max} 近似等于外矢距 E。

$$E = T^2/2R \tag{5-56}$$

各级公路竖曲线半径和最小长度表 **表 5-16**

公路等级	一		二		三		四	
地　形	平　丘	山　丘	平　丘	山　丘	平　丘	山　丘	平　丘	山　丘
凸形竖曲线半径	10000	2000	4500	700	2000	400	700	200
凹形竖曲线半径	4500	1500	3000	700	1500	400	700	200
竖曲线最小长度	85	50	70	35	50	25	35	20

注：单位为"m"。

（二）竖曲线的测设

测设竖曲线是根据纵断面图上标注的里程及高程附近已放样的某整桩为依据，向前或向后测设各点的 x 值（即水平距离），并设置竖曲线桩。施工时，再根据已知的高程点进行各曲线高程的测设。其工作步骤如下：

1. 根据坡度代数差和竖曲线设计半径计算竖曲线要素 T、L 和 E。

2. 推算竖曲线上各点的桩号（竖曲线上一般每隔 5m 测设一个点）。

3. 根据竖曲线上细部点距曲线起点（或终点）的弧长（认为弧长等于该点的 x 坐标），计算相应的 y 值，然后，按下式推求各点的高程。

$$H_i = H_{坡} \pm y_i \tag{5-57}$$

式中　H_i——竖曲线细部点 i 的高程；

$H_{坡}$——i 点的坡段高程。

当竖曲线为凹形时，式中取"+"号；为凸形时取"-"号。

4. 由变坡点附近的里程桩测设变坡点，自变坡点起沿线路前后方向测设切线长度 T，分别得竖曲线的起点和终点。

5. 由竖曲线起点（或终点）开始，沿切线方向每隔 5m 在地面标定一个木桩。

6. 观测各个细部点的地面高程。

7. 在细部点的木桩上注明地面高程与竖曲线设计高程之差（即填、挖高度）。

【例 15-6】　某二级公路上一方为上坡，其坡度为 5%，在另一方为下坡，坡度为 -3%，变坡点里程为 K5+125.00，设计高程为 400.00m，竖曲线半径 $R = 1500$m，试计算并编制圆形竖曲线上各点的高程表。

【解】　(1) 计算曲线的元素：

变坡角　$\omega = \Delta i = i_1 - i_2 = 0.05 - (-0.03) = 0.08$

切线长　$T = 1/2 R\Delta i = 1/2 \times 1500 \times 0.08 = 60.00\text{m}$

曲线长　$L = 2T = 2 \times 60.00 = 120.00\text{m}$

外矢距　$E = T^2/2R = 60.0^2/2 \times 1500 = 1.20\text{m}$

(2) 推算竖曲线起、终点的桩号

变坡点　K5 + 125.00

– T)　60.00

起点　K5 + 065.00

+ L)　120.00

终点　K5 + 185.00

(3) 计算竖曲线上各点 y 坐标值。若竖曲线上每隔 10m 计算一点则有

$$y_1 = x^2/2R = 10^2/2 \times 1500 = 0.033$$

$$y_2 = 2^2 \cdot y_1 = 0.132\text{m}$$

$$y_3 = 3^2 \cdot y_1 = 0.297\text{m}$$

$$y_4 = 4^2 \cdot y_1 = 0.528\text{m}$$

$$y_5 = 5^2 \cdot y_1 = 0.825\text{m}$$

$$y_6 = 6^2 \cdot y_1 = 1.188\text{m}$$

(4) 计算坡度线路相应点的高程

$$H_{起} = 400.00 - 5/100 \times 60 = 397.00\text{m}$$

$$H_{终} = 400.00 - 3/100 \times 60 = 398.2\text{m}$$

在 5% 的坡度上每 10m 的高差变化 $\Delta h_i = 5/100 \times 10 = 0.5\text{m}$

在 3% 的坡度上每 10m 的高差变化 $\Delta h_i = 3/100 \times 10 = 0.3\text{m}$

由此可得表 5-17。

竖曲线上各点高程表　　**表 5-17**

点　号	里　程	x	y	坡度线上各点之高程 $H' = H_0 + i \cdot (T - x)$	竖曲线上各点之高程 $H = H' \pm y$
终　点	K5 + 185.00	0	0	398.20	398.20
11	+ 175.00	10	0.033	398.50	398.467
10	+ 165.00	20	0.132	398.80	398.668
9	+ 155.00	30	0.297	399.10	398.803
8	+ 145.00	40	0.528	399.40	398.872
7	+ 135.00	50	0.825	399.70	398.875
6	+ 125.00	60	1.188	400.00	398.812
5	+ 115.00	50	0.825	399.50	398.675
4	+ 105.00	40	0.528	399.00	398.472

续表

点　号	里　程	x	y	坡度线上各点之高程 $H' = H_0 + i \cdot (T - x)$	竖曲线上各点之高程 $H = H' \pm y$
3	+95.00	30	0.297	398.50	398.203
2	+85.00	20	0.132	398.00	397.868
1	+75.00	10	0.033	397.50	397.467
起　点	+65.00	0	0	397.00	397.00

习　　题

1. 线路测量的主要内容有哪些？

2. 在公路或铁路初测和定测阶段分别有哪些测量工作？

3. 线路初测阶段的导线测量有哪些特点？作业中需要注意些什么问题？

4. 设某圆曲线的交点里程为 $JDK37+606.10$，$R=500\text{m}$，$\alpha=28°43'24''$，试计算曲线元素及曲线主点的里程。

5. 设某综合曲线的交点里程为 $JDK33+582.23$，$R=500\text{m}$，$\alpha=18°36'20''$，$l_0=60\text{m}$，试计算曲线元素及曲线主点的里程。

6. 在【例 5-3】的图 5-9 中，表 5-18 所示为各桩号的左、右边桩距中线的垂直距离，求各桩号中桩、左、右边桩的直角坐标。

表 5-18

桩　号		左边桩垂距 D_z（m）	右边桩垂距 D_y（m）
待求点	$K8+820.00$	15.00	12.25
	$K8+900.00$	15.25	12.50

7. 在【例 5-3】的图 5-9 中，表 5-19 所示为各桩号的左、右边桩距中线的垂直距离，求各桩号中桩、左、右边桩的直角坐标。

表 5-19

桩　号		左边桩垂距 D_z（m）	右边桩垂距 D_y（m）
待求点	$K9+020.00$	15.5	13.25
	$K9+060.00$	15.00	12.00

8. 在【例 5-3】的图 5-9 中，表 5-20 所示为各桩号的左、右边桩距中线的垂直距离，求各桩号中桩、左、右边桩的直角坐标。

表 5-20

桩　号		左边桩垂距 D_z（m）	右边桩垂距 D_y（m）
待求点	$K9+100.00$	13.5	15.25
	$K9+160.00$	16.00	12.50

9. 用第三、四、五节中在平面控制网坐标系下各曲线段任意点直角坐标的数学模型，试在计算器（如 casio fx4800P）上编制相应计算程序。

第六章　工程建筑变形测量

第一节　概　　述

由于各种因素的影响，在工程建筑物的施工和运营过程中，都会使建筑物产生变形。所谓变形指的是建造的建筑物或构筑物没有维持原有设计的形状、位置或大小，或是建筑的结果引起周围地表及其附属物发生变化的现象。这种变形在一定限度之内，应认为是正常的现象，但如果变形量超过了规定的限度，就会影响建筑物的正常使用，严重时甚至会危及建筑物的安全，因此，在建筑物的施工和运营期间，必须对它们进行监视测量，即变形测量。

了解建筑变形的原因，对制定变形测量方案是非常重要的。引起建筑变形的主要原因归纳起来有以下两个方面的因素：① 是自然条件及其变化，主要指建筑物地基的工程地质、水文地质、土壤的物理性质、大气温度等。例如由于建筑物基础各部位的地质条件不尽相同，使其稳定性不能处处一致，因此产生不均匀沉陷，从而使其倾斜；再如由于温度与地下水位的季节性和周期性的变化，将会引起建筑物呈规律性的变形等。② 是与建筑物本身相联系的原因，主要指建筑物本身的荷重、结构、使用中的动荷载、振动或风力等因素引起的附加荷载等。此外，由于勘测、设计、施工以及运营使用不合理，也会引起建筑物产生额外的变形。

变形测量的任务是周期性地对观测点进行重复观测，从这些观测点坐标（x、y、H）的变化中了解建筑物（几何）变形的空间分布，并通过对历次观测结果的比较和分析，了解变形随时间变化的情况。利用点位参数的差异（Δx、Δy、ΔH）可以分析判断建筑工程的质量、变形的程度以及变形的趋势，对超出变形容许范围的建筑物、构筑物，应及时地分析原因，采取加固措施，防止变形的发展，纠正变形现象，避免事故的发生，同时，通过在施工和运营期间对建筑物进行的变形测量，可以验证地基与基础设计是否合理、正确，即是对设计、施工的一种检验，特别是当工程采用了新的结构、新的施工方法或新的工艺时，通过变形测量可验证其安全性。另外，变形测量也可为研究和发展工程地质学、土力学、材料力学及地震学等基础理论提供有关数据。

工程建筑物的变形按其类型来区分，可以分为静态变形和动态变形。静态变形通常是指变形观测的结果只表示在某一期间内的变形值，即它只是时间的函数；动态变形是指在外力影响下而产生的变形，其观测结果是表示建筑物在某个时刻的瞬间变形。本章着重讨论静态变形的相应观测内容及方法。

根据变形测量的目的进行分类，变形测量可分为：在施工过程中调整和控制建筑物变形量的“施工变形测量”；对竣工建筑物进行检验和监控的“监视变形测量”；为分析研究变形的过程和原因的“科研变形测量”。

建筑变形测量的一般内容包括沉降（沉陷）观测、位移观测两类。沉降观测包括建筑物（基础）沉降、基坑回弹、地基土分层沉降、建筑场地沉降观测等；位移观测包括建筑物水平位移、建筑物主体倾斜、裂缝、挠度、日照变形、风振变形以及场地滑坡观测等。

对于某一具体工程建筑物需进行变形测量内容，应根据建筑物的性质与地基情况来定。要求有明确的针对性，既要有重点，又要作全面考虑，以便能确切反映建筑物、构筑物及其场地的实际变形程度或变形趋势，达到监视建筑物的安全运营的目的。例如，在工业与民用建筑中首先对于基础而言，主要观测内容是均匀沉陷与不均匀沉陷，从而计算绝对沉陷值，平均沉陷值，相对弯曲，相对倾斜，平均沉陷速度以及绘制沉陷分布图。对于建筑物本身来说，则主要是倾斜与裂缝观测。在土工建筑中以土坝为例，其观测内容主要为水平位移、垂直位移、渗透（浸润线）以及裂缝观测。再如对于建立在江河下游冲积层上的城市，由于工业用水需要大量地吸取地下水，而影响地下土层的结构，将使地面发生沉降现象，因此，必须定期地进行观测，掌握其沉降与回升的规律，以便采取防护措施。

建筑变形测量的精度要求，取决于该工程建筑物预计的允许变形值的大小和进行观测的目的。由于观测的精度直接影响到观测成果的可靠性，同时也涉及观测方法及仪器设备等。因此，在建筑变形测量之前，必须对建筑变形测量的精度要求进行认真分析。按现行《建筑变形测量规程》将建筑变形测量的等级划分为特级、一级、二级和三级共四个等级。各等级的适用范围及其精度要求见表6-1。

建筑变形测量的等级及精度要求 **表6-1**

变形测量等级	沉降观测	位移观测	适用范围
	观测点测站高差中误差（mm）	观测点坐标中误差（mm）	
特级	≤0.05	≤0.3	特级精度要求的特种精密工程和重要科研项目变形观测
一级	≤0.15	≤1.0	高精度要求的大型建筑物和科研项目变形观测
二级	≤0.50	≤3.0	中等精度要求的建筑物和科研项目变形观测；重要建筑物主体倾斜观测、场地滑坡观测
三级	≤1.50	≤10.0	低精度要求的建筑物变形观测；一般建筑物主体倾斜观测、场地滑坡观测

对一个实际工程，当建（构）筑物允许变形值确定后，一般是取其1/6～1/20作为观测中误差，系数1/6～1/20的具体取值按变形测量的类型确定，具体参照《建筑变形测量规程》规定执行。在实际工作中，求得必要的中误差以后，如果根据本单位的仪器设备和技术力量，能够比较容易地达到精度要求，而且在不必花费很大的精力、不增加很多工作量的情况下，还能达到更高的精度时，也可以将观测的精度指标提高。

建筑变形测量的观测周期，可根据观测对象、变形值的大小及变形的速度及外界影响等因素决定。应以能系统反映所测变形的变化过程且不遗漏其变化时刻为原则。一般来说，在建筑施工过程中应适当缩短观测时间间隔，点位稳定后可适当延长观测时间间隔。例如，在施工过程中，可有三天、七天、半个月三种周期，到了竣工投产以后，有一个月、两个月、三个月、半年及一年等不同的周期，在施工期间也可以按荷载增加的过程进行观测，即从观测点埋设稳定后进行第一次观测，当荷载增加到25%时观测一次，以后每增加15%观测一次。竣工后，一般第一年观测四次，第二年两次，以后每年一次。在掌握了一定的规律或变形稳定之后，可减少观测次数。应该指出，以上所定的周期不是机械的，当观测中发现变形异常时，应及时增加观测次数。另外变形测量的首次（即零周期）观测应适当增加观测量，以提高初始值的可靠性。不同周期观测时，宜采用相同的观测网形和观测方法，并使用相同类型的测量仪器。对于特级和一级变形观测，还宜固定观测人员、选择最佳观测时段、在基本相同的环境和条件下观测。

为完成具体工程的变形测量，要根据建筑物的性质、使用情况、观测精度、周围的环境以及对观测的要求等选定合理的工程建筑变形测量的方法。一般来说，垂直位移多采用精密水准测量、液体静力水准测量、微水准测量的方法进行观测；而水平位移的观测，应视具体情况而定。对于直线形建筑物，如直线形混凝土坝和土坝的观测点，采用基准线法观测。对于混凝土坝下游面上的观测点，常采用前方交会法。对于曲线形建筑物，采用导线测量、边角网测量等方法。对于拱坝顶部和下游面上的观测点，也可采用前方交会的方法。对于工业与民用建筑物、地表形变观测，也可采用地面摄影测量的方法测定其变形值，尤其是对于滑坡的监测，这种方法优点更为突出。这些方法本身，随着机械工业、电子工业等科学技术的发展，也在不断地改进，目前正在向半自动化和自动化的方向发展。

综上所述，变形测量是一项精度要求较高的测量工作，由于它处于测绘与土建工程学科的边缘，人员的技术素质与工作方法也要与之相适应。测量工作者除了应努力提高有关现代测量理论与技术水平外，还应学习必要的土力学和土木工程知识，并在工作中重视与建筑设计、施工或科研单位的密切配合，如在编制施测方案过程中，应与有关设计、施工、岩土工程人员协商，合理解决诸如点位选设、观测周期等问题；在施测过程中，对于发现的变形异常情况，应及时通报有关单位，以采用必要措施。

一般来说，建筑变形测量工程可以分为以下三个环节：

1. 变形测量方案的制定

首先要搞清变形测量的目的，它决定了待观测的重点，以此来选择合理的观测内容和方法，确定观测精度和观测周期，考虑点位的分布及其点位标志的设置等。

2. 实际观测

3. 对变形观测数据进行整理和分析

本章主要叙述变形测量中的几种常用方法，对于变形观测数据的整理和分析仅作简要介绍。

第二节　沉　陷　观　测

沉陷观测又称垂直位移观测，它包括地面垂直位移观测和建筑物垂直位移观测。

地面垂直位移指地面沉降或上升，其原因除了地壳本身的运动外，主要是人为造成的。在地面上建造建筑物，人为地给地壳加上荷载，引起地面下沉。从地下大量抽取工业用水和饮用水后，土壤固结，造成地面沉降。开采地矿物也会造成地面沉陷。

建筑物垂直位移观测是测定基础和建筑物本身在垂直方向上的位移。在建筑物施工初期，基坑开挖时表面荷重卸除，使基底产生回弹；随着建筑物施工进展，荷重不断增加，又使基础产生下沉，由于外界温度变化，建筑物本身在垂直方向上亦有伸缩。可见，建筑物垂直位移观测应该在基坑开挖之前开始，而贯穿于整个施工过程中，并继续到建成后若干年，直到沉陷现象基本停止。

一、水准基点和沉陷观测点的标志及埋设

为了测定建筑物的沉陷，需要在远离变形区的稳固地点设置水准基点，并以它为依据测定设置在变形区的观测点垂直位移。

水准基点是沉陷观测的基准点，因此它的构造与埋设必须保证稳定不变和长久保存。为了避免受地层沉陷的影响，水准基点应尽可能埋设在基岩上或原状土层中。且应远离建筑物的沉陷范围。此时，由于水准点到变形区的距离增长，既使得沉陷观测不方便，又会使观测误差增大。为此，常在建筑物附近埋设工作基点，用来直接测定观测点的沉陷。至于工作基点的高程是否变动，应定期地根据远处稳定的水准基点对工作基点进行精密水准测量，以求得工作基点的垂直位移值，从而将观测点的垂直位移加以改正。

每一测区的水准基点不应少于 3 个；对于小测区，当确认点位稳定可靠时可少于 3 个；但连同工作基点不得少于 3 个。在建筑区内，水准基点与相邻建筑物的距离应大于建筑物基础最大宽度的 2 倍，其标石埋深应大于邻近建筑物基础的深度。在建筑物内部的点位，其标石埋深应大于地基土压缩层的深度。各类水准点应避开交通干道、地下管线、仓库堆栈、水源地、河岸、松软填土、滑坡地段、机器振动区以及其他能使标石、标志易遭腐蚀和破坏的地点。

水准基点的标石，可根据点位所在处的不同地质条件选埋岩层水准基点标石、深埋钢管水准基点标石、深埋双金属管水准基点标石和墙脚水准标石等。

① 基岩水准基点标石：它是将标志直接埋在基岩上面，如图 6-1 所示。此类型标志适用于地面土层覆盖很浅的地区。

② 深埋钢管水准基点标石：如图 6-2 所示，此类标志用于土层覆盖较厚的地区，采用钻孔穿过土层和风化岩层，直接在基岩上埋设钢管作为标志。

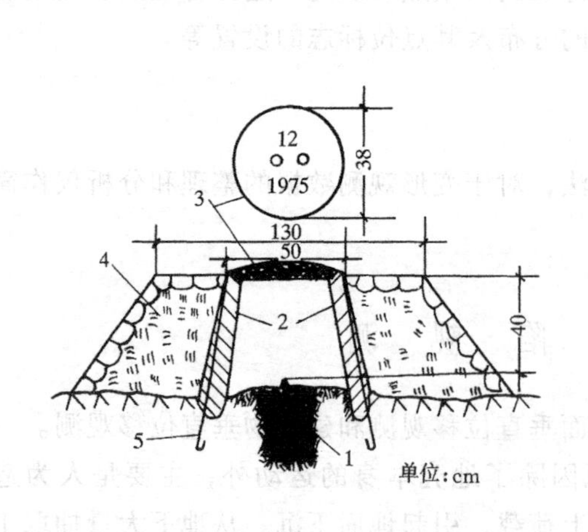

图 6-1 基岩水准基点标石

1—抗蚀金属制造的标志；2—钢筋混凝土井圈；3—井盖；4—土丘；5—井圈保护层

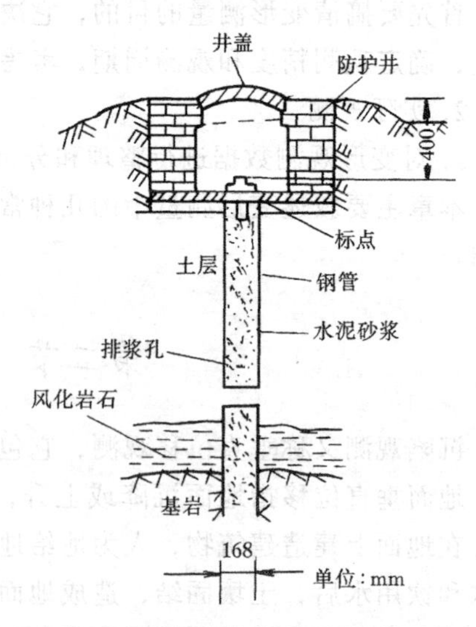

图 6-2 深埋钢管水准基点标石

③ 深埋双金属管水准基点标石：如图 6-3 所示，此类标志用于常年温差变化较大的地区，它是将膨胀系数不同的两根金属管（如钢和铝）一同深埋到基岩上，在两管的顶部装有读数设备，如图 6-4 所示，由此可读出因温度变化所引起两管长度变化的差数 Δ，由 Δ

值便可计算出金属本身长度的变化。其原理如下：

设以钢、铝制成两根金属管，原长均为 l_0，受热后各自伸长：

$$l_{钢} = l_0 + l_0\alpha_{钢}t = l_0 + \Delta l_{钢}$$

$$l_{铝} = l_0 + l_0\alpha_{铝}t = l_0 + \Delta l_{铝}$$

式中 t——金属管上各段温度变化的平均值；

$\alpha_{钢}$——钢的线膨胀系数，0.000012/℃；

$\alpha_{铝}$——铝的线膨胀系数，0.000024/℃。

令
$$\Delta = l_{钢} - l_{铝}$$

则
$$\Delta = \Delta l_{钢} - \Delta l_{铝} = l_0 t(\alpha_{钢} - \alpha_{铝})$$

$$\frac{\Delta}{\Delta L_{钢}} = \frac{\alpha_{钢} - \alpha_{铝}}{\alpha_{钢}}$$

$$\frac{\Delta}{\Delta L_{铝}} = \frac{\alpha_{钢} - \alpha_{铝}}{\alpha_{铝}}$$

移位后得：$\Delta l_{钢} = \Delta \frac{\alpha_{钢}}{\alpha_{钢} - \alpha_{铝}}$；$\Delta l_{铝} = \Delta \frac{\alpha_{铝}}{\alpha_{钢} - \alpha_{铝}}$

将 $\alpha_{钢}$、$\alpha_{铝}$之值代入则得：

$$\Delta l_{钢} = -\Delta；\Delta l_{铝} = -2\Delta$$

可见，采用钢管和铝管作标志，测得 Δ 值，即可知道各管受温度变化而引起的长度变化。

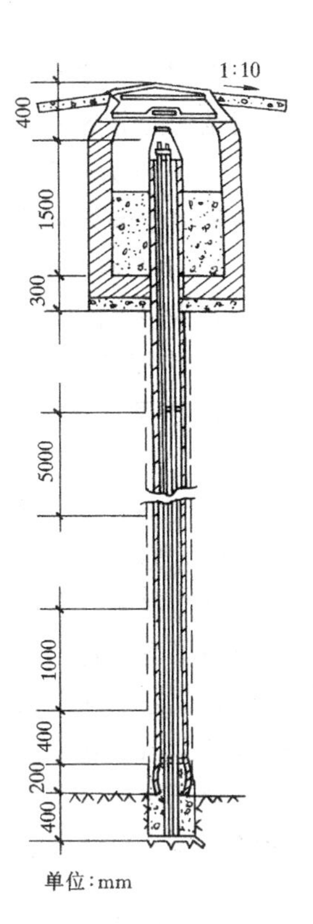

图 6-3 深埋双金属管水准基点标石

④ 墙脚水准标石：在城市建筑区，亦可利用稳固的永久建筑物设立墙脚水准标石，如图 6-5 所示。

工作基点的标石，可按点位的不同要求选埋浅埋钢管水准标石、混凝土普通水准标石或墙脚、墙上水准标石等。

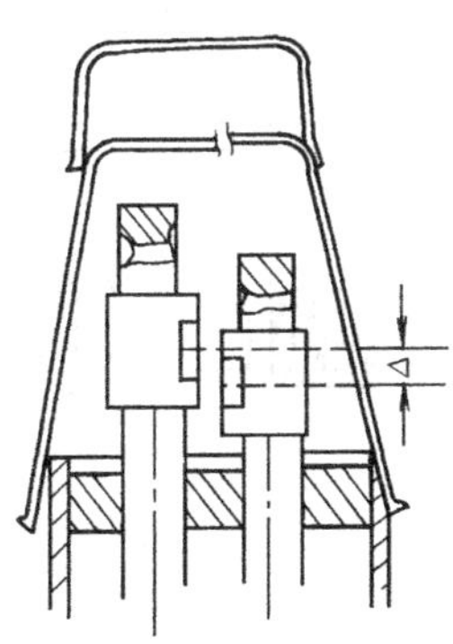

图 6-4 双金属管读数设备

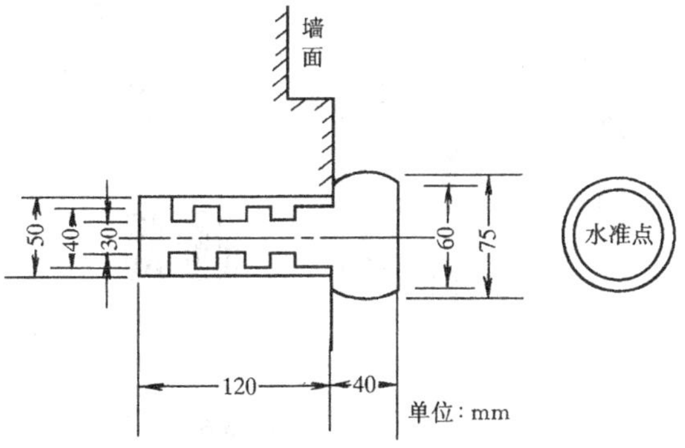

图 6-5 墙脚水准标石

沉陷观测点应布设在最有代表性的地点。对于建筑物沉陷观测点的布置，应以能全面反映建筑物地基变形特征并结合地质情况及建筑结构特点确定。点位宜选设在下列位置：

① 建筑物的四角、大转角处及沿外墙每 10～15m 处或每隔 2～3 根柱基上。

② 高低层建筑物、新旧建筑物、纵横墙等交接处的两侧。

③ 建筑物裂缝和沉降缝两侧、基础埋深相差悬殊处、人工地基与天然地基接壤处、不同结构的分界处及填挖方分界处。

④ 宽度大于等于 15m 或宽度虽小于 15m 但地质复杂以及膨胀土地区的建筑物，在承重内隔墙中部设内墙点，在室内地面中心及四周设地面点。

⑤ 邻近堆置重物处、受振动有显著影响的部位及基础下的暗沟处。

⑥ 框架结构建筑物的每个或部分柱基上或纵横轴线上。

⑦ 片筏基础、箱形基础底板或接近基础的结构部分之四角处及其中部位置。

⑧ 重型设备基础和动力设备基础的四角、基础形式或埋深改变处以及地质条件变化处两侧。

⑨ 电视塔、烟囱、水塔、油罐、炼油塔、高炉等高耸建筑物，沿周边在与基础轴线相交的对称位置上，布点点数不少于 4 个。

沉陷观测点的标志结构，应根据观测对象的特点和观测点埋设的位置来确定。对于工业与民用建筑物，常采用观测点标志如图 6-6 所示，其中，(*a*) 为钢筋混凝土基础上的观测标志，它是埋设在基础面上的直径为 20mm、长 80mm 的铆钉；(*b*) 为钢筋混凝土柱上的观测标志，它是一根截面为 30mm × 30mm × 5mm、长 150mm 的角钢，以 60°的倾斜角埋入混凝土内；(*c*) 为钢柱上的标志，它是在角钢上焊一个铜头后再焊到钢柱上的；(*d*) 为隐蔽式的观测标志，观测时将球形标志旋入孔洞内，用毕即将标志旋下，换以罩盖。

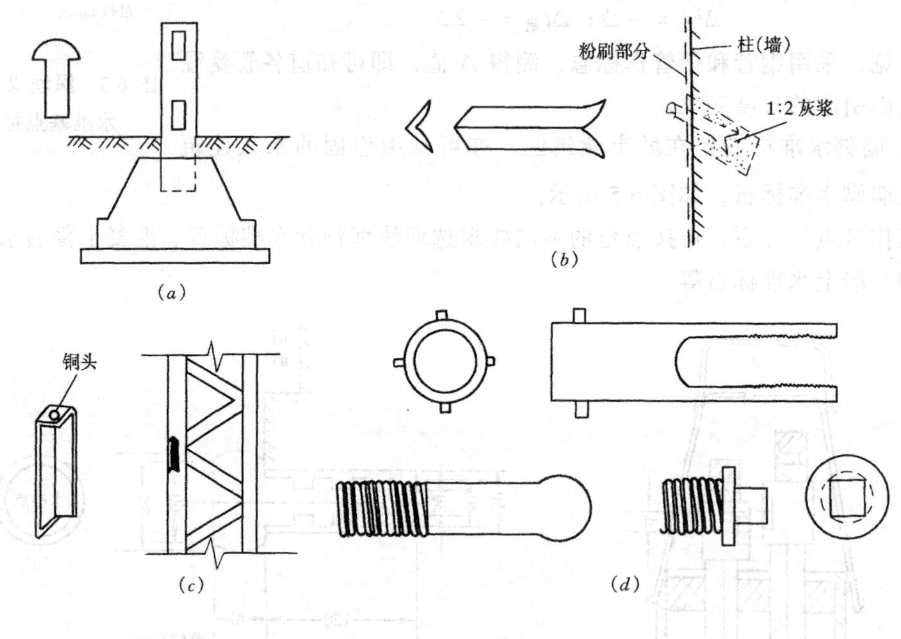

图 6-6　常用的观测点标志

二、沉陷观测方法

沉陷观测主要采用水准测量方法，有时也采用液体静力水准测量的方法（参见本章第四节）。对于中、小型厂房，土工建筑物以及矿区地表的沉陷观测可采用普通水准测量，而对于高大重要的混凝土建筑物，例如大型工业厂房、高层建筑物和混凝土坝以及城市地面的沉陷观测，就得采用精密水准测量的方法。

在工业与民用建筑物的变形观测中，基础沉陷观测是进行最多的工作。对于建造在深度为 8～10m 以上的基坑中的基础，需要进行基坑回弹观测。观测回弹标志埋设在基坑底面以下 20～30cm。埋设可采用钻孔法，先将标志（一般为一节钢管，管顶焊一半圆形端头，管壁钻有孔眼）吊入钻孔底部，浇筑水泥砂浆，使标志与土层（或岩层）固结。

深式标志高程变化的观测一般采用一种特制的钢线尺（或钢尺）悬吊重锤与标顶接触的办法，如图 6-7 所示，测量时必须使重锤与观测标志顶很好地接触，读数前应将重锤拉上、放下多次，进行检查。

回弹观测不应少于三次，具体安排是：第一次在基坑开挖之前，第二次在基坑挖好之后，第三次在浇灌基础混凝土之前。当需要测定分段卸荷回弹时，应按分段卸荷时间增加观测次数。当基坑挖完至基础施工的间隔时间较长时，亦应适当增加观测次数。

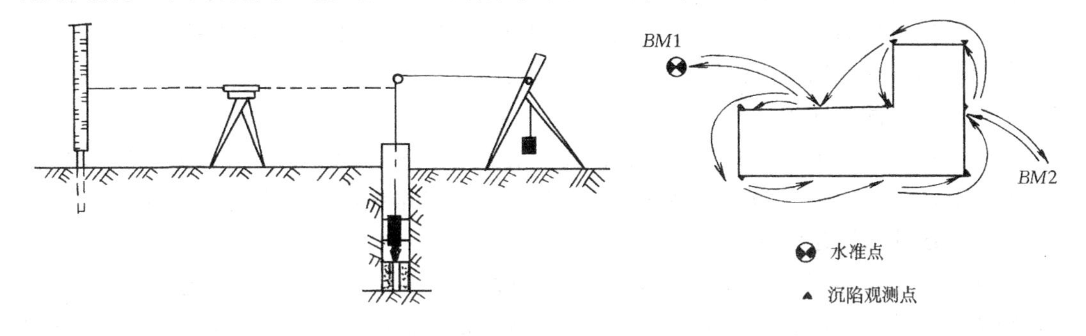

图 6-7 深式标志高程变化的观测　　图 6-8 沉陷观测的水准线路

工业与民用建筑物沉陷观测的水准线路（从一水准点到另一水准点）应形成闭合线路，如图 6-8 所示。与一般的水准测量相比较，所不同的是视线长度较短；一次安置仪器可以有几个前视点；在不同的观测周期中，仪器应安置在同样的位置上，以削弱系统误差的影响。沉陷观测应根据实际要求，按照《建筑变形测量规程》确定水准测量的等级，并按相应等级要求进行施测。一般情况，对于中、小型厂房采用二级或三级沉降观测；而对于大型厂房、连续生产的设备基础与动力基础、高层混凝土框架结构等，采用特级或一级沉降观测。

沉陷观测中的水准线路往往不很长，并且其闭合差一般也不会很大。因此，闭合差可按测站平均分配。如果观测点之间的距离相差很大，则闭合差可以按距离成比例地分配。

第三节　水 平 位 移 观 测

建筑物的平移或滑动及其主体挠度变形等变形值，都需要通过测定主体上各观测点的水平位移来获取。

水平位移观测点的位置，对建筑物应选在墙角、柱基、主要轴线及裂缝两边等处；地下管线应选在端点、转角点及必要的中间部位；护坡工程应按待测坡面成排布点；有一些水平位移观测点可与沉陷观测点重合。用作水平位移观测的标志在上面必须有供对中或照准的中心位置。

用来观测水平位移的基准点或控制网点都应牢靠地埋设在变形影响范围之外，每一测区的基准点不应少于 2 个，每一测区的工作基点亦不应少于 2 个。对于建筑物地基基础及场地的水平位移观测，平面控制宜按两个层次布设，即由控制点（基准点）组成控制网、由观测点及所联测的控制点（工作基点）组成扩展网；对于单个建筑物上部或构件的水平位移观测，可将控制点连同观测点按单一层次布设。控制网可采用测角网、测边网、边角网或导线网；扩展网和单一层次布网可采用角交会、边交会、边角交会、基准线或附合导线等形式。各种布网均应考虑网形强度，长短边不宜悬殊过大。

对特级、一级、二级及有需要的三级水平位移观测的控制点，应建造观测墩或埋设专门观测标石，并应根据使用仪器和照准标志的类型，顾及观测精度要求，配备强制对中装置。强制对中装置的对中误差最大不应超过±0.1mm。

水平位移的观测除了采用以上提及的方法外，随着 GPS 技术的发展与应用，将有可能选择离建筑物较远的稳定点直接用相对定位来测定工作基点的位移。目前用载波相位观测做相对定位可以达到的典型精度是 1ppm。用 GPS 技术来测定工作基点的位移，除了可以使稳定点离开建筑物承压范围之外且具有相当高的精度外，它的另一优点是不要求稳定点与工作基点之间的通视。

不管采用何种水平位移的观测方法，其实质是通过不同周期测定的观测点坐标之差，求得其在纵、横（x、y）方向上的位移。本节仅介绍基准线法和前方交会法两种。

一、基准线法测定水平位移

基准线法是沿建筑物轴线或平行于建筑物轴线建立一条基准线，通过定期测量埋设在建筑物轴线上的观测标志偏离基准线的距离，就可以了解建筑物相对于这个特定方向的位移情况。这种方法适用于直线形建筑物（如大桥、大坝等）的水平位移观测，也常用于大型厂房柱基础的位移观测。

根据建立基准线方法的不同，基准线法又可分为视准线法、引张线法和激光准直法。

（一）视准线法

由经纬仪的视准面形成基准面的基准线法，称为视准线法。视准线法按其所使用的工具和作业方法的不同，又可分为测小角法和活动觇牌法两种。

1. 测小角法

测小角法是利用精密经纬仪精确地测出基准线方向（AB）与测站端点（A）到观测点（P_i）的视线方向之间所夹的微小角 α_i，如图 6-9 所示。从而计算观测点相对于基准线的偏离值（D_i）：

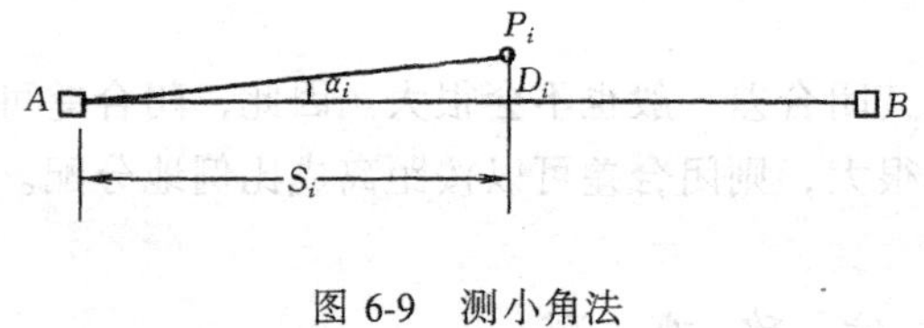

图 6-9　测小角法

$$D_i = \frac{\alpha_i}{\rho''} \cdot S_i \tag{6-1}$$

式中，S_i 为端点 A 到观测点 P_i 的距离；$\rho'' = 206265''$。

将不同周期观测所得的 D_i 值加以比较，即可得到该观测点的水平位移情况。测小角法角度观测四个测回。距离 S_i 的丈量精度要求不高，以 1/2000 的精度丈量边长就可以完全满足其精度要求。若采用强制对中设备，如测站点上建立观测墩，则主要误差来源就是照准误差。因此，对觇牌的形状、尺寸及颜色等都应该认真考虑，要求觇牌的反差大，没有相位差、觇牌上的图案应对称。

2. 活动觇牌法

此法是将活动觇牌（图 6-10）分别安置在各观测点上，使觇牌中心在视线内，觇牌中心的移动值可由活动觇牌上的微动装置和读数装置读出。活动觇牌的读数尺上最小分划为 1mm，用测微轮可以读到 0.1mm。

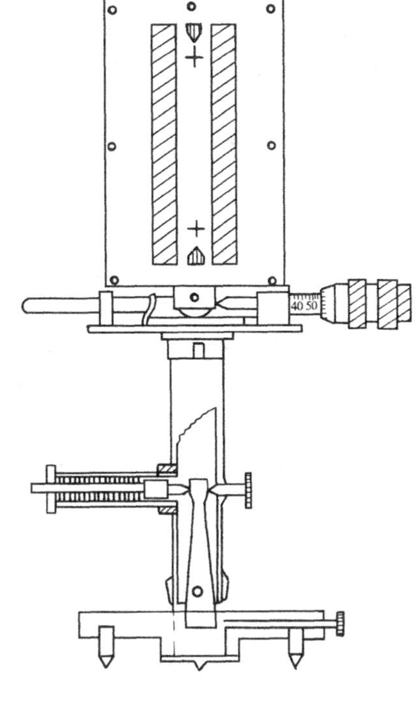

图 6-10　活动觇牌

观测时先在基线一端安置经纬仪，瞄准另一端点上的觇牌定向，将方向固定下来。然后由观测员指挥观测点上作业员转动活动觇牌上的水平调节螺旋，使觇牌上的照准标志位于望远镜的十字丝纵丝上，并记下活动觇牌的读数 N。用读数 N 减去觇牌零位值（觇牌照准标志位于观测点的铅垂方向时的读数，此值应在观测前进行测定），即为该点偏离基准线的距离 D。活动觇牌法一般也要观测四个测回，每个测回照准两次，并分别使觇牌从左、右两侧移向十字丝，测回间应重新照准端点定向。

（二）引张线法

引张线法是在两固定端点之间用拉紧的金属丝作为基准线，用于测定建筑物水平位移。引张线的装置由端点、观测点、测线（不锈钢丝）与测线保护管四部分组成。

在引张线法中假定钢丝两端固定不动，则引张线是固定的基准线。由于各观测点上之标尺是与建筑物体固定连接的，所以对于不同的观测周期，钢丝在标尺上的读数变化值，就是该观测点的水平位移值。引张线法常用在大坝变形观测中，引张线安置在坝体廊道内，不受旁折光和外界影响，所以观测精度较高，根据生产单位的统计，三测回观测平均值的中误差可达 0.03mm。

（三）激光准直法

激光准直法可分为两类：第一类是激光束准直法。它是通过望远镜发射激光束，在需要准直的观测点上用光电探测器接收。由于这种方法是以可见光束代替望远镜视线，用光电探测器探测激光光斑能量中心，所以常用于施工机械导向的自动化和变形观测。第二类是波带板激光准直系统，波带板是一种特殊设计的屏，它能把一束单色相干光会聚成一个亮点。波带板激光准直系统由激光器点源、波带板装置和光电探测器或自动数码显示器三部分组成。第二类方法的准直精度高于第一类，可达 $10^{-6} \sim 10^{-7}$以上。

二、前方交会法测定水平位移

此法主要应用于高耸建筑物（如烟囱、塔）的水平位移观测。此方法比较灵活、简便。主要是选择两个固定基线点，量取基线长度，组成较好的交会图形，对观测点进行定期观测。具体方法与通常角度前方交会法相同。在观测点上需设置供不同方向照准的标志，测站点上应建立观测墩。如图 6-11 所示，P 为某通讯塔，为监视铁塔整体的位移或滑动。可采用前方交会方法对塔顶进行位移观测。为避免视线仰角太大，前方交会的测站 A、B、C 分别设置在附近两幢楼房的顶部和一段旧城墙上，交会边长较长，有 300 多米，但组成的交会图形较好，交会角接近 90°。

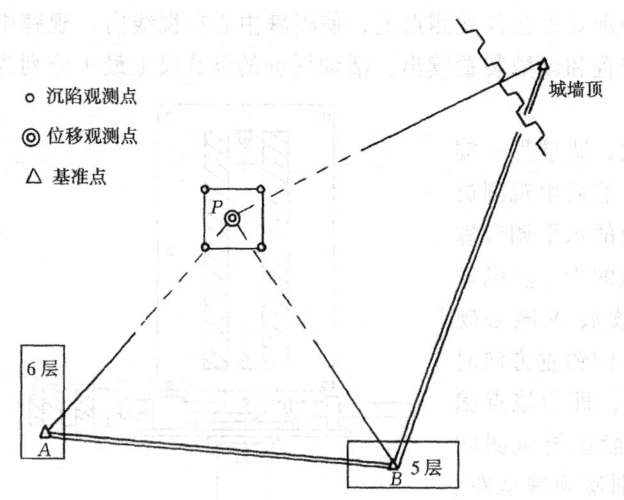

图 6-11 前方交会法测定水平位移

前方交会通常采用 J_1 型经纬仪全圆方向测回法进行观测，一般需观测 4～6 个测回，经过测站平差，取各方向的平差值，用通常计算公式计算出各观测点的坐标，比较不同观测周期的坐标可求位移值。另一种计算方法是根据观测值的变化值直接计算位移值。

当欲求第 K 次观测相对于第一次观测的位移值时，可以把第一次观测的坐标看成第 K 次观测时坐标的近似值，将两观测周期的方向值之差视为观测值，直接通过平差求得其坐标变化量即为观测点的位移值。由测量平差中未知数的展开式可知：

$$\left.\begin{aligned} -\delta_x &= [pal]Q_{11} + [pbl]Q_{12} \\ -\delta_y &= [pal]Q_{21} + [pbl]Q_{22} \end{aligned}\right\} \tag{6-2}$$

令

$$\left.\begin{aligned} \alpha_1 &= P_1 a_1 Q_{11} + P_1 b_1 Q_{12} \\ \alpha_2 &= P_2 a_2 Q_{11} + P_2 b_2 Q_{12} \\ &\cdots\cdots \\ \alpha_n &= P_n a_n Q_{11} + P_n b_n Q_{12} \end{aligned}\right\} \tag{6-3}$$

$$\left.\begin{aligned} \beta_1 &= P_1 a_1 Q_{21} + P_1 b_1 Q_{22} \\ \beta_2 &= P_2 a_2 Q_{21} + P_2 b_2 Q_{22} \\ &\cdots\cdots \\ \beta_n &= P_n a_n Q_{21} + P_n b_n Q_{22} \end{aligned}\right\} \tag{6-4}$$

则式（6-2）可写成

$$\left.\begin{aligned} -\delta_x &= [\alpha l] \\ -\delta_y &= [\beta l] \end{aligned}\right\} \tag{6-5}$$

式中，α_i，β_i（$i=1, 2, \cdots, n$）为影响系数，可预先按式（6-3）、式（6-4）计算好；l 为相应的两观测周期观测方向值的差数，所以，在每次观测后，只要将各方向值与第一次观测方向值之差值 l_i（$i=1, 2, \cdots, n$）代入式（6-5），即可很容易求得该次相对于第一次的位移值。

三、GPS 测定水平位移

GPS 系统由于具有高精度、全天候、全球性，测站间无需通视及高效率等优点，应用 GPS 进行变形监测具有传统观测手段不具有的优点，在国内已经有将 GPS 应用于变形监测的成功实例。例如国家重点工程——虎门大桥（悬索桥）施工 GPS 塔顶变形监测、清江隔河岩大坝外观 GPS 自动化监测系统等。

工程变形监测通常要达到毫米级或亚毫米级的精度，对监测边长在 300 ~ 1000m 的短边上，GPS 能否达到上述精度呢？原武汉测绘科技大学做了模拟试验。试验结果是若用一个基准点来进行变形监测，利用 5 小时 GPS 观测值求出监测点平面位移分量中误差约为 ± 0.4mm；利用 2 小时 GPS 观测值求出监测点平面位移分量中误差约为 ± 0.6mm；利用 1 小时 GPS 观测值求出监测点平面位移分量中误差约为 ± 1.0mm。若利用两个基准点，其监测精度可进一步提高。

虎门大桥主航道为现代化单跨双铰悬索桥，跨径 302.0 + 888.0 + 384.5m，索塔桥高度 147.55m（基顶面以上）。在悬索桥架缆和架梁的上部结构施工中，由于悬索塔顶主鞍座受力产生位移变形，为保证施工质量和施工安全，需进行索塔顶部的变形监测。在宽阔的江面上，大风、大雾天气时常出现，就是晴日，水汽蒸发产生的水雾也相当浓厚，当视距超过 2km 时，使用常规的经纬仪望远镜就很难照准观测目标，同时，江面上的水雾又严重削弱光电测距仪的有效测程，就是勉强测出距离读数，其精度也会受到影响。为此，在虎门大桥的施工中采用了 GPS 动态变形监测。通过与现场采用精密光电测距仪（标称精度 1mm + 1ppm）监测的变形结果比较，两者的较差均小于 10mm，说明 GPS 的监测结果是可靠的。

要获得高精度的 GPS 动态监测成果，必须详细了解工程特点，特别是受监测物体动态变形的频率、范围等特性数据，精心设计测量模式和方法，努力使测量的工作环境符合 GPS 的技术条件，尤其应注意 GPS 接收机采样速度与动态变形的速度相匹配；数据处理方法也是非常重要的，可采用滤波、整体平差的方法来剔除粗差，消除噪声。

随着 GPS 技术的发展，精度高、适应性广的动态处理软件的面市，实时动态测量模式必将成为大型土木工程施工实时动态监测的最佳方法。

第四节　建筑物的倾斜、挠度及裂缝观测

一、倾斜观测

测定建筑物倾斜的方法有两类：一类是直接测定建筑物的倾斜；另一类是通过测量建筑物基础相对沉陷的方法来确定建筑物的倾斜。

如图 6-12 所示，某一高大建筑物由于基础不均匀沉陷而发生倾斜。利用前一类方法是测出顶部 N 点相对底部 M 点的偏移量 Δl；后一类方法则是通过沉陷观测，得到基础的相对沉陷量 Δh，按下式计算该建筑物的倾斜为：

$$i = \mathrm{tg}\alpha = \frac{\Delta l}{H} = \frac{\Delta h}{B} \tag{6-6}$$

式中，H 为建筑物高度；B 为建筑物基础长度。

应该指出，建筑物的倾斜不完全是由于基础的不均匀沉陷所引起的，为此常常是分别测定顶部位移和基础沉陷，以便加以比较和分析。

（一）直接测定建筑物倾斜的方法

直接测定建筑物倾斜的方法有投影法、测水平角法、前方交会法等。以下介绍投影法

及测水平角法。

1. 投影法（投点法）

投影法的实质是利用投点直接量取顶部偏移值 Δl。最简单的是悬吊重球的方法，每次将悬挂在顶部同一位置的锤球线与在建筑物完工时所标定铅垂线方向比较，其偏差值就是顶部的偏移。但是由于有时建筑物上面无法固定悬挂垂球的钢丝，因此对于高层建筑、水塔、烟囱等建筑物，通常采用经纬仪投影或用光学垂准、激光铅直的方法来测定其偏移值，从而测定它们的倾斜。

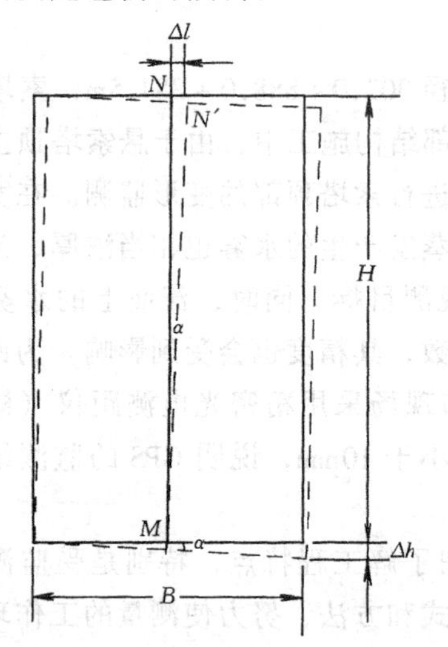

图 6-12 建筑物基础不均匀沉陷而发生倾斜

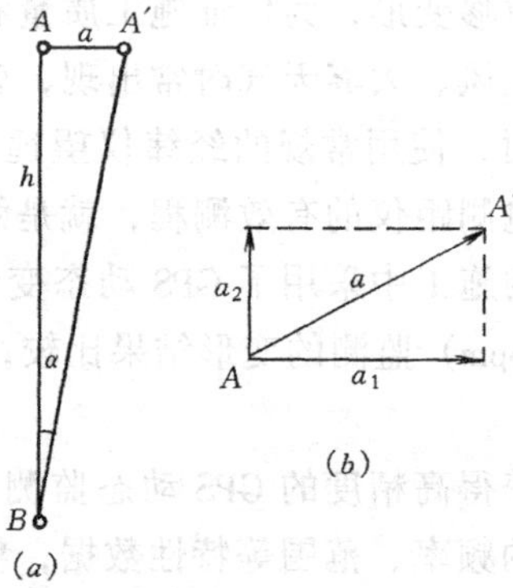

图 6-13 投影法

如图 6-13(a) 所示，根据建筑物的设计，A 点与 B 点位于同一竖直线上，当建筑物发生倾斜时，则 A 点偏离原 AB 垂线，位移至 A' 点有 a 偏歪值。如果 A' 是屋角上的标志，可用经纬仪将其投影到 B 点的水平面上而量得。投影时经纬仪要在固定测站上很好地对中，并严格整平，用盘左、盘右两个度盘位置往下投影，取其中点，并量取中点与 B 点在视线垂直方向的偏离值 a_1；再将经纬仪移到原观测方向约成 90°的方向上，用同样的方法可以求得与视线垂直方向的偏离值 a_2。然后用矢量相加的方法，即可求得该建筑物的偏歪值 a，如图 6-13(b) 所示。代入式（6-6）可求出建筑物的倾斜度。

2. 测水平角法

测水平角法适用于测定圆形建筑物的倾斜。图 6-14 是测定烟囱倾斜的情况。在离烟囱 50～100m 且相互垂直的两个方向上设置两个固定测站，并在与测站相对的烟囱两侧之上部和下部，分别设置供观测照准的两组标志点“1、2、3、4”和“5、6、7、8”，另外再选择两个通视良好的远方固定目标 M_1 和 M_2 作为定向点。观测时，先在测站 1 上测得水平角（1）、（2）、（3）和（4），由图中可以看出，$[(2)+(3)]/2$ 及 $[(1)+(4)]/2$ 分别表示测站 1 至烟囱上部中心 a 和烟囱勒脚部分的中心 b 水平方向值。若已知测站 1 至烟囱中心的距离，则由 a 与 b 的水平方向值之差可计算出烟囱顶部在这个方向上的偏移值 a_1。同样，在测站 2 观测水平角（5）、（6）、（7）、（8），可求得烟囱顶部在另一个方向上偏移值 a_2。然后用矢量相加的方法求得烟囱顶部中心相对勒脚部分偏斜值 Δl 及偏斜方向，并可用式（6-6）计算烟囱的倾斜度。

（二）测量建筑物基础相对沉陷来确定建筑物倾斜的方法

当利用建筑物基础相对沉陷量来确定建筑物的倾斜时，倾斜观测点与沉陷观测点的位置一般要配合起来进行布置。测定基础相对沉陷的方法，除用水准测量外，还可采用液体静力水准测量。

用水准测量方法测定倾斜的原理是用水准仪测出两个观测点之间的相对沉陷，由相对沉陷与两点间距离之比，可换算成倾斜角。

用液体静力水准测量方法测定倾斜的实质是利用液体静力水准仪测定两点的高差，其与两点间距离之比，即为倾斜度。要测定建筑物倾斜度的变化，可进行周期性的观测。这种仪器不受距离限制，并且距离愈长，测定倾斜度的精度愈高。

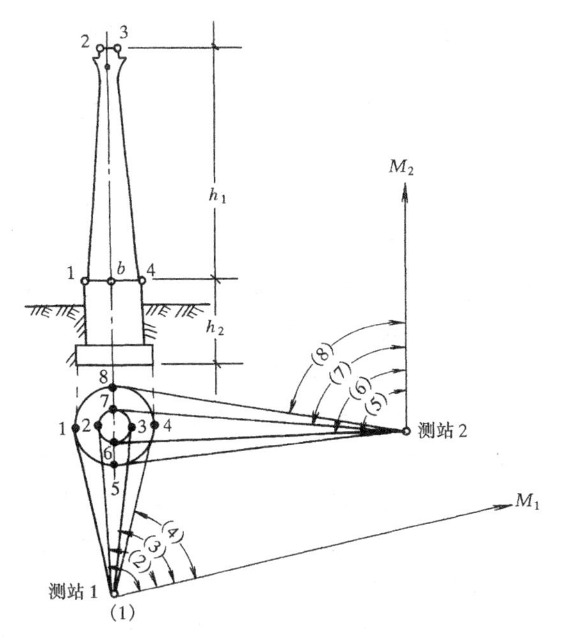

图 6-14　测水平角法

液体静力水准测量的原理如图 6-15 所示。将容器 1 与 2 分别安置在欲测的平面 A 与 B 上，当盛有同类液体的两容器用软管连通后，则液体的自由表面应处于同一水平面上。欲求的 A、B 两平面间高差 Δh 可用液面的高度 H_1 与 H_2 来计算，即

$$\Delta h = H_1 - H_2$$

或
$$\Delta h = (a_1 - a_2) - (b_1 - b_2) \tag{6-7}$$

式中，a_1 与 a_2 为容器的高度，即读数零点相对于工作底面的高差；b_1 与 b_2 为容器中液面位置的读数值，亦即读数零点至液面的高差。

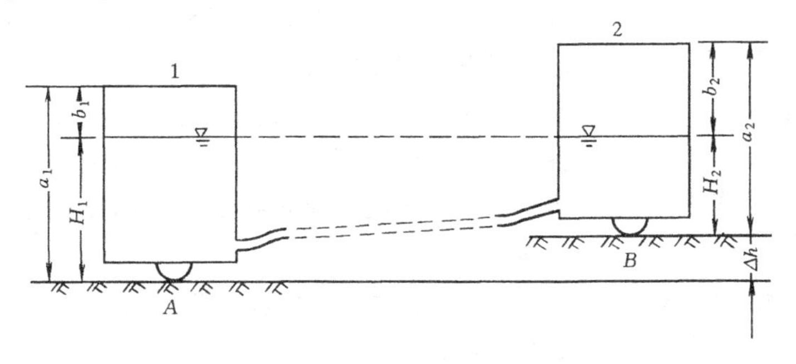

图 6-15　液体静力水准测量的原理

由于容器的零点位置在制造时有误差，所以按式（6-7）求得两平面之高差包含有这种影响。为此，将两容器互换位置，此时可写出类似的等式

$$\Delta h = (a_2 - a_1) - (b'_2 - b'_1) \tag{6-8}$$

式中，b'_1与 b'_2为互换位置后的容器液面位置之读数值。

联合解算式（6-7）与式（6-8），可得

$$\Delta h = \frac{1}{2}[(b_2 - b_1) - (b'_2 - b'_1)] \tag{6-9}$$

和

$$C = a_2 - a_1 = \frac{1}{2}[(b_2 - b_1) + (b'_2 - b'_1)] \tag{6-10}$$

以上的结果表明，通过互换容器位置且进行两次读数后，可以消除两个容器的读数零点差对所求高差的影响。同时，也可测定两个容器的读数零点差——仪器常数 C。但是在实际中，由于测定基础相对沉陷的静力水准仪一般是固定在某个位置上，并且所有观测都是相对于起始观测（或某一次观测）而言，从而消除了零点的影响。所以在观测中不需互换位置，也不必测定仪器常数 C。

液体静力水准仪虽有不少类型，但结构原理大体相同，只是测定液面位置的方法有所不同。确定液面位置的方法有目视法和目视接触法等，对于固定设置的精密静力水准仪，还可用电感传感器来确定液面位置，并能达到遥测之目的。

液体静力水准测量特别适用于有辐射危险、爆炸危险或有蒸汽、尘埃等污染的情况下监视设备的稳定性。应用液体静力水准测量可实现遥测，而且还能实现自动调整。

二、挠度观测

挠度观测是对建筑物、构筑物及其物件等受力后随时间产生的弯曲变形而进行的测量工作。它包括建筑物基础和建筑物主体以及独立构筑物（如独立墙、柱等）的挠度观测。

建筑物基础挠度观测，可与建筑物沉降观测同时进行。观测点应沿基础的轴线或边线布设，每一基础不得少于 3 点，标志设置、观测方法与沉陷观测相同。可按下列公式计算挠度 f，如图 6-16 所示。

$$\left.\begin{aligned} f &= \frac{\Delta S}{L} \\ \Delta S &= S_R - \frac{S_i \cdot l_2 + S_j \cdot l_1}{L} = \frac{(S_R - S_i) \cdot l_2 + (S_R - S_j) \cdot l_1}{L} \end{aligned}\right\} \tag{6-11}$$

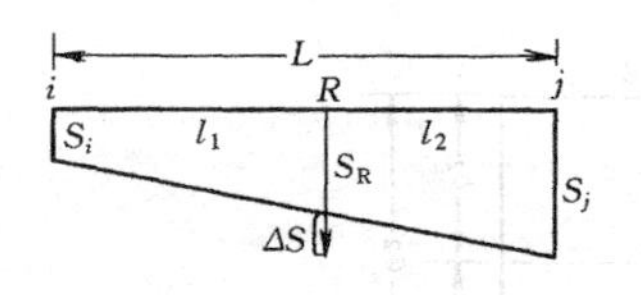

图 6-16　建筑物基础挠度观测

式中，S_i、S_j、S_R 分别为基础上 i、j、R 点的沉降量；l_1、l_2 分别为 R 点到 i 点、j 点的距离，$L = l_1 + l_2$。

建筑物主体挠度观测，观测点应按建筑物结构类型在各不同高度或各层处沿一定垂直方向布设，其观测方法见倾斜观测，挠度由建筑物上不同高度点相对于底点的水平位移值确定。

独立构筑物的挠度观测，除可采用建筑物主体挠度观测方法外，当观测条件允许时，亦可用挠度计、位移传感器等设备直接测定挠度。

三、裂缝观测

工程建筑物发生裂缝时，为了了解其现状和掌握其变化情况，应该进行观测，以便根据这些资料分析其产生裂缝的原因和它对建筑物安全的影响，及时地采取有效措施加以处理。

当建筑物多处发生裂缝时，应先对裂缝进行编号，并在裂缝处设置观测标志，然后分别观测裂缝的位置、走向、长度、宽度等项目。常用的观测标志有以下三种：

① 石膏板标志

用厚 10mm，宽约 50 ~ 80mm 的石膏板（长度视裂缝大小而定），在裂缝两边固定牢固。当裂缝继续发展时，石膏板也随之开裂，从而观察裂缝继续发展的情况。

② 白铁片标志

如图 6-17 所示，用两块白铁片，一片取 150mm × 150mm 的正方形，固定在裂缝的一侧。并使其一边和裂缝的边缘对齐。另一片为 50mm × 200mm，固定在裂缝的另一侧，并使其中一部分紧贴相邻的正方形白铁片。当两块白铁片固定好以后，在其表面均涂上红色油漆。如果裂缝继续发展，两白铁片将逐渐拉开，露出正方形白铁上原被覆盖没有涂油漆的部分，其宽度即裂缝加大的宽度，可用尺子量出。

③ 金属棒标志

如图 6-18 所示，在裂缝两边钻孔，将长约 10cm，直径 10mm 以上的钢筋头插入，并使其露出墙外约 2cm 左右，用水泥砂浆填灌牢固。在两钢筋头埋设前，应先把外露一端锉平，在上面刻画十字线或中心点，作为量取间距的依据。待水泥砂浆凝固后，量出两金属棒之间距并进行比较，即可掌握裂缝发展情况。

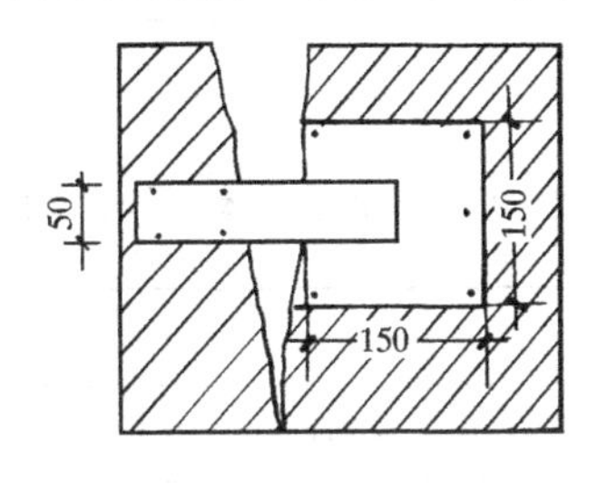

图 6-17　白铁片标志

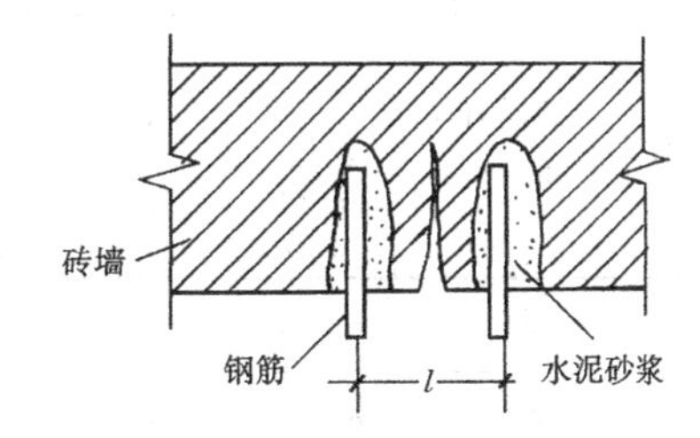

图 6-18　金属棒标志

第五节　变形观测数据的整理和分析

为了使变形观测真正起到指导工程安全使用和充分发挥工程效益的作用，变形观测在现场观测取得各种数据后，还应及时对观测数据进行整理和分析。

观测数据整理的主要工作是对现场观测所取得的资料加以整理、编制成图表和说明，使其成为便于使用的成果。具体内容有：① 校核各项原始记录，检查各次变形观测值计算的正确性；② 对各种变形值按时间逐点填写观测数值表；③绘制各种变形过程线、建筑物变形分布图。

观测数据的分析是根据观测资料及所绘制的各种图表，分析变形规律和变形原因，对建筑物是否处于正常状态作出判断，并对今后变形趋势作出预报。为了能作出正确的分析结论，工程测量人员应与工程设计人员或其他有关技术人员一起进行分析。

值得一提的是，在国外一些发达国家的某些工程建筑变形测量中，特别是大坝安全监测，从数据采集、资料处理及分析已向着自动化方向发展，所建立的安全监测系统具有数据取样快、自动化程度高，特别是具有实时安全监测预报的功能。

下面简单介绍资料整理中需绘制的主要图表和在数据分析中常用的一元线性回归分析方法。

一、变形测量中几种常用的线图

(一) 观测点变形过程线

某观测点的变形过程线是以时间为横坐标，以累积变形值(如位移、沉陷、倾斜、挠度等)为纵坐标绘制成的曲线。观测点变形过程线可明显地反映出变形的趋势、规律和幅度，对于初步判断建筑物的工作情况是否正常是非常有用的。

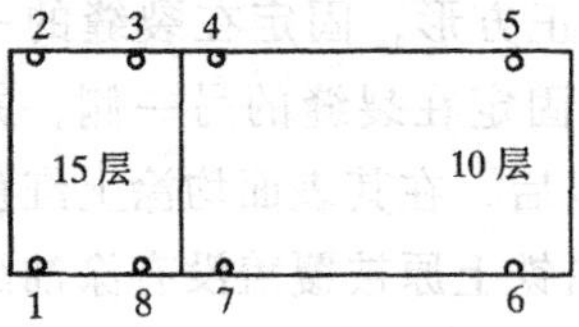

在绘制变形过程线之前，应先对变形观测的原始资料(如观测点分布图、手簿、计算纸等)进行认真检查，把每期复测的经检验证明可靠的计算结果列表汇总在一起，表中主要内容为“观测日期”、“变形量”及“观测点号”等。

2 3 4 5
15层 10层
1 8 7 6

图 6-19 基础沉陷观测分布图

例如，某大楼的基础沉陷观测分布如图6-19所示，其中1、5、7号点的沉陷量计算结果见表6-2。图6-20是这三个观测点的沉陷过程线，图的上半部分为建筑荷载随时间增加的曲线，即 *P-T* 曲线；图的下半部分为沉降量随时间发展的曲线，即 *S-T* 曲线。

表 6-2

观测次数	观测日期 年 月 日	各观测点沉陷量计算表								
		N_1			N_2			N_3		
		高程(m)	本次下沉(mm)	累计下沉(mm)	高程(m)	本次下沉(mm)	累计下沉(mm)	高程(m)	本次下沉(mm)	累计下沉(mm)
1	1981.4.15	6.7567	0	0	6.7470	0	0	6.7631	0	0
2	1981.6.15	6.7465	10.2	10.2	6.7353	11.7	11.7	6.7530	10.1	10.1
3	1981.9.14	6.7393	7.2	17.4	6.7318	3.5	15.2	6.7452	7.8	17.9
4	1982.1.15	6.7360	3.3	20.7	6.7308	1.0	16.2	6.7412	4.0	21.9
5	1982.6.16	6.7343	1.7	22.4	6.7307	0.1	16.3	6.7399	1.3	23.2

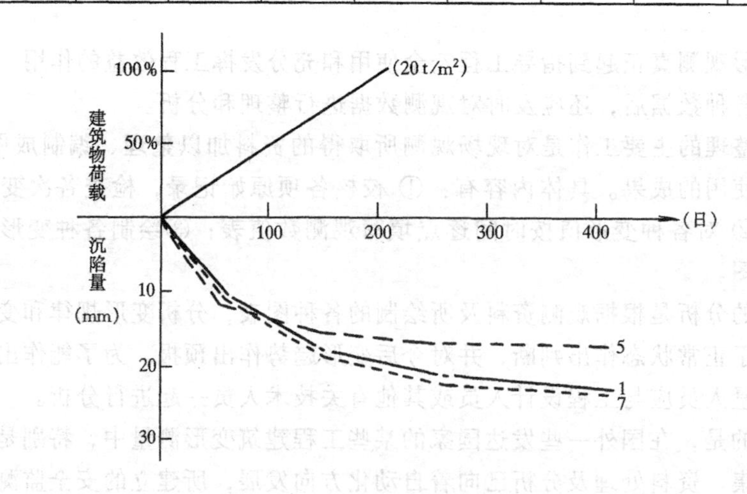

图 6-20 观测点的沉陷过程线

(二) 变形关系曲线

变形关系曲线，是以累计变形值为横坐标，以引起变形的某一种因素(如温度、荷重或水位大小等）为纵坐标，反映变形与某种因素的关系。如图 6-21 所示，是某混凝土水坝的水平位移与上游水位关系曲线图。

（三）变形等值线图

变形等值线图是根据建筑物、构筑物观测点的位置、点的最终变形量及用内插法绘制的具有等变形值的曲线图，它表示了某一时刻变形在空间分布的情况。如图 6-22 所示，是一幢建筑物的等沉降曲线图。它生动地反映了该幢建筑物地面沉降大小分布的情况。

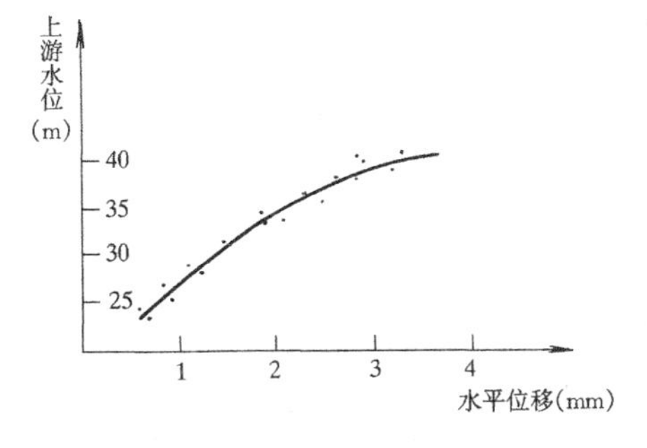

图 6-21 变形关系曲线

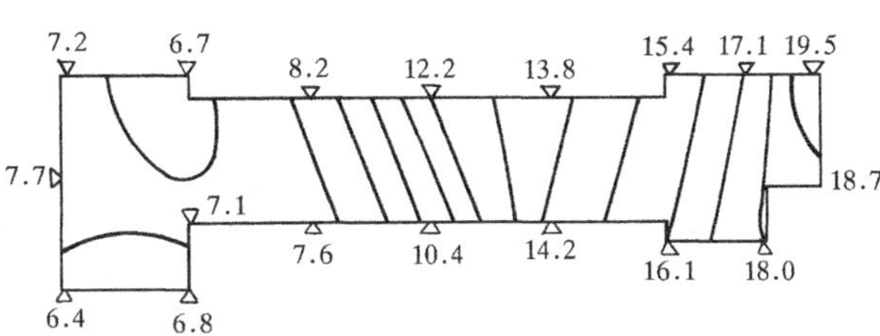

图 6-22 等沉降曲线图

二、一元线性回归分析

根据以上介绍的各种变形线图，虽然能对引起建筑物变形的因素和变形所呈现的规律作出定性的分析。但是这种定性分析还不能对未来的变形作出预报，也不能据此作出建筑物是否安全的判断。为此，还需要找出引起变形的因素与变形值之间的内在联系与统计规律。例如，当水库中水位升高使静水压力增大，会使大坝产生水平位移，但引起大坝产生水平位移的因素还有温度和地质条件等，再加之变形观测本身也存在误差，这样就很难用精确的数学公式表达出引起变形的因素与变形值之间的关系。而只能通过大量观测数据去寻找隐藏在随机性后面的统计性规律。目前常采用数理统计中的回归分析方法。

回归分析是数理统计中处理变量之间统计关系的一种数字方法。变量之间的统计关系又称相关关系，其特点是变量之间既存在着一定的相互制约，但又不能由一个（或几个）变量的数值求得另一变量的惟一值。

处理两个变量之间关系的回归分析称为一元回归分析，当两个变量之间的关系为线性时，则称为一元线性回归分析，下面结合一个实例说明一元线性回归分析的方法。

表 6-3 是对某混凝土建筑物的水平位移与混凝土温度的观测记录。现以 x 轴表示混凝土温度，以 y 轴表示水平位移量，根据表 6-3 的观测值绘制成图 6-23 的水平位移与混凝土温度散点图。由图 6-23 可以看出，虽然 y 与 x 两个变量之间不存在确定的函数关系，但这些散点的分布呈现一条直线形状。线性回归就是要找出一条最合适的直线来描述这两个变量间的相关关系，即用一条直线来代替这些散点的分布，该直线称为线性回归直线。

由于因变量 y 与自变量 x 关系的不确定性，对观测数据可以写成：

$$y_i = a + bx_i + v_i \tag{6-12}$$

或

$$v_i = y_i - (a + bx_i) \tag{6-13}$$

式中，v_i 为 y_i 的改正值。

表 6-3

编　号	混凝土温度 x_i（℃）	水平位移 y_i（mm）	编　号	混凝土温度 x_i（℃）	水平位移 y_i（mm）
1	8.0	0.2	16	18.6	1.0
2	9.2	0.4	17	19.0	1.5
3	9.3	0.8	18	20.6	1.1
4	12.7	0.9	19	9.2	0.4
5	13.7	0.5	20	14.1	0.8
6	13.4	0.6	21	24.0	1.3
7	13.2	1.0	22	24.0	1.4
8	14.3	0.7	23	24.0	1.5
9	14.3	0.8	24	23.9	1.7
10	14.9	0.5	25	25.3	1.4
11	14.9	0.6	26	26.0	1.8
12	14.9	0.7	27	26.0	1.9
13	15.0	1.1	28	26.0	2.0
14	14.5	1.2	29	26.0	2.0
15	14.3	1.5	30	25.0	2.1

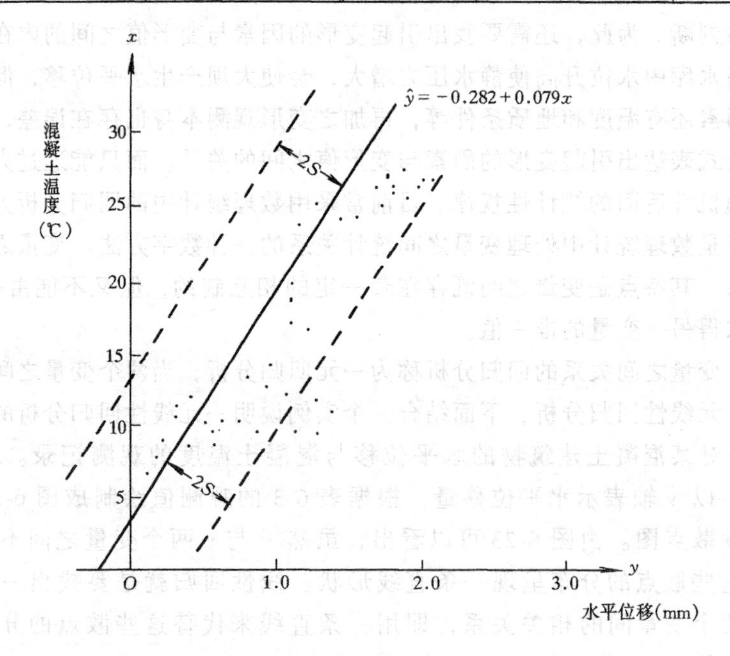

图 6-23　线性回归直线

为了由观测数据计算 a、b 的最佳估值 $\hat{a}$、$\hat{b}$，采用最小二乘法原理来计算，为此组成：

$$[vv] = [(y - a - bx)^2] \tag{6-14}$$

在 $[vv]$ 最小的要求下，由式（6-14）对 a、b 求微分，整理后可得

$$\left.\begin{array}{l}-2[y-\hat{a}-\hat{b}x]=0\\-2[(y-\hat{a}-\hat{b}x)x]=0\end{array}\right\}\quad(6\text{-}15)$$

经变换后得

$$\left.\begin{array}{l}n\hat{a}+[x]\hat{b}-[y]=0\\ [x]\hat{a}+[xx]\hat{b}-[xy]=0\end{array}\right\}\quad(6\text{-}16)$$

式中，n 为观测值个数。将表 6-3 中数据代入式（6-16），即可得

$$\hat{y}=-0.285+0.079x$$

用 $\hat{y}_i=\hat{a}+\hat{b}x_i$ 求因变量 y_i 的估值需加改正值，即

$$v_i=y_i-(\hat{a}+\hat{b}x_i)$$

由此可求得回归直线方程 $\hat{y}=\hat{a}+\hat{b}x$ 求因变量估值的中误差为：

$$S=\sqrt{\frac{[vv]}{n-2}}\quad(6\text{-}17)$$

对于表 6-3 中的例子，$S=\pm0.265$mm。

当用回归直线预报未来变形值时，通常是在回归直线两侧按 $2S$ 间距画两条平行线（图 6-23 中的虚线），在这两条平行线以内的范围认为是未来变形允许出现的区间。当观测值超出这一区间时，就应作专门分析。

求回归直线的前提是变量 y 与 x 之间必须存在线性相关，否则所配置的直线就没有什么实际意义。绘制散点图固然可对其相关程度有个直观的估计，但还需给出一个数量指标来描述两个变量间的线性相关程度，这个指标就是相关系数 r，其估值一般按下式来计算：

$$\hat{r}=\frac{Sxy}{Sx\cdot Sy}=-\frac{\Sigma(x-\bar{x})\cdot(y-\bar{y})}{\sqrt{\Sigma(x-\bar{x})^2}\cdot\sqrt{\Sigma(y-\bar{y})^2}}\quad(6\text{-}18)$$

式中，$\bar{x}$ 为自变量 x 的平均值，$\bar{y}$ 为因变量 y 平均值。

当 r 愈接近于 ±1 时，表明随机变量 x 与 y 之间线性相关密切。按式（6-18）求得上述例子中的相关系数 $\hat{r}=0.8762$，说明混凝土温度与水平位移之间线性相关密切，所配置的回归直线是有效的。

习　　题

1. 试述建筑变形测量的目的、意义。
2. 确定建筑变形测量的精度和周期应考虑哪些因素？
3. 建筑变形测量的内容包括哪些？
4. 建筑变形测量工程分为哪几个环节？
5. 根据变形测量的目的分类可分为哪几类？
6. 画图说明液体静力水准测量的原理。
7. 如何用经纬仪投影法测定建筑物的倾斜？
8. 叙述用观测水平角测定建筑物倾斜的要点。
9. 试述观测点变形过程线、变形关系曲线及变形等值线图的含义。
10. 何为挠度观测？它包括哪些类型？其观测方法如何？

主要参考文献

1 李青岳，陈永奇主编．工程测量学．第二版．北京：测绘出版社，1995.5

2 江宝波，黄德芳编．工程测量学．北京：地质出版社，1990.10

3 陈龙飞，金其坤编著．工程测量．上海：同济大学出版社，1990.8

4 张坤宜编著．交通土木工程测量．北京：人民交通出版社，2000.2

5 北京市测绘设计研究院主编．城市测量规范（CJJ 8—99）．北京：中国建筑工业出版社，1999.6

6 中国有色金属工业总公司主编．工程测量规范（GB 50026—93）．北京：中国计划出版社，1993.8

7 中国有色金属工业总公司主编．工程测量基本术语标准（GB/T 50228—96）．北京：中国计划出版社，1993.8

8 建设部综合勘察研究设计院主编．建筑变形测量规程（JGJ/T 8—97）．北京：中国建筑工业出版社，1998.5

9 交通部第一公路勘察设计院主编．公路勘测规范（JTJ 061—99）．北京：人民交通出版社，1999.10

10 公路全球定位系统（GPS）测量规范．北京：人民交通出版社，1999

11 马遇等编．测量放线工：中高级工．北京：中国建筑工业出版社，1998.5

12 王永臣，王翠玲编著．放线工手册（第二版）．北京：中国建筑工业出版社，1999.10

13 潘全祥主编．测量员．北京：中国建筑工业出版社，1998.5

14 季斌德，邵自修编．工程测量．北京：测绘出版社，1988.6

15 於宗俦，于正林编著．测量平差原理．武汉：武汉测绘科技大学出版社，1990.1

16 高士纯，于正林主编．测量平差基础习题集．北京：测绘出版社，1983.8

17 陈传胜，李岚发主编．测量学．武汉：武汉测绘科技大学出版社，1999

18 刘志章主编．工程测量学．北京：水利电力出版社，1995

19 徐时涛，夏英宣编著．实用测量学．重庆：重庆大学出版社，1993

20 刘延伯主编．工程测量．北京：冶金工业出版社，1994．11

21 杨德麟等编著．大比例尺数字测图的原理方法与应用．北京：清华大学出版社，1998.2

22 高成发编著．GPS 测量．北京：人民交通出版社，2000.3

23 中国机械工业教育协会组编．建筑工程测量．北京：机械工业出版社，2001.7

24 洪立波．我国工程测量技术发展现状与成就．测绘通报，1999 年第八期

25 张正禄．工程测量学的发展评述．测绘通报，2000 年第 1 期

26 张正禄．工程测量学的发展评述（续）．测绘通报，2000 年第 2 期

27 刘大杰．工程测量．测绘通报，2000 年第 2 期

28 郭玉献．AutoCAD 在工程测量放样中的应用．测绘通报，2000 年第 6 期

29 黄张裕．大型斜拉桥施工控制网的选取及施测．测绘通报，1999 年第 11 期

30 彭福坤，彭庆主编．土木工程施工测量手册．北京：中国建材工业出版社，2002.2

31 徐绍铨，张华海，杨志强，王泽民编著．GPS 测量原理及应用．武汉：武汉大学出版社，2001.7

32 贺国宏主编．桥隧控制测量．北京：人民交通出版社，1999.2